新坐标大学本科电子信息类专业系列教材

浙江省高等教育重点建设教材

现代控制理论

俞立 编著

清华大学出版社
北京

内容简介

本书是适应自动化学科的发展，为自动化及其相关专业本科生编写的教材。本书以加强基础、突出处理问题的思维方法、培养学生分析问题和解决问题的能力为原则，详细介绍了基于状态空间模型的线性系统分析和综合方法，包括状态空间模型的建立、系统的运动分析、系统的能控性和能观性、李雅普诺夫稳定性理论、极点配置、状态观测器设计以及线性二次型最优控制。本书叙述深入浅出，理论联系实际，尽可能从实际背景的分析中提出要讨论的问题、概念和方法。在介绍系统分析和控制系统设计方法的同时，也给出了相应的 MATLAB 函数，便于读者利用 MATLAB 软件来有效求解控制系统的一些计算和仿真问题，以加深对概念和方法的理解。

本书适合于作自动化及其相关专业的高年级本科生、研究生教材，也可供相关工程技术人员学习参考。

图书在版编目(CIP)数据

现代控制理论/俞立编著. —北京：清华大学出版社，2007.4（2024.7重印）
（新坐标大学本科电子信息类专业系列教材）
ISBN 978-7-302-14657-5

Ⅰ. 现…　Ⅱ. 俞…　Ⅲ. 现代控制理论—高等学校—教材　Ⅳ. O231

中国版本图书馆 CIP 数据核字(2007)第 019465 号

责任编辑：陈国新
责任校对：时翠兰
责任印制：丛怀宇

出版发行：清华大学出版社
　网　　址：https://www.tup.com.cn，https://www.wqxuetang.com
　地　　址：北京清华大学学研大厦 A 座　　**邮　　编：**100084
　社 总 机：010-83470000　　**邮　　购：**010-62786544
　投稿与读者服务：010-62776969，c-service@tup.tsinghua.edu.cn
　质 量 反 馈：010-62772015，zhiliang@tup.tsinghua.edu.cn
印 装 者：三河市科茂嘉荣印务有限公司
经　　销：全国新华书店
开　　本：185mm×260mm　　**印　　张：**13.5　　**字　　数：**318 千字
版　　次：2007 年 4 月第 1 版　　**印　　次：**2024 年 7 月第 18 次印刷
定　　价：35.00 元

产品编号：022417-03

编委会名單

顾问（按姓氏音节顺序）：

李衍达　　清华大学信息科学技术学院
邬贺铨　　中国工程院
姚建铨　　天津大学激光与光电子研究所

主任：

董在望　　清华大学电子工程系

编委会委员（按姓氏音节顺序）：

鲍长春　　北京工业大学电子信息与控制工程学院
陈　怡　　东南大学高教所
戴瑜兴　　湖南大学电气与信息工程学院
方达伟　　中国计量学院信息工程学院
甘良才　　武汉大学电子信息学院通信工程系
郭树旭　　吉林大学电子科学与工程学院
胡学钢　　合肥工业大学计算机与信息学院
金伟其　　北京理工大学信息科技学院光电工程系
孔　力　　华中科技大学控制系
刘振安　　中国科学技术大学自动化系
陆大绘　　清华大学电子工程系
马建国　　西南科技大学信息与控制工程学院
彭启琮　　电子科技大学通信与信息工程学院
仇佩亮　　浙江大学信电系
沈伯弘　　北京大学电子学系

童家榕　　　复旦大学信息科学与技术学院微电子研究院
汪一鸣(女)　苏州大学电子信息学院
王福源　　　郑州大学信息工程学院
王华奎　　　太原理工大学信息与通信工程系
王　瑶(女)　美国纽约 Polytechnic 大学
王毓银　　　北京联合大学
王子华　　　上海大学通信学院
吴建华　　　南昌大学电子信息工程学院
徐金平　　　东南大学无线电系
阎鸿森　　　西安交通大学电子与信息工程学院
袁占亭　　　甘肃工业大学
乐光新　　　北京邮电大学电信工程学院
翟建设　　　解放军理工大学气象学院 4 系
赵圣之　　　山东大学信息科学与工程学院
张邦宁　　　解放军理工大学通信工程学院无线通信系
张宏科　　　北京交通大学电子信息工程学院
张　泽　　　内蒙古大学自动化系
郑宝玉　　　南京邮电学院
郑继禹　　　桂林电子工业学院二系
周　杰　　　清华大学自动化系
朱茂镒　　　北京信息工程学院

序言

“新坐标大学本科电子信息类专业系列教材”是清华大学出版社“新坐标高等理工教材与教学资源体系创新与服务计划”的一个重要项目。进入21世纪以来，信息技术和产业迅速发展，加速了技术进步和市场的拓展，对人才的需求出现了层次化和多样化的变化，这个变化必然反映到高等学校的定位和教学要求中，也必然反映到对适用教材的需求。本项目是针对这种需求，为培养层次化和多样化的电子信息类人才提供系列教材。

“新坐标大学本科电子信息类专业系列教材”面向全国教学研究型和教学主导型普通高等学校电子信息类专业的本科教学，覆盖专业基础课和专业课，体现培养知识面宽、知识结构新、适应性强、动手能力强的人才的需要。编写的基本指导思想可概括为：

1. 教材的类型、选题和大纲的确定尽可能符合教学需要，以提高适用性。教材类型初步确定为专业基础课和专业课，专业基础课拟按电子信息大类编写，以体现宽口径；专业课包括本专业和非本专业两种，以利于兼顾专业能力的培养与扩展知识面的需要。选题首先从目前没有或虽有但不符合教学要求的教材开始，逐步扩大。

2. 重视基础知识和基础知识的提炼与更新，反映技术发展的现状和趋势，让学生既有扎实的基础，又了解科学技术发展的现状。

3. 重视工程性内容的引入，理论和实际相结合，培养学生的工程概念和能力。工程教育是多方面的，从教材的角度，要充分利用计算机的普及和多媒体手段的发展，为学生建立工程概念、进行工程实验和设计训练提供条件。

4. 将分析和设计工具与教材内容有机结合，培养学生使用工具的能力。

5. 教材的结构上要符合学生的认识规律，由浅入深，由特殊到一般。叙述上要易读易懂，适合自学。配合教材出版多种形式的教学辅助资料，包括教师手册、学生手册、习题集和习题解答、电子课件等。

本系列教材已经陆续出版了，希望能被更多的教师和学生使用，并热忱地期望将使用中发现的问题和改进的建议告诉我们，通过作者和读者之间的互动，必然会形成一批精品教材，为我国的高等教育作出贡献。欢迎对编委会的工作提出宝贵意见。

“新坐标大学本科电子信息类专业系列教材”编委会

前言

本书是一本现代控制理论方面的入门教材。本着加强基础、突出处理问题的思维方法、培养学生分析问题和解决问题能力的原则，本书详细介绍了基于状态空间模型的线性系统分析和综合方法。

本书共分7章，其内容概括如下：绪论部分介绍了现代控制理论的发展以及与经典控制理论的区别；第1章研究了控制系统的状态空间模型，从机理方法推导了对象的状态空间模型，阐述了控制系统传递函数模型和状态空间模型之间的关系和相互转换；第2章基于状态空间模型分析了系统运动特性；第3章分析了系统的能控性和能观性；第4章研究系统的稳定性，介绍了李雅普诺夫稳定性方法；第5章研究了控制系统的设计问题，介绍了极点配置方法，并针对极点配置存在的不足，提出了伺服系统的设计方法；针对实际系统中状态不可直接测量的现象；第6章介绍了状态观测器及其设计方法，并在此基础上进一步提出了基于状态观测器的控制系统设计方法和分离性原理；结合系统的二次型性能指标；第7章介绍了线性二次型最优控制问题及其求解方法。

本书叙述深入浅出，理论联系实际，尽可能从实际背景的分析中来引入要研究的问题、概念和方法。采用从简单到复杂、从特殊到一般的处理方式提出解决问题的思路和方法，避免繁琐的数学推导和证明，培养学生分析问题和解决问题的能力。MATLAB作为一种基本工具，用于分析、计算、设计和仿真研究，具有很好的效果。在介绍系统分析和控制系统设计方法的同时给出了相应的MATLAB函数，通过仿真例子以检验分析和设计方法的效果，便于读者加深对控制系统分析和设计方法的理解。每章后面的习题旨在检验读者对内容的掌握，特别强调了对书中所介绍的基本概念、方法和主要结果的理解。

本书是作者结合自己长期从事现代控制理论教学与科研的经验，在参阅并吸取了国内外优秀教材相关内容的基础上完成。该书出版前的讲义已在多所院校自动化专业的现代控制理论课程中作为教材使用，并不断得到修改和完善。本书的编写得到了教育部优秀青年教师教学科研奖励计划和浙江省高校重点教材建设计划的支持，在此，作者深表谢意。

限于作者水平，书中仍会有一些错误和不妥之处，恳请广大读者和专家给予批评指正。

作　者
2006年10月于杭州
lyu@zjut.edu.cn

目录

绪 论

在工程和科学技术的发展过程中，自动控制始终担负着重要的角色。在航空航天和国防工业中，自动控制在飞机的自动驾驶系统、宇宙飞船系统和导弹制导系统中发挥着特别重要的作用。在现代制造业和工业生产过程中，自动控制同样起着无法替代的作用，例如对数控机床的控制，对工业过程中流量、压力、温度的控制等均离不开自动控制技术。此外，在机器人控制、城市交通控制、网络拥塞控制等方面，自动控制技术也都发挥着重要作用。自动控制技术的应用也已扩充到非工程系统，如生物系统、生物医学系统、社会经济系统等。随着自动控制技术在越来越多的领域中得到应用，自动控制不仅把人类从繁重的体力与部分脑力劳动中解放出来，而且可以完成只靠人类自身无法完成的许多精密、复杂的工作。在许多危险以及特殊的环境中，更是少不了自动化装置。

自动控制理论经过长期的发展已逐渐形成了一些完整的理论。根据发展过程，自动控制理论分为经典控制理论和现代控制理论两大部分。发展于 20 世纪 50 年代之前、以传递函数描述系统的自动控制理论称为经典控制理论，而发展于 20 世纪 50 年代末 60 年代初、以状态空间模型描述系统的自动控制理论称为现代控制理论。

经典控制理论

尽管自动控制的某些思想可以追溯到久远的古代，直到 18 世纪英国人瓦特(J. Watt)为控制蒸汽机速度而设计的离心调节器才可以说是自动控制领域中的第一项重大成果，由此拉开了经典控制理论发展的序幕。不过，瓦特发明的这一装置容易震荡，直到 1868 年，英国人麦克斯韦(J. C. Maxwell)发表了《论调速器》，对蒸汽机调速系统的动态特性进行了分析，指出控制系统的品质可用微分方程来描述及系统的稳定性可用特征方程根的位置来判断，从而解决了蒸汽机调速系统中出现的剧烈震荡问题，并总结出了简单的系统稳定性代数判据。第一次世界大战爆发后，军事工业的需要促进了自动控制理论的发展。1922 年，美国的冯诺斯基(N. Minorsky)研制出船舶操纵自动控制器，并给出了控制系统的稳定性分析。1932 年，美籍瑞典科学家奈奎斯特(H. Nyquist)提出了一种利用系统频率特性图确定系统稳定性的简便方法。到了第二次世界大战，由于设计和建造飞机自动驾驶仪、雷达跟踪系统、火炮瞄准系统等军事装备的需要，自动控制理论更是取得了长足的进步。1945 年，美国的伯德(H. W. Bode)发表了关于控制系统频域设计方法的经典著作《网络分析和反馈放大器设计》。1948 年，美国的伊万斯(W. R. Evans)提出了根轨迹法，进一步充实了经典控制理论。同年，美国的维纳(N. Wiener)发表了名著《控制论》，标志着经典控制理论的形成。

奈奎斯特图、伯德的频域法和伊万斯的根轨迹法使得不用求解微分方程就能分析高阶系统的稳定性、动态品质和稳态性能，为分析和设计控制系统提供了工程上实用且有力的工具，从而使得经典控制理论在反馈控制系统中的应用得到迅速增长。

面对经典控制理论所取得的迅猛发展，人们产生了一种更高的希望，以期这些原理和方法能用来处理更复杂的系统。特别是当时所掌握的反馈系统理论知识可以在短期内促进对诸如生物控制机理和神经系统那样高度复杂系统的理解，同时在工业社会中为复杂的经济和社会过程提供更有效的控制方法。然而，这些想法远未成熟，经典控制理论仍存在诸多的缺陷和局限性，妨碍它直接用于更为复杂系统的分析和控制。

第一，经典控制理论只限于研究线性时不变系统。尽管有大量的研究工作试图克服这种局限性，如对于某些典型的非线性及时变反馈系统已找到了奈奎斯特判据的广义形式，但经典控制理论仍难以处理一般的非线性或时变的系统。

第二，经典控制理论限于所谓的“标量”或单回路反馈系统，即单输入单输出系统。然而，实际中的大量工程系统都是具有动态耦合的多输入多输出系统。尽管人们将经典控制理论中的传递函数推广到传递函数矩阵以处理多输入多输出系统，但由于这些方法都是基于系统的输入输出描述，它们在本质上忽略了系统结构的内在性质。因此，用经典控制理论设计这类系统难以取得令人满意的效果。

第三，经典控制理论采用试探法设计系统，根据经验选用合适的、简单的、工程上易于实现的控制器，然后检验系统的所有品质指标是否都能满足。若不满足，则给出如何来修正控制系统的建议以改善系统品质指标，直至找到满意的结果为止。虽然这种设计方法具有实用性强等优点，但往往依赖于设计人员的经验，而不能从理论上给出最佳的、系统化的设计方案。

现代控制理论

现代科学技术的迅速发展，特别是空间技术、导弹制导、数控技术、核能技术等的发展，使得这些系统的结构更加复杂，它们往往是动态耦合的多输入多输出、非线性以及时变的系统。同时，对控制系统性能的要求也在不断提高，很多情况下要求系统的某种性能是最优的，而且对环境的变化要有一定的适应能力等。这些新的控制对象和控制要求是经典控制理论所无法处理和满足的。

科学技术的发展不仅对控制理论提出了挑战，同时也为新理论的形成创造了条件。

在20世纪50年代蓬勃兴起的航空航天技术的推动和飞速发展的计算机技术支持下，控制理论在1960年前后有了重大的突破和创新。1956年，美国的贝尔曼(R. I. Bellman)发表了《动态规划理论在控制过程中的应用》，提出了寻求最优控制的动态规划法。同年，前苏联的庞特里亚金发表了《最优过程的数学理论》，提出了极大值原理，使得最优控制理论得到极大的发展。1960年，美籍匈牙利人卡尔曼(R. E. Kalman)系统地引入状态空间法分析系统，提出了能控性、能观性的概念和新的滤波理论。而“现代控制理论”这一名称正是1960年卡尔曼的文章发表后出现的。这些重要的进展和成果构成了现代控制理论的发展起点和基础。

这一时期里，在现代控制理论的推动下，世界上出现了许多惊人的科技成就：1957年，前苏联相继发射成功洲际弹道火箭和世界第一颗人造地球卫星；1962年，美国研制出工业机器人产品，同年前苏联连续发射两艘“东方”号飞船首次在太空实现编队飞行；1966年，前苏联发射“月球9号”探测器，首次在月球表面成功软着陆；1969年，美国“阿波罗11号”把宇航员N. A. 阿姆斯特朗送上月球，中国中远程战略导弹发射成功等。

现代控制理论在系统分析与设计上利用了现代数学作为工具，由此而引起的许多分析与设计步骤涉及大量计算，同时代的数字计算机的发展为实现这些计算提供了可能。可以说，现代控制理论与控制技术是和计算机平行发展的。

现代控制理论本质上是时域法，基于状态空间模型在时域中对系统进行分析和设计。由于采用了状态方程描述系统，因此原则上可以分析多输入多输出、非线性时变系统。基于状态空间模型来对系统进行分析，主要借助于计算机解出状态方程，根据状态解可以对系统性能做出评估。由于无需经过任何变换，在时域中直接求解和分析，控制的要求和性能指标就变得非常直观。在系统的设计方法上，可以在严密的理论基础上，推导出满足一定性能指标的最优控制系统。因此，在经典控制理论中存在的困难和局限，在现代控制理论中可以迎刃而解。

现代控制理论是在经典控制理论的基础上发展起来的，虽然两者在数学工具、理论基础和研究方法上有着本质区别，但在对动态系统进行分析时，两种理论可以互相补充，相辅相成，而不是互相排斥。特别是在对线性系统的研究中，越来越多经典控制理论中行之有效的方法已渗透到现代控制理论中，如零极点对系统性能影响的分析和极点配置等，从而大大丰富了现代控制理论的研究内容。

本书的内容和特点

本书介绍了现代控制理论中的一些基本概念和方法，主要涉及线性系统的状态空间模型描述，基于状态空间模型的系统分析与设计，包括系统的运动分析、能控性、能观性、稳定性、极点配置、观测器设计、线性二次型最优控制等基本内容。

本书具有以下特点：

1. 全书的叙述由浅入深，注重理论联系实际。

2. 叙述过程中力图贯彻“问题的提出→解决的思路→具体方法→算法设计→应用实例”这一主线，特别强调“为什么要研究这个问题”、“如何来解决这个问题”。同时在具体问题的解决过程中，避免过多繁琐的数学公式和推导，而是采用从简单到复杂，从特殊到一般的处理思想，从一些特殊的、简单的例子入手导出问题的解，进而推广到一般的情况。在传授知识的同时，努力培养学生分析问题和解决问题的能力。

3. 在介绍系统分析和设计算法的同时，给出了相关的 MATLAB 函数，便于学生应用 MATLAB 软件解决控制系统的分析和设计问题，通过仿真直观了解分析结果和设计效果，有助于加深对现代控制理论中一些基本概念和方法的理解。

4. 每章后的习题不仅有计算题，而且还有叙述题，旨在让读者加深了解所讨论的问题、基本概念、解决方法、相关性质等，特别需要把握的是问题的提出和解决的思路，以逐步提高分析问题和解决问题的能力。

5. 本书叙述详尽，在文字上尽可能做到通俗易懂，便于自学。

第1章 控制系统的状态空间模型

要对一个被控对象进行有效的控制，首先需要了解和认识被控对象，而了解和认识被控对象的一种有效方法就是建立被控对象的数学模型。建立一个合理的被控对象数学模型是对被控对象实现有效控制的基础和前提。

控制系统的数学模型是用于描述系统动态行为的数学表达式。在经典控制理论中，采用传递函数作为描述系统的数学模型，建立起系统输入量和输出量之间的关系。这种输入输出关系描述的只是系统的外部特性，并不能完全反映系统内部的动态特征。此外，传递函数描述只考虑零初始条件，难以反映系统非零初始条件对系统性能的影响。

现代控制理论是建立在状态空间基础上的控制系统分析和设计理论。系统的内部特征用状态变量来刻画，系统的动态特性由状态变量的一阶微分方程组来描述。一阶微分方程组不仅能更有效地求解，从而确定在任一时刻由状态变量描述的系统内部特征，而且还可以方便地了解初始条件所产生的影响。系统的状态空间模型描述了系统的输入、输出与内部状态之间的关系，揭示了系统内部状态的运动规律，反映了控制系统动态特性的全部信息。因此，状态空间方法弥补了经典控制理论的一些不足。

状态空间方法不仅适用于单输入单输出系统，也适用于多输入多输出系统，应用的对象可以是线性的或非线性的，也可以是定常的或时变的。因此，状态空间方法适用范围更广，且数学模型由于采用了矩阵和向量的形式，不仅使得格式简单统一，而且可以方便地利用计算机进行处理和求解，显示了其极大的优越性。

本章主要介绍系统的状态空间模型及其建立方法。具体内容包括状态空间模型的机理建模方法，系统的传递函数和状态空间模型之间的相互转换，MATLAB的相关函数，状态空间模型的分析及相关性质。

1.1 状态空间模型

1.1.1 状态空间模型表达式

现实世界中的许多对象和系统，不管它们是机械的、电气的、热力的，还是经济学的、生物学的，都有它们各自演化的规律。人们可以通过描述系统内部某些变化规律的物理定律、化学平衡方程等来确定某些变量与其他一些变量变化率之间的关系，如牛顿第二定律中力或力矩与速度变化率的关系；线圈的感应电压与电流的变化率成正比；导管中流经收缩口的液体流速决定于其前后的压力差；容器中反应物的浓度往往决定了化学反应的速率。进而得到刻画系统动态行为的数学模型。这种通过分析系统内在机理来建立系统数学模型的方法称为机理建模方法。但是，限于一些学科的发展水平，人们对一些对象的内在机理还缺乏足够的认识，难以建立起刻画其变化规律的定量关系。因此，还需要通过其他的手段和方法来确定描述其动态特性的数学模型。

在这一小节中，将通过分析一个实际例子的内在机理来建立其数学模型，进而介绍状态空间的一些概念，给出状态空间模型的表达式。

例 1.1.1 考虑如图 1.1.1 所示的 RLC 电路，其中电压 $u(t)$为电路的输入量，电容上的电压 $u_C(t)$为电路的输出量，R、L 和 C 分别为电路的电阻、电感和电容。由电路理论可知，在给定输入电压 $u(t)$后，回路中的电流 $i(t)$和电容上的电压 $u_C(t)$是相互影响的，它们满足以下关系：

$$\begin{cases} L\dfrac{\mathrm{d}i(t)}{\mathrm{d}t}+Ri(t)+u_C(t)=u(t) \\ C\dfrac{\mathrm{d}u_C(t)}{\mathrm{d}t}=i(t) \end{cases} \tag{1.1.1}$$

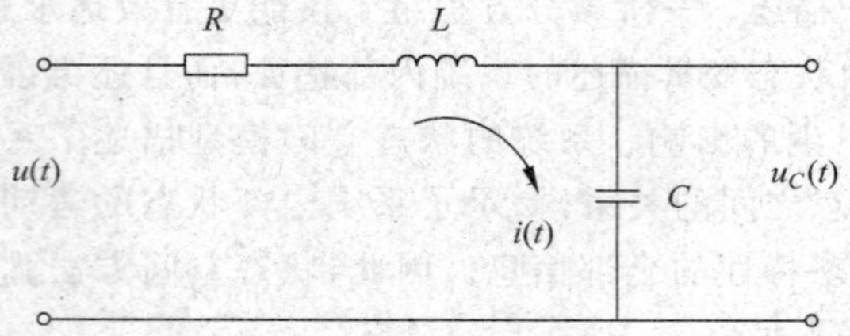

图 1.1.1 RLC 电路

进一步，由式(1.1.1)可以得到以下的一阶线性微分方程组：

$$\frac{\mathrm{d}i(t)}{\mathrm{d}t}=-\frac{R}{L}i(t)-\frac{1}{L}u_C(t)+\frac{1}{L}u(t)$$

$$\frac{\mathrm{d}u_C(t)}{\mathrm{d}t}=\frac{1}{C}i(t)$$

又可以将上式写成如下更为紧凑的向量矩阵形式：

$$\begin{bmatrix}\dot{i}(t)\\ \dot{u}_C(t)\end{bmatrix}=\begin{bmatrix}-R/L & -1/L\\ 1/C & 0\end{bmatrix}\begin{bmatrix}i(t)\\ u_C(t)\end{bmatrix}+\begin{bmatrix}1/L\\ 0\end{bmatrix}u(t) \tag{1.1.2a}$$

由微分方程理论可知：只要知道回路中的电流 $i(t)$ 和电容上的电压 $u_C(t)$ 在 t_0 时刻的初始值 $i(t_0)$ 和 $u_C(t_0)$，以及电路在 $t \geqslant t_0$ 时的电压 $u(t)$，就可以从微分方程(1.1.2a)确定任意时刻 $t(\geqslant t_0)$ 处电路中的电流 $i(t)$ 和电容上的电压 $u_C(t)$ 的值。

$i(t)$ 和 $u_C(t)$ 描述了电路随电压 $u(t)$ 变化的状况，这样一组量在任一时刻的值完全刻画了电路在该时刻的特征，故称其为该电路的状态变量，该状态变量中的每一个变量称为该电路的状态分量。

系统的**状态变量**就是可以完整描述系统运动状况的数目最少的一组变量。这里所说的"完整"是指系统所有可能的状况都能表示出来。对于图 1.1.1 所示的 RLC 电路，$i(t)$ 和 $u_C(t)$ 就可以构成系统的状态变量。再增加一个变量，例如电流 $i(t)$ 的变化率 $\mathrm{d}i/\mathrm{d}t$，对完整地确定电路的运动情况来说是多余的；若去掉一个变量，例如 $i(t)$，仅仅用 $u_C(t)$ 又不能完整地确定系统的全部运动状态。状态变量在某一时刻的值称为系统在该时刻的**状态**。

将构成状态变量的一组变量写成列向量的形式，所得到的向量称为是**状态向量**。例如 $[i(t) \quad u_C(t)]^{\mathrm{T}}$ 是 RLC 电路的状态向量。由状态向量所有可能取值的全体构成的集合称为**状态空间**。因此，状态向量在某一时刻的值只是状态空间中的一个点。如 RLC 电路以 $i(t)$ 和 $u_C(t)$ 为状态变量的状态空间是 $[0,\infty)\times[0,\infty)$，如图 1.1.2 所示。

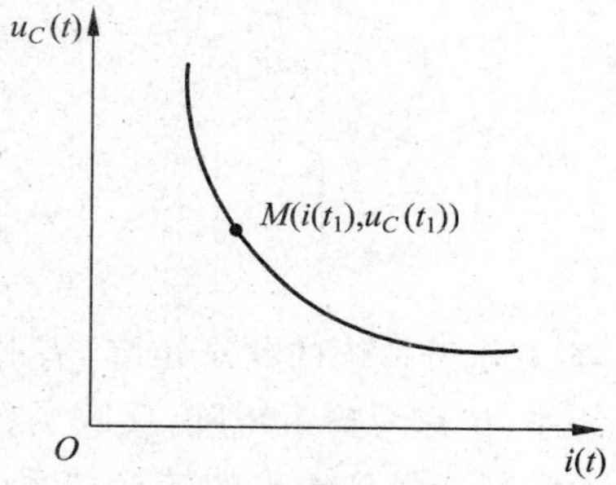

图 1.1.2　状态空间

系统在任意时刻的状态可以用状态空间中的一个点来表示。例如 t_1 时刻的状态对应于状态空间中的点 $M(i(t_1),u_C(t_1))$。随着时间的变化，状态变量在状态空间中描绘出一条轨迹，称为状态轨迹，它形象地描述了状态随时间变化的轨迹。

若将电容上的电压 $u_C(t)$ 作为电路的输出量，则该输出量可以用电路状态变量的线性组合来表示：

$$u_C(t) = [0 \quad 1]\begin{bmatrix} i(t) \\ u_C(t) \end{bmatrix} \tag{1.1.2b}$$

方程(1.1.2a)～方程(1.1.2b)描述了 RLC 电路的输入电压 $u(t)$、状态变量 $i(t)$ 和 $u_C(t)$ 与输出变量 $u_C(t)$ 之间的关系，它们完整地描述了系统内部与外部的动态变化状况，称为 RLC 电路系统的状态空间模型，其中方程(1.1.2a)称为系统的状态方程，方程(1.1.2b)称为系统的输出方程。

如果记

$$\boldsymbol{x} = \begin{bmatrix} i(t) \\ u_C(t) \end{bmatrix}, \quad u = u(t), \quad y = u_C(t)$$

$$\boldsymbol{A} = \begin{bmatrix} -R/L & -1/L \\ 1/C & 0 \end{bmatrix}, \quad \boldsymbol{B} = \begin{bmatrix} 1/L \\ 0 \end{bmatrix}, \quad \boldsymbol{C} = [0 \quad 1]$$

则方程(1.1.2)可以写为

$$\dot{\boldsymbol{x}} = \boldsymbol{A}\boldsymbol{x} + \boldsymbol{B}u$$
$$y = \boldsymbol{C}\boldsymbol{x}$$

更一般的，系统的输出量有时也可以直接依赖系统的输入量，从而得到状态空间模型的一般表达式：

$$\dot{\boldsymbol{x}} = \boldsymbol{A}\boldsymbol{x} + \boldsymbol{B}\boldsymbol{u} \tag{1.1.3a}$$

$$\boldsymbol{y} = \boldsymbol{C}\boldsymbol{x} + \boldsymbol{D}\boldsymbol{u} \tag{1.1.3b}$$

其中：$\boldsymbol{x}$ 是 n 维的状态向量，$\boldsymbol{u}$ 是 m 维的输入向量，$\boldsymbol{y}$ 是 r 维的输出向量，$\boldsymbol{A}$ 是 $n\times n$ 维、$\boldsymbol{B}$ 是 $n\times m$ 维、$\boldsymbol{C}$ 是 $r\times n$ 维、$\boldsymbol{D}$ 是 $r\times m$ 维的系数矩阵，若将它们按分量的形式写出来，就是

$$\boldsymbol{x} = \begin{bmatrix} x_1 \\ x_2 \\ \vdots \\ x_n \end{bmatrix},\quad \boldsymbol{u} = \begin{bmatrix} u_1 \\ u_2 \\ \vdots \\ u_m \end{bmatrix},\quad \boldsymbol{y} = \begin{bmatrix} y_1 \\ y_2 \\ \vdots \\ y_r \end{bmatrix}$$

$$\boldsymbol{A} = \begin{bmatrix} a_{11} & a_{12} & \cdots & a_{1n} \\ a_{21} & a_{22} & \cdots & a_{2n} \\ \vdots & \vdots & \ddots & \vdots \\ a_{n1} & a_{n2} & \cdots & a_{nn} \end{bmatrix},\quad \boldsymbol{B} = \begin{bmatrix} b_{11} & b_{12} & \cdots & b_{1m} \\ b_{21} & b_{22} & \cdots & b_{2m} \\ \vdots & \vdots & \ddots & \vdots \\ b_{n1} & b_{n2} & \cdots & b_{nm} \end{bmatrix}$$

$$\boldsymbol{C} = \begin{bmatrix} c_{11} & c_{12} & \cdots & c_{1n} \\ c_{21} & c_{22} & \cdots & c_{2n} \\ \vdots & \vdots & \ddots & \vdots \\ c_{r1} & c_{r2} & \cdots & c_{rn} \end{bmatrix},\quad \boldsymbol{D} = \begin{bmatrix} d_{11} & d_{12} & \cdots & d_{1m} \\ d_{21} & d_{22} & \cdots & d_{2m} \\ \vdots & \vdots & \ddots & \vdots \\ d_{r1} & d_{r2} & \cdots & d_{rm} \end{bmatrix}$$

矩阵 $\boldsymbol{A}$ 称为系统的状态矩阵（有时也称为系统矩阵），反映了系统内部各状态变量间的耦合关系，$\boldsymbol{B}$ 称为输入矩阵，反映了各输入量是如何影响各状态变量的，$\boldsymbol{C}$ 称为输出矩阵，表明了状态变量到输出的转换关系，$\boldsymbol{D}$ 称为直接转移矩阵，反映了输入对输出的直接影响。一般情况下，很少有输入量直接传递到输出端，所以矩阵 $\boldsymbol{D}$ 常常是零矩阵。方程(1.1.3a)称为系统的状态方程，方程(1.1.3b)称为输出方程。从模型(1.1.3)可以看出，线性系统的状态空间模型由系数矩阵 $\boldsymbol{A}$,$\boldsymbol{B}$,$\boldsymbol{C}$ 和 $\boldsymbol{D}$ 惟一决定。因此，状态空间模型(1.1.3)也可以用一个四元组($\boldsymbol{A}$,$\boldsymbol{B}$,$\boldsymbol{C}$,$\boldsymbol{D}$)来表示，有的文献和书中也将状态空间模型(1.1.3)简记成$\left[\begin{array}{c|c} \boldsymbol{A} & \boldsymbol{B} \\ \hline \boldsymbol{C} & \boldsymbol{D} \end{array}\right]$。

以状态空间模型描述系统行为的方法和传递函数不同，它把输入对输出的影响分成两段来描述。第一段是输入引起系统内部状态发生变化，由状态方程来描述；第二段是系统内部的状态变化引起系统输出的变化，用输出方程来描述。这样一个过程如图 1.1.3 所示。

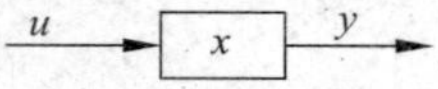

图 1.1.3　系统行为的内部描述

由于这种描述可以深入到系统内部，故称为内部描述。而传递函数只是描述系统的外部信号，即输入信号和输出信号间的关系，并不能反映系统内部的状况，故称为外部描述。

系统的输出量和状态变量是两个不同的概念。输出量是人们希望从系统外部能测量

到的某些信息，它们可能是状态分量中的一部分，也可以表示为一些状态分量和控制量的线性组合；而状态变量则是完全描述系统动态行为的一组量，在许多实际系统中往往难以直接从外部测量得到，甚至根本就不是物理量。把哪些量选为输出量，要根据需要来决定，其数量不限，但总不会超过状态分量的个数。

由于状态空间模型(1.1.3)有 m 个输入，r 个输出，描述的是一个多输入多输出(multi-input multi-output，MIMO)系统，故称为多变量系统。特别是，若 $m=r=1$，则对应的是单输入单输出(single-input single-output，SISO)系统，称为单变量系统。

若状态空间模型(1.1.3)中的系数矩阵 $\boldsymbol{A}$，$\boldsymbol{B}$，$\boldsymbol{C}$ 和 $\boldsymbol{D}$ 中的各分量均为常数，则称这样的系统为线性定常系统或线性时不变(linear time invariant，LTI)系统；若系数矩阵 $\boldsymbol{A}$，$\boldsymbol{B}$，$\boldsymbol{C}$ 和 $\boldsymbol{D}$ 中有时变的元素，则对应的系统称为是线性时变系统。为了说明系数对时间变量的依赖，也可以将状态空间模型(1.1.3)写为

$$\dot{\boldsymbol{x}} = \boldsymbol{A}(t)\boldsymbol{x} + \boldsymbol{B}(t)\boldsymbol{u}$$
$$\boldsymbol{y} = \boldsymbol{C}(t)\boldsymbol{x} + \boldsymbol{D}(t)\boldsymbol{u}$$

时不变系统在物理上代表结构和参数都不随时间变化的一类系统。严格地说，一个实际系统的参数或结构要做到完全不随时间变化几乎是不可能的。因此，时不变系统只是时变系统的一种理想化模型。但是，若系统的参数或结构随时间的变化过程与系统的动态过程相比足够的慢，则可以将它看成一个时不变系统，并采用时不变系统的处理方法来进行分析，仍可保证结果具有足够的精确度。

所有的实际系统严格地说都是非线性系统。描述非线性系统的状态空间模型具有以下一般形式：

$$\dot{\boldsymbol{x}} = \boldsymbol{f}(\boldsymbol{x},\boldsymbol{u},t) \tag{1.1.4a}$$
$$\boldsymbol{y} = \boldsymbol{g}(\boldsymbol{x},\boldsymbol{u},t) \tag{1.1.4b}$$

其中，$\boldsymbol{x}$ 是系统的 n 维状态向量，$\boldsymbol{u}$ 是系统的 m 维控制输入向量，$\boldsymbol{y}$ 是系统的 r 维测量输出向量，向量函数

$$\boldsymbol{f}(\boldsymbol{x},\boldsymbol{u},t) = \begin{bmatrix} f_1(\boldsymbol{x},\boldsymbol{u},t) \\ \vdots \\ f_n(\boldsymbol{x},\boldsymbol{u},t) \end{bmatrix}, \quad \boldsymbol{g}(\boldsymbol{x},\boldsymbol{u},t) = \begin{bmatrix} g_1(\boldsymbol{x},\boldsymbol{u},t) \\ \vdots \\ g_r(\boldsymbol{x},\boldsymbol{u},t) \end{bmatrix}$$

其中的函数 $f_1(\boldsymbol{x},\boldsymbol{u},t),\cdots,f_n(\boldsymbol{x},\boldsymbol{u},t),g_1(\boldsymbol{x},\boldsymbol{u},t),\cdots,g_r(\boldsymbol{x},\boldsymbol{u},t)$ 中至少有一个是状态变量 $x_1,\cdots,x_n$ 和控制量 $u_1,\cdots,u_m$ 的非线性函数。

既然所有的实际系统都是非线性系统，那为什么还要研究线性系统呢？这是因为：

1. 线性系统只是实际系统在忽略次要非线性因素或线性化后所得到的近似模型。如果限于讨论系统在特定点$(\boldsymbol{x}_0,\boldsymbol{u}_0)$的某个足够小邻域内的运动特性，则可以将系统模型中的非线性函数在点$(\boldsymbol{x}_0,\boldsymbol{u}_0)$处泰勒展开，从而可以用系统的线性化模型来近似描述其在点$(\boldsymbol{x}_0,\boldsymbol{u}_0)$附近的运动特性。

2. 任何问题的研究都是从简单到复杂的，因此，线性系统的研究不仅是其本身的需要，同时也是非线性系统研究的基础，可以应用线性系统中的一些概念和方法来研究非线性系统中的一些相关问题。

本书只介绍由状态空间模型(1.1.3)描述的线性时不变系统的分析和综合问题。

根据状态空间模型(1.1.4)，只要给定了状态向量在 $t=t_0$ 时刻的初始值 $\boldsymbol{x}(t_0)$，并给

定 $t \geqslant t_0$ 时刻的输入向量 $\boldsymbol{u}(t)$，在一定的连续和可微条件下，就可以从状态方程(1.1.4a)惟一地确定任意时刻 $t \geqslant t_0$ 处的状态向量 $\boldsymbol{x}(t)$，进而从输出方程(1.1.4b)确定系统的输出向量 $\boldsymbol{y}(t)$。因此，利用状态空间模型可以在时间域中方便地分析时变、非线性复杂系统的运动状况。

以上通过如图 1.1.1 所示的 RLC 电路系统，给出了系统状态变量的概念，通过选取适当的状态变量，导出了系统的状态空间模型。在这个过程中，状态变量的选取是基础。

对图 1.1.1 所示的电路，经推导可得到描述电路变化状况的方程

$$\frac{\mathrm{d}^2 u_C}{\mathrm{d}t^2} + \frac{R}{L}\frac{\mathrm{d}u_C}{\mathrm{d}t} + \frac{1}{LC}u_C = \frac{1}{LC}u$$

如果选取电容上的电压 u_C 和 u_C 随时间的变化率 $\mathrm{d}u_C/\mathrm{d}t$ 作为状态变量，则

$$x_1 = u_C$$

$$x_2 = \dot{u}_C = \dot{x}_1$$

$$\dot{x}_2 = \ddot{u}_C = -\frac{R}{L}x_2 - \frac{1}{LC}x_1 + \frac{1}{LC}u$$

进一步将其写成矩阵的形式，可得

$$\begin{bmatrix} \dot{x}_1 \\ \dot{x}_2 \end{bmatrix} = \begin{bmatrix} 0 & 1 \\ -1/LC & -R/L \end{bmatrix} \begin{bmatrix} x_1 \\ x_2 \end{bmatrix} + \begin{bmatrix} 0 \\ 1/LC \end{bmatrix} u \tag{1.1.5a}$$

选取 u_C 作为电路的输出量，则状态空间模型的输出方程为

$$y = \begin{bmatrix} 1 & 0 \end{bmatrix} \begin{bmatrix} x_1 \\ x_2 \end{bmatrix} \tag{1.1.5b}$$

式(1.1.5)也是图 1.1.1 所示电路系统的状态方程。容易看到，状态空间模型(1.1.5)与式(1.1.2)不同。由这一事实可知，一个系统的状态变量选取并不是惟一的。状态变量选取的不同，相应的状态空间模型也不同。这种在状态变量选择方面的自由性也是状态空间方法的一个优点。在本书的后续章节中可以看到，通过选取适当的状态变量，可以使得系统的状态空间模型具有特殊的结构，从而大大方便控制系统的分析和设计。

由于状态变量的选取不是惟一的，那么究竟该如何选取一个系统的状态变量呢？

一般情况下，状态变量的选取往往依所研究问题的性质和输入特性而定。从便于检测和控制的角度考虑，人们可以选择能直接测量到的物理量为状态变量，也可以选择那些为了分析、研究需要但却不能测量到的量为状态变量。当无特殊要求时，对一个物理系统，通常可选择系统中反映独立储能元件状态的特征量作为状态变量。例如电路中电容两端的电压、流过电感的电流，机械系统中的速度和位置(转角)均可作为系统的状态变量。

另外，选取的状态变量应该是相互独立的。在求解一个 n 阶线性定常微分方程时，为得到一个确定的解，就必须知道 n 个独立的初始条件。显然，这 n 个独立的初始条件可以作为一组状态变量在初始时刻的值。所以，在选取状态变量时，考虑易确定初值的变量也是常用的方法之一。

1.1.2 实例

以下通过更多的实例来说明如何建立系统的状态空间模型，以使大家对状态空间模型有一个更深刻的认识。这里主要是通过机理建模方法来建立系统的状态空间模型，即

从分析系统各部分的内在联系入手，写出描述各部分运动规律的微分方程，然后从这些微分方程导出系统的状态方程和输出方程。

例 1.1.2 试建立图 1.1.4 所示的弹簧-质量系统的状态空间模型。该系统包含由 3 支弹簧(其弹性系数分别为 $k_i, i=1,2,3$)连接的质量分别为 m_1 和 m_2 的两个滑块。y_1 和 y_2 分别表示两个滑块偏移平衡位置的位移量，u_1 和 u_2 分别是作用在两个滑块上的力，为了简化分析，假设滑块与工作面之间没有摩擦。

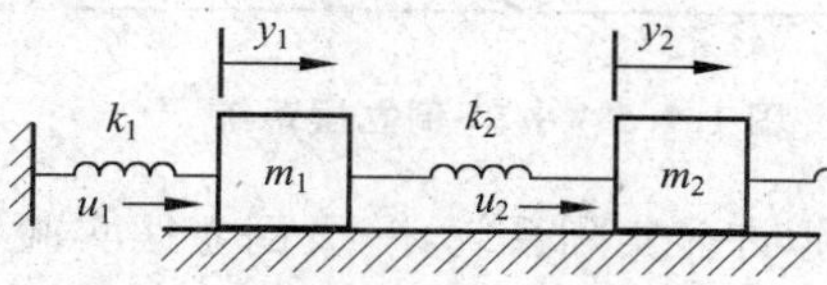

图 1.1.4 弹簧-质量系统

解 作用力 u_1 必须克服弹簧力，剩余的用于推动滑块的运动。因此，对第一个滑块，其运动方程为

$$u_1 - k_1 y_1 - k_2(y_1 - y_2) = m_1 \ddot{y}_1$$

整理后可得

$$m_1 \ddot{y}_1 + (k_1 + k_2) y_1 - k_2 y_2 = u_1 \tag{1.1.6}$$

对第二个滑块，有

$$m_2 \ddot{y}_2 - k_2 y_1 + (k_3 + k_2) y_2 = u_2 \tag{1.1.7}$$

联立方程(1.1.6)和方程(1.1.7)，可得

$$\begin{bmatrix} m_1 & 0 \\ 0 & m_2 \end{bmatrix} \begin{bmatrix} \ddot{y}_1 \\ \ddot{y}_2 \end{bmatrix} + \begin{bmatrix} k_1 + k_2 & -k_2 \\ -k_2 & k_3 + k_2 \end{bmatrix} \begin{bmatrix} y_1 \\ y_2 \end{bmatrix} = \begin{bmatrix} u_1 \\ u_2 \end{bmatrix}$$

这是一个标准的振动方程。选择状态变量

$$x_1 = y_1, \quad x_2 = \dot{y}_1, \quad x_3 = y_2, \quad x_4 = \dot{y}_2$$

则可得到系统的状态空间模型

$$\begin{cases} \begin{bmatrix} \dot{x}_1 \\ \dot{x}_2 \\ \dot{x}_3 \\ \dot{x}_4 \end{bmatrix} = \begin{bmatrix} 0 & 1 & 0 & 0 \\ -(k_1 + k_2)/m_1 & 0 & k_2/m_1 & 0 \\ 0 & 0 & 0 & 1 \\ k_2/m_2 & 0 & -(k_3 + k_2)/m_2 & 0 \end{bmatrix} \begin{bmatrix} x_1 \\ x_2 \\ x_3 \\ x_4 \end{bmatrix} + \begin{bmatrix} 0 & 0 \\ 1/m_1 & 0 \\ 0 & 0 \\ 0 & 1/m_2 \end{bmatrix} \begin{bmatrix} u_1 \\ u_2 \end{bmatrix} \\ y = \begin{bmatrix} y_1 \\ y_2 \end{bmatrix} = \begin{bmatrix} 1 & 0 & 0 & 0 \\ 0 & 0 & 1 & 0 \end{bmatrix} \begin{bmatrix} x_1 \\ x_2 \\ x_3 \\ x_4 \end{bmatrix} \end{cases} \tag{1.1.8}$$

例 1.1.3 试建立如图 1.1.5 所示的小车-倒立摆系统状态空间模型。其中，质量为 M 的小车在水平方向滑动，质量为 m 的球连在长度为 l 的刚性摆一端，y 表示小车的位移，u 是作用在小车上的力，通过移动小车使带有小球的摆杆始终处于垂直的位置。为了简单起见，假设小车和摆仅在一个平面内运动，且不考虑摩擦、摆杆的质量和空气阻力。

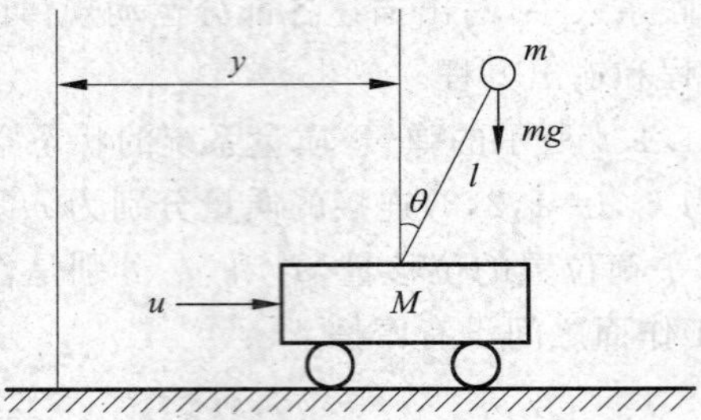

图 1.1.5 小车-倒立摆系统

这个简单的实验装置可模拟许多实际系统，一级倒立摆实验装置最初是由麻省理工学院的学者于 20 世纪 50 年代根据火箭发射助推器原理设计出来的，现在已开发了二级、三级、四级倒立摆实验装置。倒立摆的控制方法已在航空航天、机器人等领域中获得了广泛应用，如火箭发射阶段的姿态控制、机车运行姿态控制、双足直立行走机器人控制等。

解 该系统的动态特性可以用小车的位移和速度及摆杆偏离垂线的角度 θ 和角速度 $\dot{\theta}$ 来描述。设小车的水平位移是 y，则小球中心位置是 $y+l\sin\theta$。因此，在水平方向，根据牛顿第二定律（质量×加速度＝外力），可得

$$M\frac{\mathrm{d}^2 y}{\mathrm{d}t^2}+m\frac{\mathrm{d}^2}{\mathrm{d}t^2}(y+l\sin\theta)=u$$

或

$$(M+m)\ddot{y}+ml\ddot{\theta}\cos\theta-ml\dot{\theta}^2\sin\theta=u \tag{1.1.9}$$

在垂直方向，由小球重力的作用，根据牛顿第二定律可得

$$m\ddot{y}\cos\theta+ml\ddot{\theta}=mg\sin\theta \tag{1.1.10}$$

其中的 g 表示重力加速度。

方程(1.1.9)和方程(1.1.10)关于未知变量 θ 是非线性的，因此其分析往往非常复杂。由于设计的目的是保持摆杆在垂直位置，那么可以只考虑摆杆在垂直位置附近的运动特性，故可以假设 θ 和 $\dot{\theta}$ 很小。基于这种假设，有以下的近似式成立：$\sin\theta\approx\theta$，$\cos\theta\approx 1$。通过只保留 θ 和 $\dot{\theta}$ 的线性部分，而忽略包含 θ^2、$(\dot{\theta})^2$、$\theta\dot{\theta}$ 和 $\theta\ddot{\theta}$ 的项，可得系统的近似方程

$$\begin{cases}(M+m)\ddot{y}+ml\ddot{\theta}=u\\ m\ddot{y}+ml\ddot{\theta}=mg\theta\end{cases} \tag{1.1.11}$$

上式是变量 $\ddot{y}$ 和 $\ddot{\theta}$ 的一个线性方程组，求解之，可得

$$\ddot{y}=-\frac{mg}{M}\theta+\frac{1}{M}u$$

$$\ddot{\theta}=\frac{(M+m)g}{Ml}\theta-\frac{1}{Ml}u$$

选择状态变量：$x_1=y$，$x_2=\dot{y}$，$x_3=\theta$，$x_4=\dot{\theta}$，则从上式可得系统的状态空间模型

$$\begin{cases}\begin{bmatrix}\dot{x}_1\\ \dot{x}_2\\ \dot{x}_3\\ \dot{x}_4\end{bmatrix}=\begin{bmatrix}0 & 1 & 0 & 0\\ 0 & 0 & -mg/M & 0\\ 0 & 0 & 0 & 1\\ 0 & 0 & (M+m)g/Ml & 0\end{bmatrix}\begin{bmatrix}x_1\\ x_2\\ x_3\\ x_4\end{bmatrix}+\begin{bmatrix}0\\ 1/M\\ 0\\ -1/Ml\end{bmatrix}u\\ y=\begin{bmatrix}1 & 0 & 0 & 0\end{bmatrix}\begin{bmatrix}x_1\\ x_2\\ x_3\\ x_4\end{bmatrix}\end{cases}\tag{1.1.12}$$

例 1.1.4　在化工过程中，经常需要将液位保持在一定的高度上，一个典型的实验对象就是液位装置。试建立如图 1.1.6 所示由两个互连水箱组成的液位装置状态空间模型，其中，在稳态时，两水箱的流入和流出量均为 Q，液位高度分别为 H_1 和 H_2。如果第一个水箱的输入流量发生一个变化量 u，则其液位和流出量会因此分别产生偏差 x_1 和 y_1。这些变化又会引起第二个水箱出现液位偏差 x_2 和流出量偏差 y。

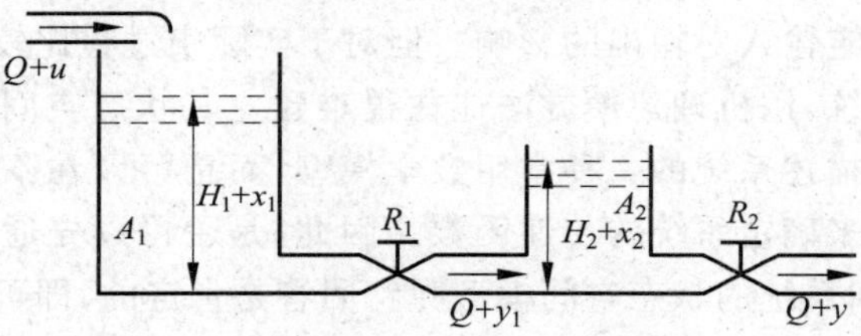

图 1.1.6　液位系统

解　假定两水箱的输出流量偏差分别为

$$y_1=\frac{x_1-x_2}{R_1}\quad 和\quad y=\frac{x_2}{R_2}$$

其中，R_i 为依赖于稳态液位高度 H_1 和 H_2 的液阻，且可通过调节阀门来改变。液位变化的动态方程为

$$A_1\mathrm{d}x_1=(u-y_1)\mathrm{d}t$$

$$A_2\mathrm{d}x_2=(y_1-y)\mathrm{d}t$$

其中，A_i 为水箱的横截面积。据此可得到系统的状态空间模型

$$\begin{bmatrix}\dot{x}_1\\ \dot{x}_2\end{bmatrix}=\begin{bmatrix}-1/A_2R_2 & 1/A_1R_1\\ 1/A_2R_1 & -1/A_2R_1-1/A_2R_2\end{bmatrix}\begin{bmatrix}x_1\\ x_2\end{bmatrix}+\begin{bmatrix}1/A_1\\ 0\end{bmatrix}u$$

$$y=\begin{bmatrix}0 & 1/R_2\end{bmatrix}\begin{bmatrix}x_1\\ x_2\end{bmatrix}$$

1.2　传递函数和状态空间模型间的转换

在经典控制理论中，单输入单输出线性时不变系统的传递函数是系统在零初始条件下输出量的拉普拉斯变换与输入量的拉普拉斯变换之比，它表示了系统外部的输入量和

输出量之间的关系。因此传递函数也称为系统的外部描述或输入输出描述，其结构如图 1.2.1 所示。

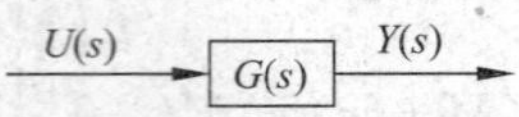

图 1.2.1　系统的输入输出描述

系统的状态空间模型通过引入和刻画系统的状态，建立起系统输入、状态和输出之间的关系，称为系统的内部描述。一个系统既可以用传递函数来描述，也可以用状态空间模型来描述，那么系统的这两种描述之间是否存在一定的联系呢？这一节就来回答这个问题。

1.2.1　由传递函数导出状态空间模型

在上一节中通过机理建模方法建立了系统的状态空间模型，并且通过输入与状态、状态与输出的关系来确定输入对输出的影响。但对于实际中过程比较复杂且相互间的定量关系又不太清楚的系统，用机理建模方法往往很难建立其状态空间模型。系统的传递函数是经典控制理论中描述系统的一种常用数学模型，而且可以在不精确了解系统内部机理的情况下用试验法来确定系统的传递函数。因此，是否可以先通过实验方法确定系统的传递函数，进而得到系统的状态空间模型呢？回答是肯定的，即可以从系统外部的输入输出描述，通过适当选取系统内部的状态变量来建立相应的状态空间模型，从而导出系统的内部描述。这种从系统的外部描述求其内部描述的过程称为系统的实现，由此得到的状态空间模型称为系统传递函数的状态空间实现。给定一个传递函数后，由于系统内部状态变量的选取不是惟一的，故得到的状态空间实现也是不惟一的。但无论如何选取，其内部描述都应保持原系统的输入输出关系不变。

本节以单输入单输出线性时不变系统为对象，采用从特殊到一般，从简单到复杂的处理方式，介绍由系统的传递函数导出状态空间模型的方法，并且给出了传递函数的状态空间模型能控标准形、能观标准形、对角形实现的方法。

从经典控制理论可知，单输入单输出线性时不变系统传递函数的一般形式为

$$G(s)=\frac{b_n s^n+b_{n-1}s^{n-1}+\cdots+b_1 s+b_0}{s^n+a_{n-1}s^{n-1}+\cdots+a_1 s+a_0} \tag{1.2.1}$$

若 $b_n\neq 0$，则通过长除法，传递函数 $G(s)$ 总可以转化为

$$G(s)=\frac{c_{n-1}s^{n-1}+\cdots+c_1 s+c_0}{s^n+a_{n-1}s^{n-1}+\cdots+a_1 s+a_0}+d$$

其中 d 是某个适当的常数。例如

$$\begin{aligned}G(s)&=\frac{2s^2+7s-1}{s^2+3s+2}\\&=\frac{s-5+2(s^2+3s+2)}{s^2+3s+2}\\&=\frac{s-5}{s^2+3s+2}+2\end{aligned}$$

这相当于将所考虑的系统分解成两个环节的并联，如图 1.2.2 所示。

从图 1.2.2 可以看到，d 是从输入到输出通道上的放大系数，相当于状态空间模型中的直接转移矩阵 $\boldsymbol{D}$。

在以下的讨论中，只需考虑分子多项式次数小于分母多项式次数的传递函数的实现问题。为此，应首先考虑分子多项式为 1 的这一类特殊结构传递函数的实现问题。以下先以一个简单的 3 阶系统为例，找出确定其状态空间实现的规律，然后再将其推广到复杂的 n 阶系统。

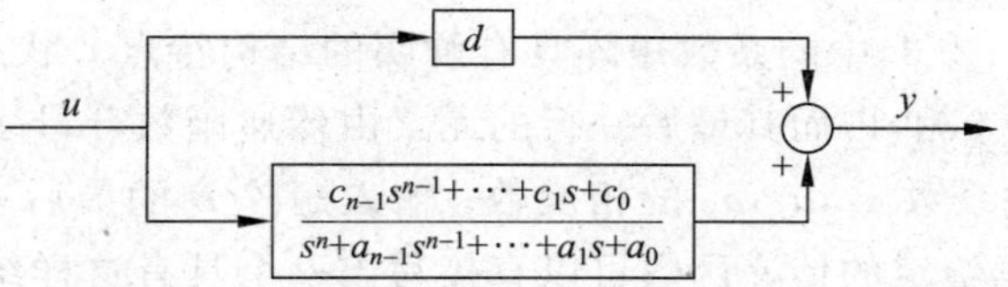

图 1.2.2 等效的并联结构

例 1.2.1 考虑由以下传递函数描述的系统：

$$G(s)=\frac{1}{s^3+a_2s^2+a_1s+a_0}$$

其中，a_0，a_1 和 a_2 是已知的实常数，试给出该系统的状态空间模型表示。

解 设系统的输入和输出分别是 u 和 y，则

$$Y(s)=\frac{1}{s^3+a_2s^2+a_1s+a_0}U(s)$$

其中，$U(s)$和 $Y(s)$分别是输入输出信号 u 和 y 的拉普拉斯变换，因此由

$$(s^3+a_2s^2+a_1s+a_0)Y(s)=U(s)$$

取拉普拉斯反变换得到

$$\dddot{y}(t)+a_2\ddot{y}(t)+a_1\dot{y}(t)+a_0y(t)=u(t) \tag{1.2.2}$$

这个方程式的解可以用图 1.2.3 所示由积分器、加法器和放大器组成的模拟图给出。该模拟图中有 3 个积分器。若以每个积分器的输出作为状态变量，即取

$$x_1=y$$

$$x_2=\dot{y}$$

$$x_3=\ddot{y}$$

则

$$\begin{aligned}\dot{x}_1&=x_2\\\dot{x}_2&=x_3\\\dot{x}_3&=-a_0x_1-a_1x_2-a_2x_3+u\end{aligned}$$

因此，系统的一个状态空间模型为

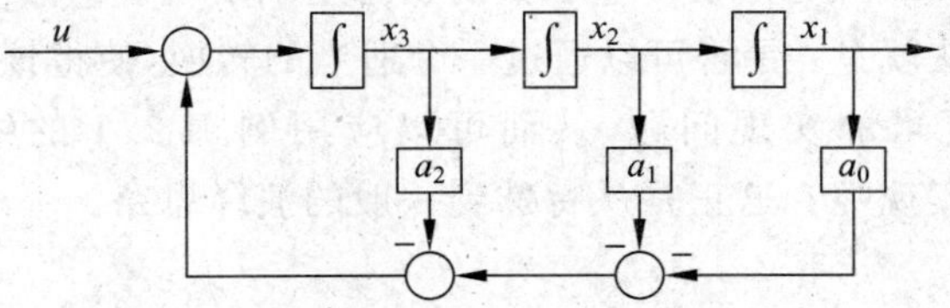

图 1.2.3 方程(1.2.2)的模拟图

$$\begin{cases}\begin{bmatrix}\dot{x}_1\\ \dot{x}_2\\ \dot{x}_3\end{bmatrix}=\begin{bmatrix}0 & 1 & 0\\ 0 & 0 & 1\\ -a_0 & -a_1 & -a_2\end{bmatrix}\begin{bmatrix}x_1\\ x_2\\ x_3\end{bmatrix}+\begin{bmatrix}0\\ 0\\ 1\end{bmatrix}u\\ y=\begin{bmatrix}1 & 0 & 0\end{bmatrix}\begin{bmatrix}x_1\\ x_2\\ x_3\end{bmatrix}\end{cases}\tag{1.2.3}$$

状态空间模型(1.2.3)中的系数矩阵具有鲜明的结构特点。状态矩阵 **A** 中除了最后一行以外的元素均为 0 和 1，而其最后一行的元素由传递函数分母多项式的系数决定，并自左至右写上多项式系数 a_0,a_1,a_2 的相反数；输入矩阵 **B** 的最后一行元素为 1，其余的元素为 0。因此，根据给定的传递函数可以直接写出一个具有这样结构的状态空间实现。这一结果可以推广到具有分子多项式为 1 的任意阶传递函数，即对传递函数

$$G(s)=\frac{1}{s^n+a_{n-1}s^{n-1}+\cdots+a_1s+a_0}\tag{1.2.4}$$

它的一个状态空间实现为

$$\begin{cases}\dot{x}=\begin{bmatrix}0 & 1 & 0 & \cdots & 0\\ 0 & 0 & 1 & \cdots & 0\\ \vdots & \vdots & \vdots & \ddots & \vdots\\ 0 & 0 & 0 & \cdots & 1\\ -a_0 & -a_1 & -a_2 & \cdots & -a_{n-1}\end{bmatrix}x+\begin{bmatrix}0\\ 0\\ \vdots\\ 0\\ 1\end{bmatrix}u\\ y=\begin{bmatrix}1 & 0 & \cdots & 0 & 0\end{bmatrix}x\end{cases}\tag{1.2.5}$$

图 1.2.3 也称为状态空间模型(1.2.3)的状态变量图。状态变量图由积分器、加法器、比例器组成，积分器的个数和状态变量的个数相同，每个积分器的输出就是状态变量，根据所给的状态方程和输出方程画出相应的加法器和比例器，并用箭头线表示出信号的传递关系。状态变量图反映了系统各状态变量间的信息传递关系，它为系统提供了一种清晰的物理图像，有助于加深对状态空间概念的理解。另外，状态变量图也是系统实现电路的基础。

对分子多项式不为 1 的传递函数，又该如何得到它的状态空间实现呢？以下通过一个例子来说明其状态空间实现的导出。

例 1.2.2 考虑由以下传递函数描述的系统：

$$G(s)=\frac{b_2s^2+b_1s+b_0}{s^3+a_2s^2+a_1s+a_0}=\frac{b(s)}{a(s)}\tag{1.2.6}$$

其中，a_0,a_1,a_2,b_0,b_1 和 b_2 是已知的实常数，试给出对应系统的状态空间模型。

解 针对分子多项式是 1 的一类特殊结构传递函数，可以根据传递函数分母多项式的系数直接按照式(1.2.5)写出该传递函数的状态空间实现。对于一般传递函数(1.2.6)的实现问题，一种想法就是：是否可以通过一个适当的转换，使得该实现问题转化为一个新的满足例 1.2.1 要求的实现问题，从而可以应用例 1.2.1 的结果来得到传递函数(1.2.6)的状态空间实现呢？这正是从特殊到一般的演绎思路。

由于

$$Y(s)=\frac{b(s)}{a(s)}U(s)=b(s)\left[\frac{1}{a(s)}U(s)\right]$$

若令 $Y_1(s)=\frac{1}{a(s)}U(s)$，则可得

$$Y(s)=b(s)Y_1(s)$$

其中的 $Y_1(s)$ 是中间辅助变量 y_1 的拉普拉斯变换。分别以 u 和 y_1 为输入输出信号的系统传递函数 $G_1(s)=\frac{1}{a(s)}$ 具有例 1.2.1 中传递函数的结构特点，应用例 1.2.1 的结论可以得到该传递函数的一个状态空间实现：

$$\begin{bmatrix}\dot{x}_1\\ \dot{x}_2\\ \dot{x}_3\end{bmatrix}=\begin{bmatrix}0 & 1 & 0\\ 0 & 0 & 1\\ -a_0 & -a_1 & -a_2\end{bmatrix}\begin{bmatrix}x_1\\ x_2\\ x_3\end{bmatrix}+\begin{bmatrix}0\\ 0\\ 1\end{bmatrix}u$$

$$y_1=x_1$$

由于系统的输出

$$Y(s)=b(s)Y_1(s)=b(s)X_1(s)=b_2s^2X_1(s)+b_1sX_1(s)+b_0X_1(s)$$

上式两边同时取拉普拉斯反变换，并利用状态变量的定义

$$x_1=y_1$$

$$x_2=\dot{y}_1$$

$$x_3=\ddot{y}_1$$

和零初始条件，可得

$$y=b_2\ddot{x}_1+b_1\dot{x}_1+b_0x_1=b_2x_3+b_1x_2+b_0x_1=\begin{bmatrix}b_0 & b_1 & b_2\end{bmatrix}\begin{bmatrix}x_1\\ x_2\\ x_3\end{bmatrix}$$

因此，所要求的状态空间模型为

$$\begin{cases}\begin{bmatrix}\dot{x}_1\\ \dot{x}_2\\ \dot{x}_3\end{bmatrix}=\begin{bmatrix}0 & 1 & 0\\ 0 & 0 & 1\\ -a_0 & -a_1 & -a_2\end{bmatrix}\begin{bmatrix}x_1\\ x_2\\ x_3\end{bmatrix}+\begin{bmatrix}0\\ 0\\ 1\end{bmatrix}u\\ y=\begin{bmatrix}b_0 & b_1 & b_2\end{bmatrix}\begin{bmatrix}x_1\\ x_2\\ x_3\end{bmatrix}\end{cases}\tag{1.2.7}$$

该状态空间模型所对应的状态变量图如图 1.2.4 所示。

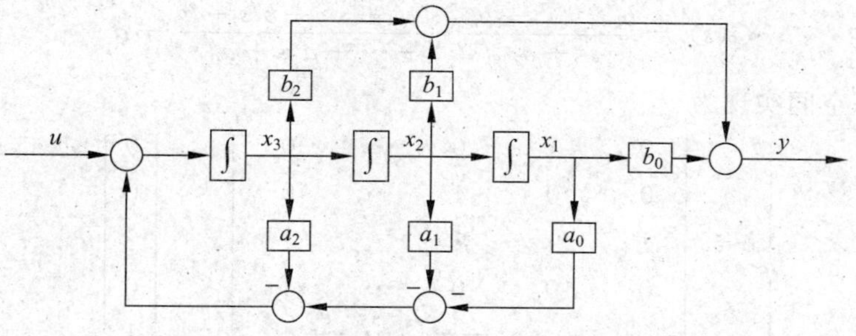

图 1.2.4　状态空间模型(1.2.7)的状态变量图

以上的处理思想实际上是将图 1.2.5 所示的一个一般的系统分解为图 1.2.6 所示的等效的两个特殊环节的串联。

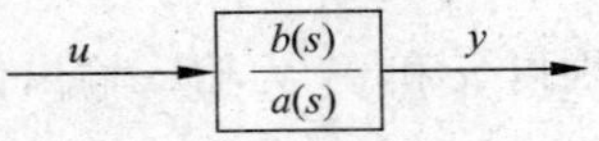

图 1.2.5 一般传递函数的系统方块图

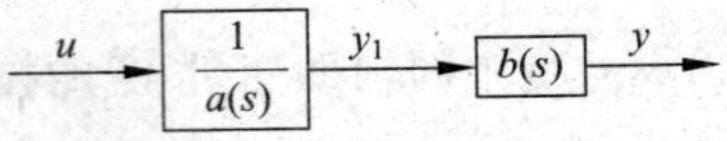

图 1.2.6 和图 1.2.5 等效的系统方块图

也可以通过另外一种思想来求解例 1.2.2。写出传递函数所表示系统的微分方程

$$\dddot{y}+a_2\ddot{y}+a_1\dot{y}+a_0y=b_2\ddot{u}+b_1\dot{u}+b_0u$$

从例 1.2.1 的结论可知由微分方程

$$\dddot{w}+a_2\ddot{w}+a_1\dot{w}+a_0w=u \tag{1.2.8}$$

所描述系统的一个状态空间模型为

$$\begin{bmatrix}\dot{x}_1\\ \dot{x}_2\\ \dot{x}_3\end{bmatrix}=\begin{bmatrix}0 & 1 & 0\\ 0 & 0 & 1\\ -a_0 & -a_1 & -a_2\end{bmatrix}\begin{bmatrix}x_1\\ x_2\\ x_3\end{bmatrix}+\begin{bmatrix}0\\ 0\\ 1\end{bmatrix}u$$

$$w=x_1$$

在方程(1.2.8)的右边用信号$\dot{u}$替代 u,考虑方程

$$\dddot{r}+a_2\ddot{r}+a_1\dot{r}+a_0r=\dot{u}$$

则由系统解的惟一性可得系统的输出 $r=\dot{w}$。利用 w 和状态变量间的关系,可得

$$r=\dot{w}=\dot{x}_1=x_2$$

类似地,在输入信号$\ddot{u}$作用下,系统的输出是$\ddot{w}=\dot{x}_2=x_3$。由系统的线性特性,各个不同信号同时作用于系统所得到的输出等于各个信号分别作用于系统所得到的输出的叠加。因此,系统的输出为

$$y=b_0x_1+b_1x_2+b_2x_3=[b_0\quad b_1\quad b_2]\begin{bmatrix}x_1\\ x_2\\ x_3\end{bmatrix}$$

这和前面得到的结果是相同的。

从状态空间模型(1.2.7)中的系数矩阵结构看出,由传递函数的分母多项式系数可以直接写出状态矩阵 **A**,由分子多项式系数可以直接写出输出矩阵 **C**。这一结论可以推广到一般的 n 阶传递函数。对 n 阶传递函数

$$G(s)=\frac{b_{n-1}s^{n-1}+b_{n-2}s^{n-2}+\cdots+b_1s+b_0}{s^n+a_{n-1}s^{n-1}+\cdots+a_1s+a_0}+d \tag{1.2.9}$$

它的一个状态空间实现为

$$\begin{cases}\dot{\boldsymbol{x}}=\begin{bmatrix}0 & 1 & 0 & \cdots & 0\\ 0 & 0 & 1 & \cdots & 0\\ \vdots & \vdots & \vdots & \ddots & \vdots\\ 0 & 0 & 0 & \cdots & 1\\ -a_0 & -a_1 & -a_2 & \cdots & -a_{n-1}\end{bmatrix}\boldsymbol{x}+\begin{bmatrix}0\\ 0\\ \vdots\\ 0\\ 1\end{bmatrix}u\\ y=[b_0\quad b_1\quad \cdots\quad b_{n-2}\quad b_{n-1}]\boldsymbol{x}+du\end{cases} \tag{1.2.10}$$

其中，$\boldsymbol{x}=[x_1 \quad x_2 \quad \cdots \quad x_n]^{\mathrm{T}}$ 是 n 维状态向量，状态矩阵是一个 $n\times n$ 维矩阵，输入矩阵是一个 n 维列向量，输出矩阵是一个 n 维行向量。若传递函数 $G(s)$ 的分子多项式的次数小于 $n-1$，则可以将相应的系数取为零，输出矩阵中的对应元素也为零。

状态空间模型(1.2.10)中的系数矩阵具有一定的结构特点，并且和传递函数的分母、分子多项式系数有着密切关系。具有这样结构特点的状态空间模型称为系统状态空间模型的能控标准形。在本书的设计部分中将可以看到，系统的能控标准形在诸如系统的极点配置等控制系统设计中显得特别有用。

在处理一些复杂系统的建模问题时，通常可以将复杂系统分解成若干个环节的串联、并联、反馈关联等，进而对构成系统的各个环节写出它们的状态空间实现，经过整理后得到整个系统的状态空间模型。这种分解的思想在处理一些复杂系统的建模时是非常有用的。以下通过例子来说明这种分解的处理方法。

串联法　串联法的思想是将一个 n 阶的传递函数分解成若干低阶传递函数的乘积，然后写出这些低阶传递函数的状态空间实现，最后利用串联关系，写出原来系统的状态空间模型。

例 1.2.3　已知系统传递函数

$$G(s)=\frac{4s+8}{s^3+8s^2+19s+12}$$

求其状态空间实现。

解　将所给的传递函数分解：

$$G(s)=\frac{4(s+2)}{(s+1)(s+3)(s+4)}$$
$$=\frac{4}{s+1}\cdot\frac{1}{s+3}\cdot\frac{s+2}{s+4}$$

系统可以看成是 3 个一阶环节的串联，如图 1.2.7 所示。

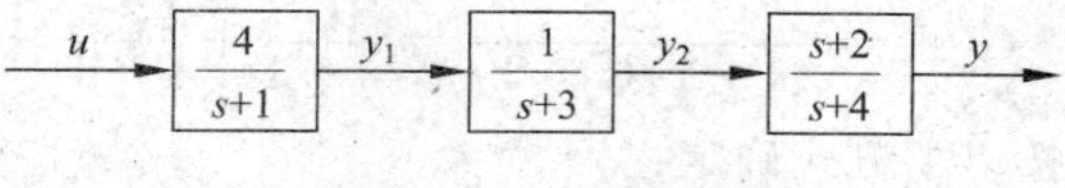

图 1.2.7　系统的串联分解图

分别写出每个一阶环节的状态空间模型，可得

$$\begin{cases}\dot{x}_1=-x_1+4u\\ y_1=x_1\end{cases}$$

$$\begin{cases}\dot{x}_2=-3x_2+u_2\\ y_2=x_2\end{cases}$$

$$\begin{cases}\dot{x}_3=-4x_3+u_3\\ y=-2x_3+u_3\end{cases}$$

由于以上 3 个子系统是串联的，因此有 $u_2=y_1$，$u_3=y_2$。将这些关系式代入到上式中，经整理可得

$$\dot{x}_1=-x_1+4u$$
$$\dot{x}_2=x_1-3x_2$$

$$\dot{x}_3 = x_2 - 4x_3$$
$$y = x_2 - 2x_3$$

进一步将其写成向量矩阵的形式，可得

$$\begin{bmatrix}\dot{x}_1\\ \dot{x}_2\\ \dot{x}_3\end{bmatrix} = \begin{bmatrix}-1 & 0 & 0\\ 1 & -3 & 0\\ 0 & 1 & -4\end{bmatrix}\begin{bmatrix}x_1\\ x_2\\ x_3\end{bmatrix} + \begin{bmatrix}4\\ 0\\ 0\end{bmatrix}u$$

$$y = \begin{bmatrix}0 & 1 & -2\end{bmatrix}\begin{bmatrix}x_1\\ x_2\\ x_3\end{bmatrix}$$

相应的状态变量图如图 1.2.8 所示。

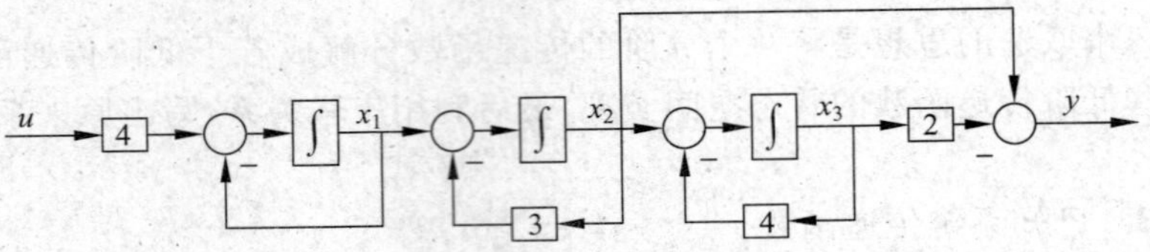

图 1.2.8　串联结构的状态变量图

并联法　并联法的思路是把一个复杂的传递函数分解成若干低阶传递函数的和，然后对每个低阶传递函数确定其状态空间实现，最后根据并联关系给出原来传递函数的状态空间实现。

例 1.2.4　给出以下传递函数的状态空间实现：

$$G(s) = \frac{2s}{(s+1)(s-1)}$$

解　采用分解的思想，将传递函数 $G(s)$ 按部分分式展开为

$$G(s) = \frac{2s}{(s+1)(s-1)} = \frac{c_1}{s+1} + \frac{c_2}{s-1}$$

其中系数 c_1 和 c_2 可以按以下方式确定：

$$c_1 = \lim_{s\to -1} G(s)(s+1) = 1$$
$$c_2 = \lim_{s\to 1} G(s)(s-1) = 1$$

故原来的系统可以分解为图 1.2.9 所示两个环节的并联。

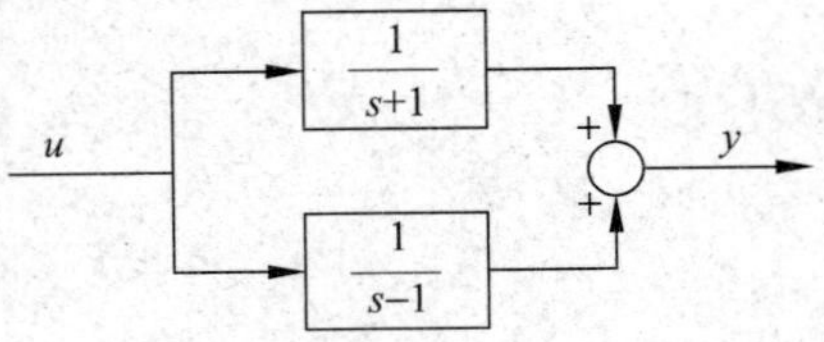

图 1.2.9　两个环节的并联

对其中的每一个环节分别写出其状态空间实现，可得

$$\dot{x}_1 = -x_1 + u_1$$
$$y_1 = x_1$$

和

$$\dot{x}_2 = x_2 + u_2$$
$$y_2 = x_2$$

根据并联系统的特点，$u = u_1 = u_2$，$y = y_1 + y_2$。由此可得整个系统的状态空间模型为

$$\begin{bmatrix} \dot{x}_1 \\ \dot{x}_2 \end{bmatrix} = \begin{bmatrix} -1 & 0 \\ 0 & 1 \end{bmatrix} \begin{bmatrix} x_1 \\ x_2 \end{bmatrix} + \begin{bmatrix} 1 \\ 1 \end{bmatrix} u$$

$$y = \begin{bmatrix} 1 & 1 \end{bmatrix} \begin{bmatrix} x_1 \\ x_2 \end{bmatrix}$$

其状态变量图如图 1.2.10 所示。

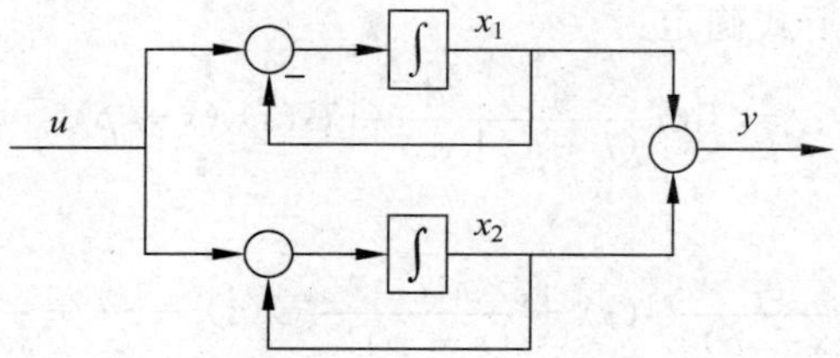

图 1.2.10　并联结构的状态变量图

对于这种由并联环节构成的系统，其状态空间模型中的状态矩阵具有对角形结构。

例 1.2.4 的结果也可以推广到 n 维系统。考虑分母多项式中只含相异实根的传递函数，则可以将其分解成部分分式的和：

$$\begin{aligned} G(s) &= \frac{b_{n-1}s^{n-1} + \cdots + b_1 s + b_0}{(s-p_1)(s-p_2)\cdots(s-p_n)} \\ &= \frac{c_1}{s-p_1} + \frac{c_2}{s-p_2} + \cdots + \frac{c_n}{s-p_n} \end{aligned}$$

其中的常数 c_i 可由下式确定：

$$c_i = \lim_{s \to p_i} G(s)(s-p_i)$$

该传递函数状态空间实现的一个对角形状态空间模型为

$$\begin{bmatrix} \dot{x}_1 \\ \dot{x}_2 \\ \vdots \\ \dot{x}_n \end{bmatrix} = \begin{bmatrix} p_1 & 0 & \cdots & 0 \\ 0 & p_2 & \cdots & 0 \\ \vdots & \vdots & \ddots & \vdots \\ 0 & 0 & \cdots & p_n \end{bmatrix} \begin{bmatrix} x_1 \\ x_2 \\ \vdots \\ x_n \end{bmatrix} + \begin{bmatrix} 1 \\ 1 \\ \vdots \\ 1 \end{bmatrix} u$$

$$y = \begin{bmatrix} c_1 & c_2 & \cdots & c_n \end{bmatrix} \begin{bmatrix} x_1 \\ x_2 \\ \vdots \\ x_n \end{bmatrix}$$

这里要求系统传递函数的分母多项式具有 n 个互不相同的根。这种形式的状态空间模型在系统分析和设计中是特别简单的，因为，它将一个 n 维的系统描述成由 n 个独立的一维子系统

$$\dot{x}_i = p_i x_i + u_i, \quad i = 1, 2, \cdots, n$$

$$y = \sum_{i=1}^{n} c_i x_i$$

并联组合而成的系统，各个状态分量间没有任何的耦合。这样的状态空间模型称为状态空间模型的解耦形式或对角线标准形。

若传递函数有多重极点，则情况就比较复杂。首先考虑传递函数仅含一个 n 重极点的情况，此时传递函数可按部分分式展开为

$$\begin{aligned}G(s) &= \frac{b_{n-1}s^{n-1}+\cdots+b_1 s+b_0}{(s-p)^n}\\ &= \frac{c_1}{(s-p)^n}+\frac{c_2}{(s-p)^{n-1}}+\cdots+\frac{c_n}{s-p}\end{aligned}$$

其中的待定系数 c_i 可按下式确定：

$$c_i=\lim_{s\to p}\frac{1}{(i-1)!}\frac{\mathrm{d}^{i-1}}{\mathrm{d}s^{i-1}}[G(s)(s-p)^n]$$

则

$$Y(s)=\frac{c_1}{(s-p)^n}U(s)+\frac{c_2}{(s-p)^{n-1}}U(s)+\cdots+\frac{c_n}{s-p}U(s) \tag{1.2.11}$$

定义

$$\begin{cases}X_1(s)=\dfrac{1}{(s-p)^n}U(s)\\ X_2(s)=\dfrac{1}{(s-p)^{n-1}}U(s)\\ \quad\vdots\\ X_n(s)=\dfrac{1}{s-p}U(s)\end{cases} \tag{1.2.12}$$

则可得

$$\begin{aligned}X_1(s)&=\frac{1}{s-p}X_2(s)\\ X_2(s)&=\frac{1}{s-p}X_3(s)\\ &\vdots\\ X_n(s)&=\frac{1}{s-p}U(s)\end{aligned}$$

由上式进一步可得

$$\begin{aligned}sX_1(s)&=pX_1(s)+X_2(s)\\ sX_2(s)&=pX_2(s)+X_3(s)\\ &\vdots\\ sX_n(s)&=pX_n(s)+U(s)\end{aligned}$$

对上式求拉普拉斯反变换可得

$$\begin{aligned}\dot{x}_1&=px_1+x_2\\ \dot{x}_2&=px_2+x_3\\ &\vdots\\ \dot{x}_n&=px_n+u\end{aligned}$$

进一步可将其写成向量矩阵的形式：

$$\dot{\boldsymbol{x}}=\begin{bmatrix} p & 1 & 0 & \cdots & 0 \\ 0 & p & 1 & \cdots & 0 \\ \vdots & \vdots & \vdots & \ddots & \vdots \\ 0 & 0 & 0 & \cdots & 1 \\ 0 & 0 & 0 & \cdots & p \end{bmatrix}\boldsymbol{x}+\begin{bmatrix} 0 \\ \vdots \\ 0 \\ 1 \end{bmatrix}u \tag{1.2.13a}$$

由式(1.2.11)和式(1.2.12)，输出方程为

$$Y(s)=c_1X_1(s)+c_2X_2(s)+\cdots+c_nX_n(s)$$

经拉普拉斯反变换可得

$$\begin{aligned} y &= c_1x_1+c_2x_2+\cdots+c_nx_n \\ &= [c_1 \quad c_2 \quad \cdots \quad c_n]\boldsymbol{x} \end{aligned} \tag{1.2.13b}$$

由状态方程(1.2.13a)可以看出，其状态矩阵是一个约当(Jordan)块。

对于既有单重极点，又有多重极点的传递函数，可以将其按部分分式展开后，采用对角形实现和约当块实现相结合的方法来导出其状态空间实现，以下通过一个例子来进一步说明。

例 1.2.5　已知系统的传递函数

$$G(s)=\frac{4s^2+17s+16}{(s+2)^2(s+3)}$$

用部分分式方法导出其状态空间实现。

解　系统有一个二重极点 -2 和一个单重极点 -3。将传递函数 $G(s)$ 按部分分式展开可得

$$G(s)=\frac{c_1}{(s+2)^2}+\frac{c_2}{s+2}+\frac{c_3}{s+3} \tag{1.2.14}$$

其中，

$$c_1=\lim_{s\to-2}G(s)(s+2)^2=-2$$

$$c_2=\lim_{s\to-2}\frac{\mathrm{d}}{\mathrm{d}s}[G(s)(s+2)^2]=3$$

$$c_3=\lim_{s\to-3}G(s)(s+3)=1$$

将传递函数的分解式(1.2.14)看成是 $\frac{-2}{(s+2)^2}+\frac{3}{s+2}$ 和 $\frac{1}{s+3}$ 两部分的并联，则利用对角形实现和约当块实现的结果可得

$$\begin{bmatrix} \dot{x}_1 \\ \dot{x}_2 \\ \dot{x}_3 \end{bmatrix}=\begin{bmatrix} -2 & 1 & 0 \\ 0 & -2 & 0 \\ 0 & 0 & -3 \end{bmatrix}\begin{bmatrix} x_1 \\ x_2 \\ x_3 \end{bmatrix}+\begin{bmatrix} 0 \\ 1 \\ 1 \end{bmatrix}u$$

$$y=[-2 \quad 3 \mid 1]\begin{bmatrix} x_1 \\ x_2 \\ x_3 \end{bmatrix}$$

由模型结构可以看出，其状态矩阵是一个块对角矩阵。

1.2.2 由状态空间模型确定传递函数

已知系统的状态空间模型

$$\begin{cases}\dot{\boldsymbol{x}}=\boldsymbol{A}\boldsymbol{x}+\boldsymbol{B}\boldsymbol{u}\\ \boldsymbol{y}=\boldsymbol{C}\boldsymbol{x}+\boldsymbol{D}\boldsymbol{u}\end{cases} \tag{1.2.15}$$

其中，$\boldsymbol{x}\in\mathbf{R}^n$ 是系统的状态向量，$\boldsymbol{u}\in\mathbf{R}^m$ 是控制输入，$\boldsymbol{y}\in\mathbf{R}^r$ 是测量输出，$\boldsymbol{A}$，$\boldsymbol{B}$，$\boldsymbol{C}$ 和 $\boldsymbol{D}$ 是已知的常数矩阵。讨论的问题是如何由系统的状态空间模型确定其传递函数。

在零初始条件下，对式(1.2.15)中的状态方程两边作拉普拉斯变换可得

$$s\boldsymbol{X}(s)=\boldsymbol{A}\boldsymbol{X}(s)+\boldsymbol{B}\boldsymbol{U}(s)$$

整理后可得

$$(s\boldsymbol{I}-\boldsymbol{A})\boldsymbol{X}(s)=\boldsymbol{B}\boldsymbol{U}(s)$$

两边分别左乘矩阵 $(s\boldsymbol{I}-\boldsymbol{A})^{-1}$，可得

$$\boldsymbol{X}(s)=(s\boldsymbol{I}-\boldsymbol{A})^{-1}\boldsymbol{B}\boldsymbol{U}(s)$$

对输出方程作拉普拉斯变换可得

$$\boldsymbol{Y}(s)=\boldsymbol{C}\boldsymbol{X}(s)+\boldsymbol{D}\boldsymbol{U}(s)$$

因此，

$$\boldsymbol{Y}(s)=\underbrace{[\boldsymbol{C}(s\boldsymbol{I}-\boldsymbol{A})^{-1}\boldsymbol{B}+\boldsymbol{D}]}_{\boldsymbol{G}(s)}\boldsymbol{U}(s)$$

即系统的传递函数为

$$\boldsymbol{G}(s)=\boldsymbol{C}(s\boldsymbol{I}-\boldsymbol{A})^{-1}\boldsymbol{B}+\boldsymbol{D} \tag{1.2.16}$$

式(1.2.16)给出了用状态空间模型的系数矩阵来计算系统传递函数的公式，它由有理矩阵 $\boldsymbol{C}(s\boldsymbol{I}-\boldsymbol{A})^{-1}\boldsymbol{B}$(矩阵的元素是 s 多项式的分式)和矩阵 $\boldsymbol{D}$ 两部分组成，由此式可以看出：传递函数由状态空间模型中的系数矩阵惟一确定。在用式(1.2.16)计算系统的传递函数时，关键在于计算逆矩阵 $(s\boldsymbol{I}-\boldsymbol{A})^{-1}$，这个逆矩阵在控制系统的分析中起着重要的作用，以后还会多次用到。

例 1.2.6 给定状态空间模型(1.2.15)，其中，

$$\boldsymbol{A}=\begin{bmatrix}1 & 2\\ -2 & 1\end{bmatrix},\quad \boldsymbol{B}=\begin{bmatrix}1\\ 0\end{bmatrix},\quad \boldsymbol{C}=[1\quad 1],\quad \boldsymbol{D}=[0]$$

确定由该状态空间模型所描述系统的传递函数。

解 在式(1.2.16)中，关键是计算逆矩阵 $(s\boldsymbol{I}-\boldsymbol{A})^{-1}$。按照逆矩阵的计算方法有

$$(s\boldsymbol{I}-\boldsymbol{A})^{-1}=\frac{\operatorname{adj}(s\boldsymbol{I}-\boldsymbol{A})}{\det(s\boldsymbol{I}-\boldsymbol{A})}$$

其中，$\det(s\boldsymbol{I}-\boldsymbol{A})$ 是矩阵 $s\boldsymbol{I}-\boldsymbol{A}$ 的行列式，$\operatorname{adj}(s\boldsymbol{I}-\boldsymbol{A})$ 是矩阵 $s\boldsymbol{I}-\boldsymbol{A}$ 的伴随矩阵，由矩阵 $s\boldsymbol{I}-\boldsymbol{A}$ 对应元素的代数余子式构成，可得

$$(s\boldsymbol{I}-\boldsymbol{A})^{-1}=\frac{1}{s^2-2s+5}\begin{bmatrix}s-1 & 2\\ -2 & s-1\end{bmatrix}$$

因此，

$$G(s)=\boldsymbol{C}(s\boldsymbol{I}-\boldsymbol{A})^{-1}\boldsymbol{B}+\boldsymbol{D}$$
$$=\frac{1}{s^2-2s+5}\begin{bmatrix}1 & 1\end{bmatrix}\begin{bmatrix}s-1 & 2\\ -2 & s-1\end{bmatrix}\begin{bmatrix}1\\0\end{bmatrix}$$
$$=\frac{s-3}{s^2-2s+5}$$

以上这种确定系统传递函数的方法不仅对单输入单输出系统有效，对多输入多输出系统也是适用的。

特别地，对单输入单输出系统，其传递函数 $G(s)$ 是一个标量。因此，根据由状态空间模型得到的传递函数表示式(1.2.16)，有

$$G(s)=G^{\mathrm{T}}(s)=\boldsymbol{B}^{\mathrm{T}}(s\boldsymbol{I}-\boldsymbol{A}^{\mathrm{T}})^{-1}\boldsymbol{C}^{\mathrm{T}}+\boldsymbol{D}$$

从这个关系式可得，若式(1.2.15)是传递函数 $G(s)$ 的一个状态空间实现，则

$$\begin{cases}\dot{\tilde{\boldsymbol{x}}}=\boldsymbol{A}^{\mathrm{T}}\tilde{\boldsymbol{x}}+\boldsymbol{C}^{\mathrm{T}}u\\ y=\boldsymbol{B}^{\mathrm{T}}\tilde{\boldsymbol{x}}+\boldsymbol{D}u\end{cases}\tag{1.2.17}$$

也是 $G(s)$ 的一个状态空间实现。称状态空间模型(1.2.17)是模型(1.2.15)的**对偶模型**。而状态空间模型(1.2.17)的对偶模型为

$$\dot{\bar{\boldsymbol{x}}}=(\boldsymbol{A}^{\mathrm{T}})^{\mathrm{T}}\bar{\boldsymbol{x}}+(\boldsymbol{B}^{\mathrm{T}})^{\mathrm{T}}u=\boldsymbol{A}\bar{\boldsymbol{x}}+\boldsymbol{B}u$$
$$y=(\boldsymbol{C}^{\mathrm{T}})^{\mathrm{T}}\bar{\boldsymbol{x}}+\boldsymbol{D}u=\boldsymbol{C}\bar{\boldsymbol{x}}+\boldsymbol{D}u$$

这恰好就是状态空间模型(1.2.15)。因此，式(1.2.15)也是状态空间模型(1.2.17)的对偶模型。根据这一事实，模型(1.2.15)和(1.2.17)也称为是互为对偶的。

对例 1.2.2 中得到的能控标准形(1.2.7)，其对偶模型为

$$\dot{\tilde{\boldsymbol{x}}}=\begin{bmatrix}0 & 0 & -a_0\\ 1 & 0 & -a_1\\ 0 & 1 & -a_2\end{bmatrix}\tilde{\boldsymbol{x}}+\begin{bmatrix}b_0\\ b_1\\ b_2\end{bmatrix}u$$
$$y=\begin{bmatrix}0 & 0 & 1\end{bmatrix}\tilde{\boldsymbol{x}}$$

具有这一结构的状态空间模型称为系统的能观标准形，相应的状态变量图见图 1.2.11。

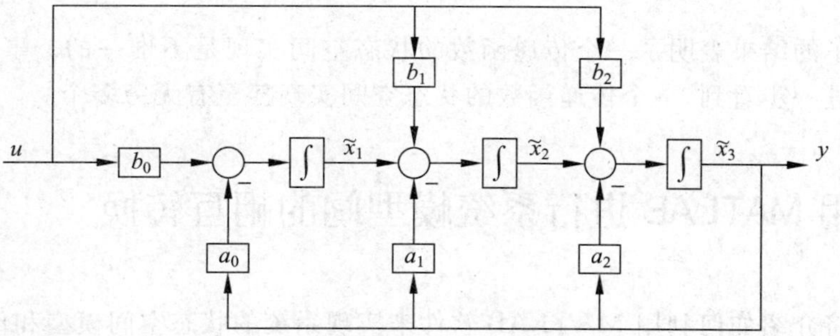

图 1.2.11　能观标准形的状态变量图

从能控标准形的一般形式(1.2.10)，可以得到能观标准形的一般形式：

$$\dot{\tilde{x}}=\begin{bmatrix}0&0&\cdots&0&-a_0\\1&0&\cdots&0&-a_1\\0&1&\cdots&0&-a_2\\\vdots&\vdots&\vdots&\vdots&\vdots\\0&0&\cdots&1&-a_{n-1}\end{bmatrix}\tilde{x}+\begin{bmatrix}b_0\\b_1\\\vdots\\b_{n-2}\\b_{n-1}\end{bmatrix}u$$

$$y=[0\quad 0\quad\cdots\quad 0\quad 1]\,\tilde{x}$$

例 1.2.7 考虑以下传递函数

$$G(s)=\frac{s+3}{s^2+3s+2}$$

求其状态空间实现的能控标准形、能观标准形和对角标准形。

解 能控标准形为

$$\begin{bmatrix}\dot{x}_1\\\dot{x}_2\end{bmatrix}=\begin{bmatrix}0&1\\-2&-3\end{bmatrix}\begin{bmatrix}x_1\\x_2\end{bmatrix}+\begin{bmatrix}0\\1\end{bmatrix}u$$

$$y=[3\quad 1]\begin{bmatrix}x_1\\x_2\end{bmatrix}$$

能观标准形为

$$\begin{bmatrix}\dot{x}_1\\\dot{x}_2\end{bmatrix}=\begin{bmatrix}0&-2\\1&-3\end{bmatrix}\begin{bmatrix}x_1\\x_2\end{bmatrix}+\begin{bmatrix}3\\1\end{bmatrix}u$$

$$y=[0\quad 1]\begin{bmatrix}x_1\\x_2\end{bmatrix}$$

对角标准形为

$$\begin{bmatrix}\dot{x}_1\\\dot{x}_2\end{bmatrix}=\begin{bmatrix}-1&0\\0&-2\end{bmatrix}\begin{bmatrix}x_1\\x_2\end{bmatrix}+\begin{bmatrix}1\\1\end{bmatrix}u$$

$$y=[2\quad -1]\begin{bmatrix}x_1\\x_2\end{bmatrix}$$

这个例子的结果表明了一个传递函数的状态空间实现是不惟一的。事实上，从后续章节中可以进一步看到，一个传递函数的状态空间实现甚至有无穷多个。

1.3 利用 MATLAB 进行系统模型间的相互转换

这一节将介绍如何利用 MATLAB 软件来实现系统的状态空间模型和传递函数间的相互转换。

设系统的传递函数为

$$G(s)=\frac{b_{n-1}s^{n-1}+b_{n-2}s^{n-2}+\cdots+b_1s+b_0}{s^n+a_{n-1}s^{n-1}+\cdots+a_1s+a_0}$$

用两个数组 num 和 den 分别储存传递函数分子多项式和分母多项式的系数，具体输入格式如下：

```
num = [0  b_{n-1}  b_{n-2}  …  b_1  b_0];
den = [1  a_{n-1}  a_{n-2}  …  a_1  a_0];
```

num 和 den 中的多项式系数是以变量 s 的升幂方式，从右到左排列（注意顺序！），必要时需补加数字零。函数 tf(transfer function 的首字母)给出了传递函数 G，其一般形式为

```
G = tf(num,den)
```

函数 tf2ss 给出了传递函数的一个状态空间实现，该函数的一般表示式为

```
[A,B,C,D] = tf2ss(num,den)
```

函数 tf2ss 中的 ss 表示状态空间(state space)，tf2ss 表示从传递函数到状态空间。前面已提到任何一个传递函数的状态空间实现是不惟一的，而上面的 MATLAB 函数 tf2ss 仅给出了一种可能的状态空间实现。

例 1.3.1　给出以下传递函数的状态空间实现：

$$G(s)=\frac{10s+10}{s^3+6s^2+5s+10}$$

解　执行以下的 m-文件：

```
num = [0 0 10 10];
den = [1 6 5 10];
[A,B,C,D] = tf2ss(num,den)
```

可得

```
A =
   -6   -5   -10
    1    0     0
    0    1     0

B =
    1
    0
    0

C =
    0    10    10

D =
    0
```

因此，所考虑传递函数的一个状态空间实现为

$$\begin{bmatrix}\dot{x}_1\\ \dot{x}_2\\ \dot{x}_3\end{bmatrix}=\begin{bmatrix}-6 & -5 & -10\\ 1 & 0 & 0\\ 0 & 1 & 0\end{bmatrix}\begin{bmatrix}x_1\\ x_2\\ x_3\end{bmatrix}+\begin{bmatrix}1\\ 0\\ 0\end{bmatrix}u$$

$$y=\begin{bmatrix}0 & 10 & 10\end{bmatrix}\begin{bmatrix}x_1\\x_2\\x_3\end{bmatrix}$$

对给定的一个状态空间模型

$$\dot{\boldsymbol{x}}=\boldsymbol{A}\boldsymbol{x}+\boldsymbol{B}\boldsymbol{u}$$
$$\boldsymbol{y}=\boldsymbol{C}\boldsymbol{x}+\boldsymbol{D}\boldsymbol{u}$$

函数

```
[num,den] = ss2tf(A,B,C,D,iu)
```

给出了该状态空间模型所描述系统的传递函数。其中对多输入系统，必须确定 iu 的值。例如，系统有 3 个输入 u_1、u_2 和 u_3，则 iu 必须是 1、2 或 3，其中 1 表示 u_1，2 表示 u_2，3 表示 u_3。所得到的是第 iu 个输入到所有输出的传递函数。此时，m-文件给出的是一个传递函数列向量(分子系数 num 是一个与输出具有相同行的矩阵)。

若系统只有一个输入，则可以使用

```
[num,den] = ss2tf(A,B,C,D)
```

或

```
[num,den] = ss2tf(A,B,C,D,1)
```

来确定系统的传递函数。

例 1.3.2 求由以下状态空间模型所表示系统的传递函数：

$$\begin{bmatrix}\dot{x}_1\\\dot{x}_2\\\dot{x}_3\end{bmatrix}=\begin{bmatrix}0 & 1 & 0\\0 & 0 & 1\\-5 & -25 & -5\end{bmatrix}\begin{bmatrix}x_1\\x_2\\x_3\end{bmatrix}+\begin{bmatrix}0\\25\\-120\end{bmatrix}u$$

$$y=\begin{bmatrix}1 & 0 & 0\end{bmatrix}\begin{bmatrix}x_1\\x_2\\x_3\end{bmatrix}$$

解 执行以下的 m-文件：

```
A = [0 1 0; 0 0 1; -5 -25 -5];
B = [0; 25; -120];
C = [1 0 0];
D = [0];
[num,den] = ss2tf(A,B,C,D)
```

可得

```
num =
        0   -0.0000   25.0000   5.0000

den =
        1.0000   5.0000   25.0000   5.0000
```

因此，所求系统的传递函数为

$$G(s)=\frac{25s+5}{s^3+5s^2+25s+5}$$

例 1.3.3　考虑由以下状态空间模型描述的系统：

$$\begin{bmatrix}\dot{x}_1\\ \dot{x}_2\end{bmatrix}=\begin{bmatrix}0 & 1\\ -25 & -4\end{bmatrix}\begin{bmatrix}x_1\\ x_2\end{bmatrix}+\begin{bmatrix}1 & 1\\ 0 & 1\end{bmatrix}\begin{bmatrix}u_1\\ u_2\end{bmatrix}$$

$$\begin{bmatrix}y_1\\ y_2\end{bmatrix}=\begin{bmatrix}1 & 0\\ 0 & 1\end{bmatrix}\begin{bmatrix}x_1\\ x_2\end{bmatrix}$$

这是一个 2 输入 2 输出系统。描述该系统的传递函数是一个 2×2 维矩阵，它包括 4 个传递函数：

$$\begin{bmatrix}Y_1(s)/U_1(s) & Y_1(s)/U_2(s)\\ Y_2(s)/U_1(s) & Y_2(s)/U_2(s)\end{bmatrix}$$

当考虑输入 u_1 时，可设 u_2 为零，反之亦然。执行以下的 m-文件：

```
A = [0 1; - 25 - 4];
B = [1 1; 0 1];
C = [1 0; 0 1];
D = [0 0; 0 0];
[num1,den1] = ss2tf(A,B,C,D,1)
[num2,den2] = ss2tf(A,B,C,D,2)
```

可得

```
num1 =

     0    1     4
     0    0   - 25


den1 =

     1    4     25


num2 =

     0    1.0000     5.0000
     0    1.0000   - 25.0000


den2 =

     1    4    25
```

因此，所求的 4 个传递函数分别为

$$\frac{Y_1(s)}{U_1(s)}=\frac{s+4}{s^2+4s+25},\quad \frac{Y_2(s)}{U_1(s)}=\frac{-25}{s^2+4s+25}$$

$$\frac{Y_1(s)}{U_2(s)}=\frac{s+5}{s^2+4s+25},\quad \frac{Y_2(s)}{U_2(s)}=\frac{s-25}{s^2+4s+25}$$

1.4 状态空间模型的性质

前面已看到：对同一个系统，其状态变量的选取方法可以是多种多样的，状态变量的不同选取导致不同的状态空间模型。因此，一个系统的状态空间模型表示是不惟一的。那么，描述同一系统的不同状态变量之间有什么关系呢？同一系统不同形式的状态空间模型是否可以相互转换呢？是否能得到系统状态空间模型的一些标准形呢？本节将研究这些问题。

对于 n 阶状态空间模型

$$\dot{\boldsymbol{x}} = \boldsymbol{A}\boldsymbol{x} + \boldsymbol{B}\boldsymbol{u} \tag{1.4.1a}$$

$$\boldsymbol{y} = \boldsymbol{C}\boldsymbol{x} + \boldsymbol{D}\boldsymbol{u} \tag{1.4.1b}$$

考虑状态向量的一个线性变换

$$\bar{\boldsymbol{x}} = \boldsymbol{T}\boldsymbol{x} \tag{1.4.2}$$

其中，$\boldsymbol{T}$ 是一个 $n\times n$ 维的非奇异矩阵，称为变换矩阵。由式(1.4.2)可得 $\boldsymbol{x}=\boldsymbol{T}^{-1}\bar{\boldsymbol{x}}$，将其代入到状态方程(1.4.1a)，可得

$$\boldsymbol{T}^{-1}\dot{\bar{\boldsymbol{x}}} = \boldsymbol{A}\boldsymbol{T}^{-1}\bar{\boldsymbol{x}} + \boldsymbol{B}\boldsymbol{u}$$

在上式两边同时左乘矩阵 $\boldsymbol{T}$，可得

$$\dot{\bar{\boldsymbol{x}}} = \boldsymbol{T}\boldsymbol{A}\boldsymbol{T}^{-1}\bar{\boldsymbol{x}} + \boldsymbol{T}\boldsymbol{B}\boldsymbol{u}$$

利用 $\boldsymbol{x}=\boldsymbol{T}^{-1}\bar{\boldsymbol{x}}$，从输出方程(1.4.1b)可得

$$\boldsymbol{y} = \boldsymbol{C}\boldsymbol{T}^{-1}\bar{\boldsymbol{x}} + \boldsymbol{D}\boldsymbol{u}$$

记

$$\bar{\boldsymbol{A}} = \boldsymbol{T}\boldsymbol{A}\boldsymbol{T}^{-1},\quad \bar{\boldsymbol{B}} = \boldsymbol{T}\boldsymbol{B},\quad \bar{\boldsymbol{C}} = \boldsymbol{C}\boldsymbol{T}^{-1},\quad \bar{\boldsymbol{D}} = \boldsymbol{D} \tag{1.4.3}$$

则经状态变换 $\bar{\boldsymbol{x}}=\boldsymbol{T}\boldsymbol{x}$，状态空间模型(1.4.1)变换为

$$\dot{\bar{\boldsymbol{x}}} = \bar{\boldsymbol{A}}\bar{\boldsymbol{x}} + \bar{\boldsymbol{B}}\boldsymbol{u} \tag{1.4.4a}$$

$$\boldsymbol{y} = \bar{\boldsymbol{C}}\bar{\boldsymbol{x}} + \bar{\boldsymbol{D}}\boldsymbol{u} \tag{1.4.4b}$$

其中，$\bar{\boldsymbol{x}}$ 是新的状态空间模型(1.4.4)的状态向量。

通过一个线性变换(1.4.2)关联起来的两个状态空间模型(1.4.1)和(1.4.4)可以说是等价的。以下首先通过一个例子来说明等价状态空间模型的概念，进而来分析等价状态空间模型的性质。

例 1.4.1 考虑以下状态空间模型：

$$\dot{\boldsymbol{x}} = \begin{bmatrix} 1 & 2 \\ -3 & -1 \end{bmatrix}\boldsymbol{x} + \begin{bmatrix} 1 & 0 \\ 0 & 1 \end{bmatrix}\boldsymbol{u}$$

$$y = \begin{bmatrix} 1 & 2 \end{bmatrix}\boldsymbol{x}$$

选取状态变换矩阵

$$\boldsymbol{T} = \begin{bmatrix} -1 & 1 \\ -1 & -1 \end{bmatrix}$$

容易求出变换矩阵 $\boldsymbol{T}$ 的逆矩阵

$$T^{-1}=\frac{1}{2}\times\begin{bmatrix}-1 & -1\\ 1 & -1\end{bmatrix}$$

经式(1.4.2)变换后得到的等价状态空间模型(1.4.4)的系数矩阵分别为

$$\bar{A}=TAT^{-1}=(1/2)\begin{bmatrix}-1 & 1\\ -1 & -1\end{bmatrix}\begin{bmatrix}1 & 2\\ -3 & -1\end{bmatrix}\begin{bmatrix}-1 & -1\\ 1 & -1\end{bmatrix}=\begin{bmatrix}1/2 & 7/2\\ -3/2 & -1/2\end{bmatrix}$$

$$\bar{B}=TB=\begin{bmatrix}-1 & 1\\ -1 & -1\end{bmatrix}\begin{bmatrix}1 & 0\\ 0 & 1\end{bmatrix}=\begin{bmatrix}-1 & 1\\ -1 & -1\end{bmatrix}$$

$$\bar{C}=CT^{-1}=(1/2)[1\quad 2]\begin{bmatrix}-1 & 1\\ -1 & -1\end{bmatrix}=[1/2\quad -3/2]$$

$$\bar{D}=D=[0\quad 0]$$

对于一个低阶系统，尚可以用手工来完成以上的计算，但当模型阶数较高时，用手工计算来完成以上矩阵运算所需要的工作量还是很大的。一个更好的方法就是借助于MATLAB来完成以上的矩阵运算。特别是MATLAB提供了一个函数ss2ss，该函数给出了从一个状态空间模型经一个状态变换后得到的等价状态空间模型。

首先产生状态空间模型的内部表示

```
sys1 = ss(A,B,C,D)
```

进而由

```
sys2 = ss2ss(sys1,T)
```

给出经状态变换$\bar{x}=Tx$ 变换后得到的等价状态空间模型。也可以直接应用[aa,bb,cc,dd]=ss2ss(a,b,c,d,T)得到。

针对例1.4.1，编写并执行以下的m-文件：

```
A = [1 2; -3 -1];
B = [1 0; 0 1];
C = [1 2];
D = [0 0];
T = [-1 1; -1 -1];
sys1 = ss(A,B,C,D);
sys2 = ss2ss(sys1,T)
```

可得

```
a =
              x1          x2
     x1      0.5         3.5
     x2     -1.5        -0.5

b =
              u1          u2
     x1       -1           1
     x2       -1          -1
```

```
c =
              x1          x2
    y1        0.5        -1.5

d =
               u1          u2
    y1         0           0
```

显然，这和前面手工计算所得到的结果是一致的。

在控制系统的分析和设计中，将一个状态空间模型变换成另一个等价的状态空间模型有许多的好处。如将一个复杂的状态空间模型变换成一个等价的具有特殊结构的状态空间模型（如能控标准形、能观标准形、对角形等），有利于控制器的设计；将一些状态变量变换成具有物理意义的量，便于控制系统的实现；通过变换成一个具有对角形状态矩阵的状态空间模型，可以将原来耦合的多回路系统转化为由一些单回路子系统并联复合的系统，便于系统分析和综合问题的求解等等。

例 1.4.2 考虑状态空间模型(1.4.1)，其中

$$\boldsymbol{A}=\begin{bmatrix}-4 & -1 & 1\\ 0 & -3 & 1\\ 1 & 1 & -3\end{bmatrix},\quad \boldsymbol{B}=\begin{bmatrix}-1\\ 1\\ 0\end{bmatrix},\quad \boldsymbol{C}=[-1\quad 1\quad 0],\quad \boldsymbol{D}=[0]$$

应用 MATLAB 函数 eig 可以得到矩阵 $\boldsymbol{A}$ 的特征值是-5、-3 和-2。根据线性代数的知识知道，具有互不相同特征值的矩阵总可以对角化，从而可以找到一个与所考虑的状态空间模型等价的、具有对角形状态矩阵的状态空间模型。以下来求具有这样性质的状态变换矩阵 $\boldsymbol{T}$。利用 MATLAB 函数 eig，编写并执行以下的 m-文件：

```
A = [-4 -1 1; 0 -3 1; 1 1 -3];
[Q,D] = eig(A)
```

可得

```
Q =
     0.8018   -0.7071         0
     0.2673    0.7071   -0.7071
    -0.5345    0.0000   -0.7071

D =
    -5.0000         0         0
          0   -3.0000         0
          0         0   -2.0000
```

取 $\boldsymbol{T}=\boldsymbol{Q}^{-1}$，则在状态变换 $\bar{\boldsymbol{x}}=\boldsymbol{T}\boldsymbol{x}$ 下，利用 MATLAB 函数[AA,BB,CC,DD]= ss2ss(A,B,C,D,T)，可得变换后的等价状态空间模型(1.4.4)，其中

$$\bar{\boldsymbol{A}}=\begin{bmatrix}-5 & 0 & 0\\ 0 & -3 & 0\\ 0 & 0 & -2\end{bmatrix},\quad \bar{\boldsymbol{B}}=\begin{bmatrix}0.0\\ 1.4142\\ 0.0\end{bmatrix},$$

$$\bar{\boldsymbol{C}}=[-0.5345\quad 1.4142\quad -0.7071],\quad \bar{\boldsymbol{D}}=[0]$$

然而，当矩阵 $\boldsymbol{A}$ 的特征值是复数时，尽管当这些复特征值互不相同时，也可以按照以上方法得到具有对角形状态矩阵的等价状态空间模型，但由于这些特征值是复数，使得相应特征向量中也出现复数，从而等价状态空间模型中的系数矩阵 $\bar{\boldsymbol{A}}$、$\bar{\boldsymbol{B}}$ 和 $\bar{\boldsymbol{C}}$ 中也会出现复数。由于复数信号的物理意义不清晰，从而对带有复数的状态空间模型，难以绘制相应的状态变量图。另外，以后在计算矩阵指数函数 $\mathrm{e}^{\bar{A}t}$ 时也会遇到麻烦。因此，在用状态变换后的标准形时，希望避免在系数矩阵中出现复数。为此，引进状态空间模型的模态标准形。以下通过一个特殊矩阵来说明这一概念。

假定矩阵 $\boldsymbol{A}$ 有两个不同的实特征值和两个复特征值，由于矩阵 $\boldsymbol{A}$ 是实的，故当它有复特征值时一定以共轭对的形式出现。设矩阵 $\boldsymbol{A}$ 的特征值是 $\lambda_1,\lambda_2,\alpha+\mathrm{j}\beta$ 和 $\alpha-\mathrm{j}\beta$，相应的特征向量是 $\boldsymbol{q}_1,\boldsymbol{q}_2,\boldsymbol{q}_3$ 和 $\boldsymbol{q}_4$，其中 $\lambda_1,\lambda_2,\alpha,\beta,\boldsymbol{q}_1$ 和 $\boldsymbol{q}_2$ 是实的，$\boldsymbol{q}_3$ 和 $\boldsymbol{q}_4$ 是复向量，且互为共轭。定义 $\boldsymbol{Q}=[\boldsymbol{q}_1\quad \boldsymbol{q}_2\quad \boldsymbol{q}_3\quad \boldsymbol{q}_4]$，则

$$\boldsymbol{J}=\begin{bmatrix}\lambda_1 & 0 & 0 & 0\\ 0 & \lambda_2 & 0 & 0\\ 0 & 0 & \alpha+\mathrm{j}\beta & 0\\ 0 & 0 & 0 & \alpha-\mathrm{j}\beta\end{bmatrix}=\boldsymbol{Q}^{-1}\boldsymbol{A}\boldsymbol{Q}$$

$\boldsymbol{Q}$ 和 $\boldsymbol{J}$ 可以由 MATLAB 中的函数[Q,J]=eig(A)得到。为了消除对角线上的复数，考虑

$$\bar{\boldsymbol{Q}}^{-1}\boldsymbol{J}\bar{\boldsymbol{Q}}=\begin{bmatrix}1 & 0 & 0 & 0\\ 0 & 1 & 0 & 0\\ 0 & 0 & 1 & 1\\ 0 & 0 & \mathrm{j} & -\mathrm{j}\end{bmatrix}\begin{bmatrix}\lambda_1 & 0 & 0 & 0\\ 0 & \lambda_2 & 0 & 0\\ 0 & 0 & \alpha+\mathrm{j}\beta & 0\\ 0 & 0 & 0 & \alpha-\mathrm{j}\beta\end{bmatrix}\begin{bmatrix}1 & 0 & 0 & 0\\ 0 & 1 & 0 & 0\\ 0 & 0 & 0.5 & -\mathrm{j}0.5\\ 0 & 0 & 0.5 & \mathrm{j}0.5\end{bmatrix}$$

$$=\begin{bmatrix}\lambda_1 & 0 & 0 & 0\\ 0 & \lambda_2 & 0 & 0\\ 0 & 0 & \alpha & \beta\\ 0 & 0 & \beta & \alpha\end{bmatrix}=\bar{\boldsymbol{A}}$$

以上的变换矩阵 $\bar{\boldsymbol{Q}}$ 将原来对角线上具有复特征值的矩阵变换为对角块矩阵，且最后一个块矩阵的对角线上是复特征值的实部，反对角线上是复特征值的虚部，这一新矩阵 $\bar{\boldsymbol{A}}$ 称为矩阵 $\boldsymbol{A}$ 的模态标准形。进一步将以上两个变换合并，即

$$\boldsymbol{T}^{-1}=\boldsymbol{Q}\bar{\boldsymbol{Q}}=[\boldsymbol{q}_1\quad \boldsymbol{q}_2\quad \boldsymbol{q}_3\quad \boldsymbol{q}_4]\begin{bmatrix}1 & 0 & 0 & 0\\ 0 & 1 & 0 & 0\\ 0 & 0 & 0.5 & -\mathrm{j}0.5\\ 0 & 0 & 0.5 & \mathrm{j}0.5\end{bmatrix}$$

$$=[\boldsymbol{q}_1\quad \boldsymbol{q}_2\quad \mathrm{Re}(\boldsymbol{q}_3)\quad \mathrm{Im}(\boldsymbol{q}_3)]$$

则矩阵 $\boldsymbol{T}$ 是一个实矩阵，且是非奇异的，它满足

$$\boldsymbol{T}\boldsymbol{A}\boldsymbol{T}^{-1}=\begin{bmatrix}\lambda_1 & 0 & 0 & 0\\ 0 & \lambda_2 & 0 & 0\\ 0 & 0 & \alpha & \beta\\ 0 & 0 & \beta & \alpha\end{bmatrix}$$

MATLAB 函数[Ab,Bb,Cb,Db,P]=canon(A,B,C,D,'modal')或 canon(A,B,C,D)直接给出了具有模态矩阵的等价状态空间模型。

尽管通过状态线性变换可以得到系统的各种状态空间模型，那么变换前后的状态空间模型是否还具有相同的特性呢？以下就来讨论这方面的问题。

定理 1.4.1 等价的状态空间模型具有相同的传递函数。

证明 考虑在线性变换(1.4.2)下关联的状态空间模型(1.4.1)和(1.4.4)，由式(1.2.16)可知，状态空间模型(1.4.4)所描述的系统传递函数为

$$\bar{G}(s)=\bar{\boldsymbol{C}}(s\boldsymbol{I}-\bar{\boldsymbol{A}})^{-1}\bar{\boldsymbol{B}}+\bar{\boldsymbol{D}}$$

根据等价状态空间模型间系数矩阵的关系(1.4.3)和矩阵的运算性质，可得

$$\begin{aligned}\bar{G}(s)&=\boldsymbol{C}\boldsymbol{T}^{-1}(s\boldsymbol{I}-\boldsymbol{T}\boldsymbol{A}\boldsymbol{T}^{-1})^{-1}\boldsymbol{T}\boldsymbol{B}+\boldsymbol{D}\\&=\boldsymbol{C}[\boldsymbol{T}^{-1}(s\boldsymbol{I}-\boldsymbol{T}\boldsymbol{A}\boldsymbol{T}^{-1})\boldsymbol{T}]^{-1}\boldsymbol{B}+\boldsymbol{D}\\&=\boldsymbol{C}(s\boldsymbol{I}-\boldsymbol{A})^{-1}\boldsymbol{B}+\boldsymbol{D}=G(s)\end{aligned}$$

定理得证。

由定理 1.4.1 可知，状态空间模型(1.4.1)和(1.4.4)都是传递函数 $G(s)$ 的状态空间实现。由于变换矩阵 $\boldsymbol{T}$ 是任意的非奇异矩阵，故与状态空间模型(1.4.1)等价的模型(1.4.4)有无穷多个。这也表明了一个传递函数不仅可以有多个状态空间实现，而且有无穷多个状态空间实现。另一方面，从理论上也可以证明：一个传递函数的任意两个状态空间实现，只要它们有相同的维数，而且是最小的维数，那么这两个状态空间模型一定是等价的，即可以用一个状态变换将它们关联起来。

对于一个线性定常系统，极点是一个很重要的概念，它决定了系统的基本特性。在经典控制理论中，系统的极点是由传递函数分母多项式的根来定义的。在现代控制理论中，数学模型采用了状态空间模型。由传递函数和状态空间模型之间的关系式

$$\begin{aligned}G(s)&=\boldsymbol{C}(s\boldsymbol{I}-\boldsymbol{A})^{-1}\boldsymbol{B}+\boldsymbol{D}\\&=\frac{\boldsymbol{C}[\mathrm{adj}(s\boldsymbol{I}-\boldsymbol{A})]\boldsymbol{B}}{\det(s\boldsymbol{I}-\boldsymbol{A})}\end{aligned}$$

可以看出：传递函数分母多项式的根包含在矩阵 $\boldsymbol{A}$ 的特征值中。矩阵 $\boldsymbol{A}$ 的特征值称为系统的极点。

定理 1.4.2 等价的状态空间模型具有相同的极点。

证明 从以下等式即可得到定理的结论：

$$\det(s\boldsymbol{I}-\bar{\boldsymbol{A}})=\det(s\boldsymbol{I}-\boldsymbol{T}\boldsymbol{A}\boldsymbol{T}^{-1})=\det(\boldsymbol{T})\det(s\boldsymbol{I}-\boldsymbol{A})\det(\boldsymbol{T}^{-1})=\det(s\boldsymbol{I}-\boldsymbol{A})$$

由定理 1.4.2 可知，状态空间模型的极点是线性状态变换下的不变量，即系统的等价状态空间模型具有相同的极点。

习 题

1.1 线性定常系统和线性时变系统的区别何在？

1.2 现代控制理论中的状态空间模型与经典控制理论中的传递函数有什么区别？

1.3 线性系统的状态空间模型有哪几种标准形式？它们分别具有什么特点？

1.4 对于同一个系统，状态变量的选择是否惟一？

1.5 单输入单输出系统的传递函数在什么情况下，其状态空间实现中的直接转移项

D 不等于零，其参数如何确定？

1.6 在例 1.2.2 处理一般传递函数的状态空间实现过程中，采用了如图 1.2.6 的串联分解，试问：若将图 1.2.6 中的两个环节前后调换，则对结果有何影响？

1.7 已知系统的传递函数

$$\frac{Y(s)}{U(s)} = \frac{s+6}{s^2+5s+6}$$

求其状态空间实现的能控标准形和能观标准形。

1.8 考虑由题图 1.1 所描述的二阶水槽装置，该装置可以看成是由两个环节串联构成的系统，它的方块图如题图 1.2 所示，试确定其状态空间模型。

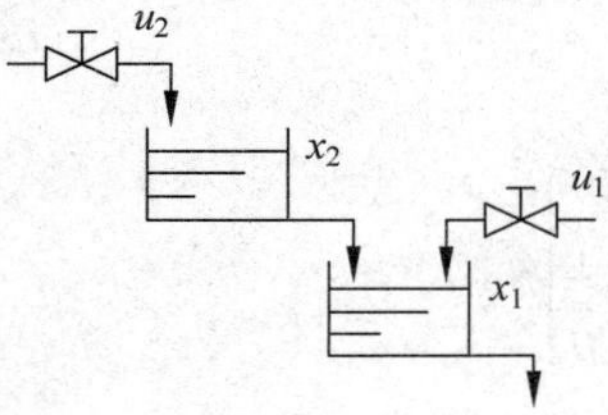

题图 1.1 二阶水槽装置图

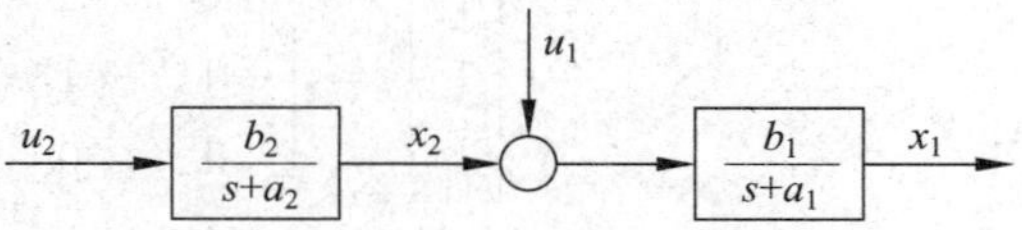

题图 1.2 二阶水槽系统的方块图

1.9 考虑单输入单输出系统

$$\dddot{y} + 6\ddot{y} + 11\dot{y} + 6y = 6u$$

求该系统状态空间模型的对角线标准形。

1.10 已知单输入单输出时不变系统的微分方程为

$$\ddot{y}(t) + 4\dot{y}(t) + 3y(t) = \ddot{u}(t) + 6\dot{u}(t) + 8u(t)$$

(1) 建立此系统状态空间模型的对角线标准形；

(2) 根据所建立的对角线标准形求系统的传递函数。

1.11 已知系统的传递函数为

$$G(s) = \frac{2s+5}{(s+3)(s+5)}$$

(1) 采用串联分解方式，给出其状态空间模型，并画出对应的状态变量图；

(2) 采用并联分解方式，给出其状态空间模型，并画出对应的状态变量图。

1.12 已知系统的状态空间模型为 $\dot{\boldsymbol{x}} = \boldsymbol{Ax} + \boldsymbol{Bu}$，$\boldsymbol{y} = \boldsymbol{Cx}$，写出该系统的特征多项式和传递函数矩阵。

1.13 一个传递函数的状态空间实现是否惟一？由状态空间模型导出的传递函数是否惟一？

1.14 已知系统的状态空间模型为 $\dot{\boldsymbol{x}} = \boldsymbol{Ax} + \boldsymbol{Bu}$，$\boldsymbol{y} = \boldsymbol{Cx}$，写出其对偶状态空间模型。

1.15 两个对偶状态空间模型之间的特征多项式和传递函数有什么关系？

1.16 考虑由以下状态空间模型描述的系统：

$$\dot{\boldsymbol{x}} = \begin{bmatrix} 0 & 1 \\ -6 & -5 \end{bmatrix}\boldsymbol{x} + \begin{bmatrix} 0 \\ 1 \end{bmatrix}u$$

$$y = \begin{bmatrix} 1 & 1 \end{bmatrix}\boldsymbol{x}$$

求其传递函数。

1.17　给定系统的状态空间模型

$$\dot{\boldsymbol{x}}=\begin{bmatrix}0 & 1 & 0\\ 0 & -4 & 3\\ -1 & -1 & -2\end{bmatrix}\boldsymbol{x}+\begin{bmatrix}0 & 0\\ 1 & 0\\ 0 & 1\end{bmatrix}\boldsymbol{u}$$

$$\boldsymbol{y}=\begin{bmatrix}1 & 0 & 0\\ 0 & 0 & 1\end{bmatrix}\boldsymbol{x}$$

求系统的传递函数矩阵。

1.18　用 MATLAB 软件求出以下传递函数的状态空间实现：

$$G(s)=\frac{10s^2+47s+160}{s^3+14s^2+56s+160}$$

1.19　用 MATLAB 软件求以下系统的传递函数：

$$\begin{bmatrix}\dot{x}_1\\ \dot{x}_2\\ \dot{x}_3\end{bmatrix}=\begin{bmatrix}0 & 1 & 0\\ -1 & -1 & 0\\ 1 & 0 & 0\end{bmatrix}\begin{bmatrix}x_1\\ x_2\\ x_3\end{bmatrix}+\begin{bmatrix}0\\ 1\\ 0\end{bmatrix}u$$

$$y=\begin{bmatrix}1 & 0 & 0\end{bmatrix}\begin{bmatrix}x_1\\ x_2\\ x_3\end{bmatrix}$$

1.20　用 MATLAB 软件求以下系统的传递函数：

$$\begin{bmatrix}\dot{x}_1\\ \dot{x}_2\\ \dot{x}_3\end{bmatrix}=\begin{bmatrix}2 & 1 & 0\\ 0 & 2 & 0\\ 0 & 1 & 3\end{bmatrix}\begin{bmatrix}x_1\\ x_2\\ x_3\end{bmatrix}+\begin{bmatrix}0 & 1\\ 1 & 0\\ 0 & 1\end{bmatrix}\begin{bmatrix}u_1\\ u_2\end{bmatrix}$$

$$y=\begin{bmatrix}0 & 0 & 1\end{bmatrix}\begin{bmatrix}x_1\\ x_2\\ x_3\end{bmatrix}$$

1.21　已知系统的状态空间模型为$\dot{\boldsymbol{x}}=\boldsymbol{A}\boldsymbol{x}+\boldsymbol{B}\boldsymbol{u}$，$\boldsymbol{y}=\boldsymbol{C}\boldsymbol{x}$，取线性变换矩阵为$\boldsymbol{P}$，且$\boldsymbol{x}=\boldsymbol{P}\bar{\boldsymbol{x}}$，写出线性变换后的状态空间模型。

1.22　线性变换是否改变系统的特征多项式和特征值？简单证明之。

1.23　已知以下微分方程描述了系统的动态特性：

$$\ddot{y}+3\dot{y}+2y=u$$

(1) 选择状态变量 $x_1=y$，$x_2=\dot{y}$，写出系统的状态方程；

(2) 根据(1)的结果，由以下的状态变换：

$$x_1=\bar{x}_1+\bar{x}_2$$

$$x_2=-\bar{x}_1-2\bar{x}_2$$

确定新的状态变量$\bar{x}_1$，$\bar{x}_2$，试写出关于新状态变量$\bar{x}_1$，$\bar{x}_2$ 的状态空间模型。

1.24　给定系统

$$\dot{\boldsymbol{x}}=\begin{bmatrix}0 & 1\\ -a & -b\end{bmatrix}\boldsymbol{x}+\begin{bmatrix}0\\ d\end{bmatrix}u$$

$$y=\begin{bmatrix}10 & 0\end{bmatrix}\boldsymbol{x}$$

试确定参数 a,b 和 d 的值，以使得该系统模型能等价地转换成以下的对角形

$$\dot{z}=\begin{bmatrix}-3 & 0\\ 0 & -1\end{bmatrix}z+\begin{bmatrix}1\\ 1\end{bmatrix}u$$

$$y=\begin{bmatrix}-5 & 5\end{bmatrix}z$$

1.25 已知系统的传递函数

$$G(s)=\frac{s^2+s+2}{s^3+2s^2+2s}$$

用部分分式法求其状态空间实现(由于存在复数极点，可导出模态标准形实现)。

第2章

系统的运动分析

在讨论了状态空间模型的描述、标准形及其与传递函数的关系后，就要根据对象的状态空间模型对系统进行分析，其目的就是要揭示系统的运动规律和基本特性。系统分析一般有定性分析和定量分析两种。定性分析主要分析系统是否具有一些值得关心的重要特性，例如本书后面要介绍的系统能控性、能观性、稳定性等。而定量分析则是对系统的运动规律进行精确的研究，定量地确定系统由初始状况和外部激励所引起的响应，即在知道了系统的初始状态和外部输入信号后，如何根据状态空间模型确定系统未来的状态或输出，以了解系统的运动状况。本章首先讨论系统的定量分析。

给定系统的状态空间模型

$$\dot{\boldsymbol{x}}(t) = \boldsymbol{A}\boldsymbol{x}(t) + \boldsymbol{B}\boldsymbol{u}(t) \tag{2.0.1}$$

$$\boldsymbol{y}(t) = \boldsymbol{C}\boldsymbol{x}(t) + \boldsymbol{D}\boldsymbol{u}(t) \tag{2.0.2}$$

其中，$\boldsymbol{x}(t)$是系统的 n 维状态向量，$\boldsymbol{u}(t)$是 m 维控制输入，$\boldsymbol{y}(t)$是 r 维测量输出，$\boldsymbol{A}$,$\boldsymbol{B}$,$\boldsymbol{C}$ 和 $\boldsymbol{D}$ 是适当维数的实常数矩阵。对时不变系统，为了方便起见，设系统的初始时刻 $t_0=0$，若 $t_0\neq 0$，则只须在相应结果中以 $t-t_0$ 代替 t，t_0 代替 0，初始状态是 $\boldsymbol{x}(0)=\boldsymbol{x}_0$。系统的运动分析就是在给定的输入信号 $\boldsymbol{u}(t)$下，了解系统状态和输出随时间变化的情况，即系统状态和输出的时间响应，从而评判系统的性能。这样一个问题在数学上归结为对给定的初始条件 $\boldsymbol{x}(0)=\boldsymbol{x}_0$ 和函数 $\boldsymbol{u}(t)$，求解方程(2.0.1)～(2.0.2)。

本章还是采用从简单到复杂、从特殊到一般的思路来分析方程(2.0.1)～(2.0.2)的求解方法，引进状态转移矩阵的概念，给出状态转移矩阵的计算方法，介绍在 MATLAB 环境下根据状态空间模型确定系统时间响应的方法，最后介绍连续状态空间模型的离散化方法。

2.1 齐次状态方程的解

由于目前讨论的是线性系统，而线性系统满足叠加原理，系统初始状态对系统的影响可以看成是在零初始条件下系统对一个适当的脉冲输入的响应。因此，要确定系统对给定初始条件 $\boldsymbol{x}(0)=\boldsymbol{x}_0$ 和输入信号 $\boldsymbol{u}(t)$ 的响应，可以分别考虑系统对初始条件 $\boldsymbol{x}(0)=\boldsymbol{x}_0$ 的响应和系统对输入信号 $\boldsymbol{u}(t)$ 的响应，然后将两个响应信号进行叠加就得到了所要的系统响应。根据这样的分析，以下先考虑初始状态对系统的影响，即考虑齐次状态方程（由于外部输入 $\boldsymbol{u}(t)=\boldsymbol{0}$，故齐次状态方程也称为自由运动方程或自治方程）

$$\dot{\boldsymbol{x}}(t)=\boldsymbol{A}\boldsymbol{x}(t) \tag{2.1.1}$$

的求解问题，然后根据齐次状态方程的解来导出一般状态方程(2.0.1)的解。

还是采用从简单到复杂，从特殊到一般的处理思想，为此，首先考虑一个标量微分方程

$$\dot{x}(t)=ax(t) \tag{2.1.2}$$

初始条件 $x(0)=x_0$，由微分方程的知识知道该方程的解为

$$x(t)=\mathrm{e}^{at}x(0)$$

指数函数 e^{at} 可以用以下的级数表示：

$$\mathrm{e}^{at}=\sum_{n=0}^{\infty}\frac{a^n}{n!}t^n \tag{2.1.3}$$

对任意给定的 t，级数(2.1.3)都是绝对收敛的。指数函数的这种级数表示可以推广到矩阵的情况。对给定的 $n\times n$ 维实数矩阵 $\boldsymbol{A}$，定义

$$\mathrm{e}^{\boldsymbol{A}t}=\boldsymbol{I}+\boldsymbol{A}t+\frac{1}{2!}\boldsymbol{A}^2t^2+\cdots+\frac{1}{n!}\boldsymbol{A}^n t^n+\cdots \tag{2.1.4}$$

上式右边是一个矩阵级数（根据矩阵的加法是对应元相加的法则，这个矩阵级数实际上就是按一定的规则放在一起的 n^2 个标量级数）。对任意给定的常数矩阵 $\boldsymbol{A}$ 和有限的 t 值，构成该矩阵级数的每一个标量级数都是绝对收敛的。因此，该矩阵级数也是绝对收敛的，从而式(2.1.4)的右边是一个确定的实数矩阵，记成 $\mathrm{e}^{\boldsymbol{A}t}$，并称为矩阵指数函数。

求 $\mathrm{e}^{\boldsymbol{A}t}$ 对时间 t 的导数（矩阵函数的导数就是对每一个元处的函数求导。由于每一个元处的级数都绝对收敛，故可以逐项微分），得到

$$\begin{aligned}\frac{\mathrm{d}}{\mathrm{d}t}\mathrm{e}^{\boldsymbol{A}t}&=\frac{\mathrm{d}}{\mathrm{d}t}\left(\boldsymbol{I}+\boldsymbol{A}t+\frac{1}{2!}\boldsymbol{A}^2t^2+\cdots+\frac{1}{n!}\boldsymbol{A}^n t^n+\cdots\right)\\&=\boldsymbol{A}+\frac{1}{2!}\boldsymbol{A}^2\cdot 2t+\cdots+\frac{1}{n!}\boldsymbol{A}^n\cdot nt^{n-1}+\cdots\\&=\boldsymbol{A}\left(\boldsymbol{I}+\boldsymbol{A}t+\cdots+\frac{1}{(n-1)!}\boldsymbol{A}^{n-1}t^{n-1}+\cdots\right)\\&=\boldsymbol{A}\mathrm{e}^{\boldsymbol{A}t}\end{aligned}$$

当 $t=0$ 时，由式(2.1.4)可得 $\mathrm{e}^{\boldsymbol{A}\cdot 0}=\boldsymbol{I}$。因此，

$$\boldsymbol{x}(t)=\mathrm{e}^{\boldsymbol{A}t}\boldsymbol{x}_0 \tag{2.1.5}$$

是方程(2.1.1)的满足初始条件 $\boldsymbol{x}(0)=\boldsymbol{x}_0$ 的解（可以将其代入方程(2.1.1)进行验证，并

检验其满足初始条件)。

如果初始时刻 $t_0 \neq 0$,则用 $t-t_0$ 代替式(2.1.5)右边中的 t,可得

$$\boldsymbol{x}(t) = \mathrm{e}^{\boldsymbol{A}(t-t_0)}\boldsymbol{x}(t_0) \tag{2.1.6}$$

通过以上推广标量微分方程的求解方法,引入矩阵指数函数,导出了齐次状态方程(2.1.1)的解。下面将从另一个角度再来探讨该齐次状态方程的解,这就是求解状态方程的拉普拉斯变换方法。

对方程(2.1.1)的两边取拉普拉斯变换,可得

$$s\boldsymbol{X}(s) - \boldsymbol{X}(0) = \boldsymbol{A}\boldsymbol{X}(s)$$

移项、整理后可进一步得到

$$(s\boldsymbol{I} - \boldsymbol{A})\boldsymbol{X}(s) = \boldsymbol{X}(0)$$

上式两边分别左乘矩阵$(s\boldsymbol{I}-\boldsymbol{A})^{-1}$,可得

$$\boldsymbol{X}(s) = (s\boldsymbol{I} - \boldsymbol{A})^{-1}\boldsymbol{X}(0)$$

两边同时取拉普拉斯反变换,可得

$$\boldsymbol{x}(t) = L^{-1}[(s\boldsymbol{I} - \boldsymbol{A})^{-1}]\boldsymbol{x}(0) \tag{2.1.7}$$

这就是状态方程(2.1.1)的具有初始条件 $\boldsymbol{x}(0)$的解。

采用这种方法求解齐次状态方程(2.1.1)的关键是求多项式矩阵 $s\boldsymbol{I}-\boldsymbol{A}$ 的逆和所得到的逆矩阵中每一个元的拉普拉斯反变换。当系统的维数较高时,求多项式矩阵 $s\boldsymbol{I}-\boldsymbol{A}$ 的逆矩阵还是一件比较复杂的工作。以下介绍求取逆矩阵$(s\boldsymbol{I}-\boldsymbol{A})^{-1}$的一种简单方法。

根据定义,

$$(s\boldsymbol{I} - \boldsymbol{A})^{-1} = \frac{1}{\det(s\boldsymbol{I} - \boldsymbol{A})}\mathrm{adj}(s\boldsymbol{I} - \boldsymbol{A}) \tag{2.1.8}$$

其中的 $\mathrm{adj}(s\boldsymbol{I}-\boldsymbol{A})$是矩阵 $s\boldsymbol{I}-\boldsymbol{A}$ 的伴随矩阵。由伴随矩阵的定义可知:$\mathrm{adj}(s\boldsymbol{I}-\boldsymbol{A})$是 s 的一个 $n-1$ 维多项式矩阵,可以写成以下形式:

$$\mathrm{adj}(s\boldsymbol{I} - \boldsymbol{A}) = \boldsymbol{H}_{n-1}s^{n-1} + \boldsymbol{H}_{n-2}s^{n-2} + \boldsymbol{H}_{n-3}s^{n-3} + \cdots + \boldsymbol{H}_0 \tag{2.1.9}$$

在式(2.1.8)两边分别左乘 $\det(s\boldsymbol{I}-A)(s\boldsymbol{I}-\boldsymbol{A})$,并利用式(2.1.9),可得

$$\det(s\boldsymbol{I} - \boldsymbol{A})\boldsymbol{I} = (s\boldsymbol{I} - \boldsymbol{A})(\boldsymbol{H}_{n-1}s^{n-1} + \boldsymbol{H}_{n-2}s^{n-2} + \boldsymbol{H}_{n-3}s^{n-3} + \cdots + \boldsymbol{H}_0)$$

上式中代入矩阵 $\boldsymbol{A}$ 的特征多项式表示式

$$\det(s\boldsymbol{I} - \boldsymbol{A}) = s^n + a_{n-1}s^{n-1} + a_{n-2}s^{n-2} + \cdots + a_0$$

并经矩阵运算,可得

$$\begin{aligned}\boldsymbol{I}s^n + a_{n-1}\boldsymbol{I}s^{n-1} + a_{n-2}\boldsymbol{I}s^{n-2} + \cdots + a_0\boldsymbol{I} = {} & \boldsymbol{H}_{n-1}s^n + (\boldsymbol{H}_{n-2} - \boldsymbol{A}\boldsymbol{H}_{n-1})s^{n-2} \\ & + \cdots + (\boldsymbol{H}_0 - \boldsymbol{A}\boldsymbol{H}_1)s - \boldsymbol{A}\boldsymbol{H}_0\end{aligned}$$

上式左右两个多项式矩阵相等的条件是两边 $s^i(i=0,1,2,\cdots,n)$的系数矩阵相等,故

$$\begin{cases}\boldsymbol{H}_{n-1} = \boldsymbol{I} \\ \boldsymbol{H}_{n-2} = \boldsymbol{A}\boldsymbol{H}_{n-1} + a_{n-1}\boldsymbol{I} \\ \boldsymbol{H}_{n-3} = \boldsymbol{A}\boldsymbol{H}_{n-2} + a_{n-2}\boldsymbol{I} \\ \quad\vdots \\ \boldsymbol{H}_0 = \boldsymbol{A}\boldsymbol{H}_1 + a_1\boldsymbol{I} \\ \boldsymbol{0} = \boldsymbol{A}\boldsymbol{H}_0 + a_0\boldsymbol{I}\end{cases} \tag{2.1.10}$$

由此可以确定伴随矩阵表达式(2.1.9)中的系数矩阵 $\boldsymbol{H}_0,\boldsymbol{H}_1,\cdots,\boldsymbol{H}_{n-1}$。另一方面,可以

证明矩阵 $\boldsymbol{A}$ 的特征多项式系数也可以通过以下关系式来求取：

$$\begin{cases} a_{n-1} = -\operatorname{tr}(\boldsymbol{A}) \\ a_{n-2} = -\dfrac{1}{2}\operatorname{tr}(\boldsymbol{A}\boldsymbol{H}_{n-2}) \\ a_{n-3} = -\dfrac{1}{3}\operatorname{tr}(\boldsymbol{A}\boldsymbol{H}_{n-3}) \\ \vdots \\ a_0 = -\dfrac{1}{n}\operatorname{tr}(\boldsymbol{A}\boldsymbol{H}_0) \end{cases} \tag{2.1.11}$$

其中的 tr(·)表示矩阵(·)的迹，即矩阵(·)的所有对角线上元素的和。利用式(2.1.10)和式(2.1.11)，未知矩阵 $\boldsymbol{H}_i$ 和 a_i 可以交替计算得到(具体见后面的例子)。求逆矩阵 $(s\boldsymbol{I}-\boldsymbol{A})^{-1}$ 的这个算法所涉及的运算只是矩阵的乘法和加法，计算量比较小。这种确定逆矩阵 $(s\boldsymbol{I}-\boldsymbol{A})^{-1}$ 的算法特别适合计算机编程计算，它可以降低计算时间和存储空间，从而降低系统的成本，提高产品的性价比，这也说明了理论成果或算法的作用。

和矩阵指数函数 e^{At} 在系统的时域分析中起着重要作用一样，矩阵 $(s\boldsymbol{I}-\boldsymbol{A})^{-1}$ 在频域分析中也起着十分重要的作用。因此，给了它一个特殊名称——预解矩阵。

例 2.1.1 确定矩阵 $s\boldsymbol{I}-\boldsymbol{A}$ 的逆矩阵，其中

$$\boldsymbol{A} = \begin{bmatrix} 1 & 1 & 0 \\ 3 & -1 & -2 \\ 0 & 0 & -3 \end{bmatrix}$$

解 根据算法(2.1.10)～(2.1.11)，有

$$a_2 = -\operatorname{tr}(\boldsymbol{A}) = -\operatorname{tr}\left(\begin{bmatrix} 1 & 1 & 0 \\ 3 & -1 & -2 \\ 0 & 0 & -3 \end{bmatrix}\right) = 3$$

$$\boldsymbol{H}_1 = \boldsymbol{A} + a_2\boldsymbol{I} = \begin{bmatrix} 1 & 1 & 0 \\ 3 & -1 & -2 \\ 0 & 0 & -3 \end{bmatrix} + \begin{bmatrix} 3 & 0 & 0 \\ 0 & 3 & 0 \\ 0 & 0 & 3 \end{bmatrix} = \begin{bmatrix} 4 & 1 & 0 \\ 3 & 2 & -2 \\ 0 & 0 & 0 \end{bmatrix}$$

$$a_1 = -\frac{1}{2}\operatorname{tr}(\boldsymbol{A}\boldsymbol{H}_1) = -\frac{1}{2}\operatorname{tr}\left(\begin{bmatrix} 1 & 1 & 0 \\ 3 & -1 & -2 \\ 0 & 0 & -3 \end{bmatrix}\begin{bmatrix} 4 & 1 & 0 \\ 3 & 2 & -2 \\ 0 & 0 & 0 \end{bmatrix}\right)$$

$$= -\frac{1}{2}\operatorname{tr}\left(\begin{bmatrix} 7 & 3 & -2 \\ 9 & 1 & 2 \\ 0 & 0 & 0 \end{bmatrix}\right) = -4$$

$$\boldsymbol{H}_0 = \boldsymbol{A}\boldsymbol{H}_1 + a_1\boldsymbol{I} = \begin{bmatrix} 3 & 3 & -2 \\ 9 & -3 & 2 \\ 0 & 0 & -4 \end{bmatrix}$$

$$a_0 = -\frac{1}{3}\operatorname{tr}(\boldsymbol{A}\boldsymbol{H}_0) = -\frac{1}{3}\operatorname{tr}\left(\begin{bmatrix} 12 & 0 & 0 \\ 0 & 12 & 0 \\ 0 & 0 & 12 \end{bmatrix}\right) = -12$$

因此，

$$
\begin{aligned}
\operatorname{adj}(s\boldsymbol{I}-\boldsymbol{A}) &= \boldsymbol{I}s^2+\boldsymbol{H}_1 s+\boldsymbol{H}_0 \\
&= \begin{bmatrix}1&0&0\\0&1&0\\0&0&1\end{bmatrix}s^2+\begin{bmatrix}4&1&0\\3&2&-2\\0&0&0\end{bmatrix}s+\begin{bmatrix}3&3&-2\\9&-3&2\\0&0&-4\end{bmatrix} \\
&= \begin{bmatrix}s^2+4s+3 & s+3 & -2\\ 3s+9 & s^2+2s-3 & -2s+2\\ 0 & 0 & s^2-4\end{bmatrix}
\end{aligned}
$$

同时，得到矩阵 $\boldsymbol{A}$ 的特征多项式

$$
\begin{aligned}
\det(s\boldsymbol{I}-\boldsymbol{A}) &= s^3+3s^2-4s-12 \\
&= (s+2)(s-2)(s+3)
\end{aligned}
$$

所求的逆矩阵为

$$
\begin{aligned}
(s\boldsymbol{I}-\boldsymbol{A})^{-1} &= \frac{\operatorname{adj}(s\boldsymbol{I}-\boldsymbol{A})}{\det(s\boldsymbol{I}-\boldsymbol{A})} \\
&= \begin{bmatrix}
\dfrac{s+1}{(s+2)(s-2)} & \dfrac{1}{(s+2)(s-2)} & \dfrac{-2}{(s+2)(s-2)(s+3)} \\
\dfrac{3}{(s+2)(s-2)} & \dfrac{s-1}{(s+2)(s-2)} & \dfrac{-2(s-1)}{(s+2)(s-2)(s+3)} \\
0 & 0 & \dfrac{1}{s+3}
\end{bmatrix}
\end{aligned}
$$

由于齐次方程(2.1.1)的解总是存在的，而且满足给定初始条件的解是惟一的。比较式(2.1.5)和式(2.1.7)，可得

$$
\mathrm{e}^{\boldsymbol{A}t} = L^{-1}\left[(s\boldsymbol{I}-\boldsymbol{A})^{-1}\right] \tag{2.1.12}
$$

这也为矩阵指数函数 $\mathrm{e}^{\boldsymbol{A}t}$ 的计算提供了一种新的方法。

2.2 状态转移矩阵

矩阵指数函数 $\mathrm{e}^{\boldsymbol{A}t}$ 在基于状态空间模型的系统分析中有着重要意义。从上一节的内容知道，以 $\boldsymbol{x}(t_0)=\boldsymbol{x}_0$ 为初始条件的自治系统 $\dot{\boldsymbol{x}}(t)=\boldsymbol{A}\boldsymbol{x}(t)$ 在任意时刻 t 处的状态是 $\boldsymbol{x}(t)=\mathrm{e}^{\boldsymbol{A}(t-t_0)}\boldsymbol{x}_0$，它是状态空间中的一个点，随时间的变化，所有这样的点形成的轨迹称为系统的状态轨迹。特别的，一维系统的状态轨迹如图 2.2.1 所示。

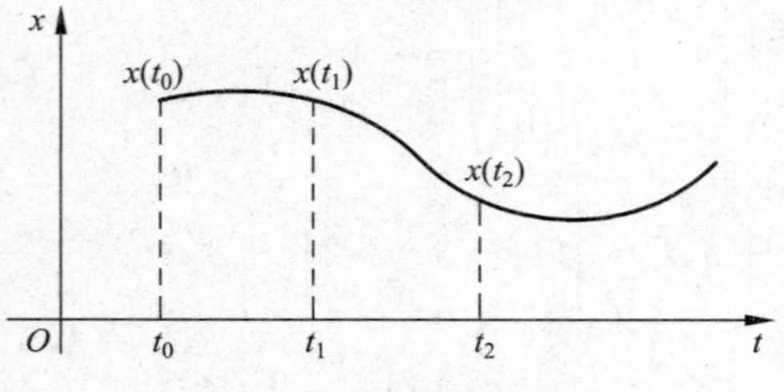

图 2.2.1　系统的状态轨迹

对于初始时刻 t_0 后的任意时刻 t_1 和 $t_2(t_1<t_2)$，对应状态轨迹上的点为

$$
\boldsymbol{x}_1=\boldsymbol{x}(t_1)=\mathrm{e}^{\boldsymbol{A}(t_1-t_0)}\boldsymbol{x}_0
$$

$$x_2 = x(t_2) = e^{A(t_2 - t_0)} x_0$$

这表明矩阵 $e^{A(t-t_0)}$ 决定了状态沿着轨迹从初始状态转移到下一个状态的规律，即初始状态 x_0 在矩阵 $e^{A(t-t_0)}$ 的作用下，t_0 时刻的初始状态 x_0 经过时间 $t-t_0$ 后转移到了 t 时刻的状态 $x(t)$。在这个过程中，矩阵 $e^{A(t-t_0)}$ 起着一个变换的作用，或者是状态转移的作用，故称为系统(2.1.1)的状态转移矩阵，用符号 $\Phi(t,t_0)$ 表示，它不仅依赖时间 t，而且也依赖初始时刻 t_0。特别地，对线性时不变系统，由于 $\Phi(t,t_0)=e^{A(t-t_0)}$，故可以更简单地记为 $\Phi(t-t_0)$。利用状态转移矩阵，t 时刻的状态可以表示为 $x(t)=\Phi(t-t_0)x_0$。之所以引入状态转移矩阵的新记号，而不是直接用矩阵指数函数，是因为状态转移矩阵的概念不仅适合于线性时不变系统，而且也可以推广到线性时变系统，从而对线性系统的运动规律，无论系统是定常的还是时变的，可以建立起统一的表示形式。以下讨论的状态转移矩阵性质在线性时变系统中也是成立的。

状态转移矩阵依赖于系统的状态矩阵 A，同时也和系统的初始时刻 t_0 有关。以下针对初始时刻为零的情况，分析状态转移矩阵的性质。

2.2.1 状态转移矩阵的性质

以 $t=0$ 为初始时刻的状态转移矩阵 $\Phi(t)=e^{At}$ 具有以下性质：

1. $\Phi(0)=I$，$\dot{\Phi}(t)=A\Phi(t)$（矩阵微分方程）；
2. 对任意的 t 和 s，有 $\Phi(t+s)=\Phi(t)\Phi(s)$；
3. 对任意的 t，$\Phi(t)$ 是可逆的，且 $\Phi^{-1}(t)=\Phi(-t)$。

证明：性质 1 可以从 $\Phi(t)=e^{At}$ 及矩阵指数函数的定义得到。从关系式

$$\begin{aligned}
\Phi(t)\Phi(s) &= e^{At}e^{As} \\
&= \left(I + At + \frac{1}{2!}A^2t^2 + \cdots\right)\left(I + As + \frac{1}{2!}A^2s^2 + \cdots\right) \\
&= I + A(t+s) + A^2\left(\frac{1}{2!}t^2 + ts + \frac{1}{2!}s^2\right) \\
&\quad + A^3\left(\frac{1}{3!}t^3 + \frac{1}{2!}t^2s + \frac{1}{2!}ts^2 + \frac{1}{3!}s^3\right) + \cdots \\
&= I + A(t+s) + \frac{1}{2!}A^2(t+s)^2 + \frac{1}{3!}A^3(t+s)^3 + \cdots \\
&= e^{A(t+s)} = \Phi(t+s)
\end{aligned}$$

可得所要的性质 2。

特别是当 $s=-t$，则

$$\Phi(t)\Phi(-t) = e^{At}e^{A(-t)} = e^{A(t-t)} = e^0 = I$$

这说明了对任意的 t，$\Phi(t)$ 都是可逆的，且 $\Phi^{-1}(t)=\Phi(-t)$。该性质的意义在于：结合状态转移矩阵，由现在的状态可确定之前的状态。

性质 2 的意义：从图 2.2.1，状态轨迹上的点 x_1 和 x_2 从初始状态转移过来的表示式分别是 $x_1=e^{A(t_1-t_0)}x_0$ 和 $x_2=e^{A(t_2-t_0)}x_0$。然而，这里也可以将 t_1 看成是初始时刻，初始状态为 x_1。此时，t_2 时刻的状态 x_2 可以表示为

$$x_2 = e^{A(t_2-t_1)}x_1 = \Phi(t_2-t_1)x_1$$

将 $\boldsymbol{x}_1=\mathrm{e}^{\boldsymbol{A}(t_1-t_0)}\boldsymbol{x}_0=\boldsymbol{\Phi}(t_1-t_0)\boldsymbol{x}_0$ 代入上式，并利用性质 2，可得

$$\begin{aligned}\boldsymbol{x}_2 &= \boldsymbol{\Phi}(t_2-t_1)\boldsymbol{\Phi}(t_1-t_0)\boldsymbol{x}_0 \\ &= \boldsymbol{\Phi}(t_2-t_1+t_1-t_0)\boldsymbol{x}_0 \\ &= \boldsymbol{\Phi}(t_2-t_0)\boldsymbol{x}_0\end{aligned}$$

因此，对图 2.2.1 中所描述的自治系统(2.1.1)的状态轨迹，从初始状态 $\boldsymbol{x}_0$ 转移到状态 $\boldsymbol{x}_2$ 和先从初始状态 $\boldsymbol{x}_0$ 转移到状态 $\boldsymbol{x}_1$，然后再以 $\boldsymbol{x}_1$ 作为初始状态转移到状态 $\boldsymbol{x}_2$ 的效果是相同的。由此可知：利用状态转移矩阵可以从任意指定的初始时刻 t_0 的状态 $\boldsymbol{x}(t_0)$ 出发，来求取任意时刻 t 处的状态 $\boldsymbol{x}(t)$。

由式(2.1.5)和式(2.1.6)可知，当初始状态给定以后，齐次状态方程所描述的自由运动的运动状态完全由系统的状态转移矩阵决定。因此，状态转移矩阵包含了系统自由运动的全部信息。以下例子要证明的事实进一步说明了这一点，由状态转移矩阵可确定描述自由运动全部信息的状态矩阵 $\boldsymbol{A}$。

例 2.2.1 已知系统(2.1.1)的状态转移矩阵

$$\boldsymbol{\Phi}(t)=\begin{bmatrix}2\mathrm{e}^{-t}-\mathrm{e}^{-2t} & \mathrm{e}^{-t}-\mathrm{e}^{-2t}\\ -2\mathrm{e}^{-t}+2\mathrm{e}^{-2t} & -\mathrm{e}^{-t}+2\mathrm{e}^{-2t}\end{bmatrix}$$

求系统的状态矩阵 $\boldsymbol{A}$。

解 根据状态转移矩阵的性质，对所有的 t 有 $\dot{\boldsymbol{\Phi}}(t)=\boldsymbol{A}\boldsymbol{\Phi}(t)$，而

$$\dot{\boldsymbol{\Phi}}(t)=\begin{bmatrix}-2\mathrm{e}^{-t}+2\mathrm{e}^{-2t} & -\mathrm{e}^{-t}+2\mathrm{e}^{-2t}\\ 2\mathrm{e}^{-t}-4\mathrm{e}^{-2t} & \mathrm{e}^{-t}-4\mathrm{e}^{-2t}\end{bmatrix}$$

因此，在等式 $\dot{\boldsymbol{\Phi}}(t)=\boldsymbol{A}\boldsymbol{\Phi}(t)$ 中取 $t=0$，并利用状态转移矩阵的性质 $\boldsymbol{\Phi}(0)=\boldsymbol{I}$，可得

$$\boldsymbol{A}=\boldsymbol{A}\boldsymbol{\Phi}(0)=\dot{\boldsymbol{\Phi}}(0)=\begin{bmatrix}0 & 1\\ -2 & -3\end{bmatrix}$$

2.2.2 状态转移矩阵的计算

线性时不变系统状态转移矩阵的计算方法很多，以下介绍几种常用的方法。

方法 1 直接计算法

根据定义，有

$$\boldsymbol{\Phi}(t)=\mathrm{e}^{\boldsymbol{A}t}=\boldsymbol{I}+\boldsymbol{A}t+\frac{1}{2!}\boldsymbol{A}^2t^2+\cdots+\frac{1}{n!}\boldsymbol{A}^nt^n+\cdots \tag{2.2.1}$$

已知上式中的矩阵级数总是收敛的，故可以通过计算该矩阵级数的和来得到所要求的状态转移矩阵。但对一般的矩阵 $\boldsymbol{A}$，要直接求出这个矩阵级数和的解析表达式是很困难的。然而，由于式(2.2.1)的各个项具有规律性，从而容易编程计算其数值解。

对于给定的 t 值，可以通过计算该矩阵级数的部分和得到状态转移矩阵的近似值，其精度取决于所取部分和的项数。以下给出当 $t=1$ 时，计算状态转移矩阵 $\boldsymbol{\Phi}(t)$ 的 MATLAB 程序：

```
Function E = expm2(A)
E = zeros(size(A));
```

```
F = eye(size(A));
K = 1;
while norm(E + F - E,1)>0
    E = E + F;
    F = A * F/k;
    K = k + 1;
end
```

其中的 E 表示级数(2.2.1)的部分和,F 表示要加到该部分和中的下一个项。注意：若以 c_k 表示级数(2.2.1)的第 k 项,则 $c_{k+1}=(\boldsymbol{A}/k)c_k$。由于算法要比较的是 F 和 E,而不是 F 和零,因此用范数 norm(E＋F－E,1)而不是 norm(F,1)来确定计算是否停止。norm 表示矩阵的 1-范数。

方法 2 通过线性变换计算状态转移矩阵$\boldsymbol{\Phi}(t)$

尽管对一般的矩阵 $\boldsymbol{A}$,从矩阵指数函数的幂级数表示式直接计算$\boldsymbol{\Phi}(t)=e^{\boldsymbol{A}t}$很困难,但如果矩阵 $\boldsymbol{A}$ 满足一定的条件,则利用矩阵运算的性质,还是可以从式(2.2.1)方便地计算出状态转移矩阵$\boldsymbol{\Phi}(t)$。以下分几种情形来说明。

1. 矩阵 A是一个对角矩阵

考虑矩阵

$$\boldsymbol{A}=\begin{bmatrix}2 & 0\\0 & -3\end{bmatrix}$$

由于对角矩阵的相乘和相加就是对角线上对应元素的相乘和相加,根据式(2.2.1),直接求矩阵级数的和,可得

$$\begin{aligned}e^{\boldsymbol{A}t}&=\begin{bmatrix}1 & 0\\0 & 1\end{bmatrix}+\begin{bmatrix}2 & 0\\0 & -3\end{bmatrix}t+\frac{1}{2!}\begin{bmatrix}2 & 0\\0 & -3\end{bmatrix}^2t^2+\cdots+\frac{1}{n!}\begin{bmatrix}2 & 0\\0 & -3\end{bmatrix}^nt^n+\cdots\\&=\begin{bmatrix}1+2t+\frac{1}{2!}2^2t^2+\cdots+\frac{1}{n!}2^nt^n+\cdots & 0\\0 & 1+(-3)t+\frac{1}{2!}(-3)^2t^2+\cdots+\frac{1}{n!}(-3)^nt^n+\cdots\end{bmatrix}\\&=\begin{bmatrix}e^{2t} & 0\\0 & e^{-3t}\end{bmatrix}\end{aligned}$$

2. 矩阵 A是一个可对角化的矩阵

若矩阵 $\boldsymbol{A}$ 是一个可对角化的矩阵(其条件是矩阵 $\boldsymbol{A}$ 有 n 个不同的特征值或矩阵 $\boldsymbol{A}$ 虽有相同特征值,但仍有 n 个线性无关的特征向量),即存在一个非奇异矩阵 $\boldsymbol{T}$,使得

$$\boldsymbol{TAT}^{-1}=\boldsymbol{D}=\begin{bmatrix}\lambda_1 & & & \boldsymbol{0}\\ & \lambda_2 & & \\ & & \ddots & \\ \boldsymbol{0} & & & \lambda_n\end{bmatrix}$$

即 $\boldsymbol{A}=\boldsymbol{T}^{-1}\boldsymbol{DT}$。由于

$$(\boldsymbol{T}^{-1}\boldsymbol{DT})^2=(\boldsymbol{T}^{-1}\boldsymbol{DT})(\boldsymbol{T}^{-1}\boldsymbol{DT})=\boldsymbol{T}^{-1}\boldsymbol{D}(\boldsymbol{TT}^{-1})\boldsymbol{DT}=\boldsymbol{T}^{-1}\boldsymbol{D}^2\boldsymbol{T}$$

$$(\boldsymbol{T}^{-1}\boldsymbol{D}\boldsymbol{T})^3=(\boldsymbol{T}^{-1}\boldsymbol{D}\boldsymbol{T})^2(\boldsymbol{T}^{-1}\boldsymbol{D}\boldsymbol{T})=(\boldsymbol{T}^{-1}\boldsymbol{D}^2\boldsymbol{T})(\boldsymbol{T}^{-1}\boldsymbol{D}\boldsymbol{T})=\boldsymbol{T}^{-1}\boldsymbol{D}^2(\boldsymbol{T}\boldsymbol{T}^{-1})\boldsymbol{D}\boldsymbol{T}=\boldsymbol{T}^{-1}\boldsymbol{D}^3\boldsymbol{T}$$

$$\vdots$$

$$(\boldsymbol{T}^{-1}\boldsymbol{D}\boldsymbol{T})^n=\boldsymbol{T}^{-1}\boldsymbol{D}^n\boldsymbol{T}$$

故

$$\begin{aligned}
\mathrm{e}^{\boldsymbol{A}t}=\mathrm{e}^{\boldsymbol{T}^{-1}\boldsymbol{D}\boldsymbol{T}t}&=\boldsymbol{I}+(\boldsymbol{T}^{-1}\boldsymbol{D}\boldsymbol{T})t+\frac{1}{2!}(\boldsymbol{T}^{-1}\boldsymbol{D}\boldsymbol{T})^2t^2+\cdots+\frac{1}{n!}(\boldsymbol{T}^{-1}\boldsymbol{D}\boldsymbol{T})^nt^n+\cdots\\
&=\boldsymbol{T}^{-1}\boldsymbol{I}\boldsymbol{T}+\boldsymbol{T}^{-1}\boldsymbol{D}\boldsymbol{T}t+\frac{1}{2!}\boldsymbol{T}^{-1}\boldsymbol{D}^2\boldsymbol{T}t^2+\cdots+\frac{1}{n!}\boldsymbol{T}^{-1}\boldsymbol{D}^n\boldsymbol{T}t^n+\cdots\\
&=\boldsymbol{T}^{-1}\left(\boldsymbol{I}+\boldsymbol{D}t+\frac{1}{2!}\boldsymbol{D}^2t^2+\cdots+\frac{1}{n!}\boldsymbol{D}^nt^n+\cdots\right)\boldsymbol{T}\\
&=\boldsymbol{T}^{-1}\mathrm{e}^{\boldsymbol{D}t}\boldsymbol{T}\\
&=\boldsymbol{T}^{-1}\begin{bmatrix}\mathrm{e}^{\lambda_1t}&&&\boldsymbol{0}\\&\mathrm{e}^{\lambda_2t}&&\\&&\ddots&\\\boldsymbol{0}&&&\mathrm{e}^{\lambda_nt}\end{bmatrix}\boldsymbol{T}
\end{aligned}$$

例 2.2.2 根据线性时不变自治系统

$$\dot{\boldsymbol{x}}(t)=\begin{bmatrix}0&1\\-2&-3\end{bmatrix}\boldsymbol{x}(t)$$

求状态转移矩阵$\boldsymbol{\Phi}(t)$。

解 容易得到系统状态矩阵 $\boldsymbol{A}$ 的两个特征值是$\lambda_1=-1,\lambda_2=-2$，它们是不相同的，故系统的矩阵 $\boldsymbol{A}$ 可以对角化。矩阵 $\boldsymbol{A}$ 对应于特征值$\lambda_1=-1,\lambda_2=-2$ 的特征向量为

$$\boldsymbol{v}_1=\begin{bmatrix}1\\-1\end{bmatrix},\quad \boldsymbol{v}_2=\begin{bmatrix}1\\-2\end{bmatrix}$$

取变换矩阵

$$\boldsymbol{T}=[\boldsymbol{v}_1\quad \boldsymbol{v}_2]^{-1}=\begin{bmatrix}2&1\\-1&-1\end{bmatrix},$$

则

$$\boldsymbol{T}^{-1}=\begin{bmatrix}1&1\\-1&-2\end{bmatrix}$$

因此，

$$\boldsymbol{D}=\boldsymbol{T}\boldsymbol{A}\boldsymbol{T}^{-1}=\begin{bmatrix}-1&0\\0&-2\end{bmatrix}$$

从而，

$$\begin{aligned}
\mathrm{e}^{\boldsymbol{A}t}&=\boldsymbol{T}^{-1}\begin{bmatrix}\mathrm{e}^{-t}&0\\0&\mathrm{e}^{-2t}\end{bmatrix}\boldsymbol{T}\\
&=\begin{bmatrix}1&1\\-1&-2\end{bmatrix}\begin{bmatrix}\mathrm{e}^{-t}&0\\0&\mathrm{e}^{-2t}\end{bmatrix}\begin{bmatrix}2&1\\-1&-1\end{bmatrix}\\
&=\begin{bmatrix}2\mathrm{e}^{-t}-\mathrm{e}^{-2t}&\mathrm{e}^{-t}-\mathrm{e}^{-2t}\\-2\mathrm{e}^{-t}+2\mathrm{e}^{-2t}&-\mathrm{e}^{-t}+2\mathrm{e}^{-2t}\end{bmatrix}
\end{aligned}$$

3. 矩阵 A可以等价变换为约当(Jordan)块

若 n 维矩阵 $\boldsymbol{A}$ 可以等价变换为一个约当块，即存在一个非奇异矩阵 $\boldsymbol{T}$，使得

$$\boldsymbol{TAT}^{-1}=\boldsymbol{J}=\begin{bmatrix}\lambda_1 & 1 & & & \boldsymbol{0}\\ & \lambda_1 & 1 & & \\ & & \lambda_1 & \ddots & \\ & & & \ddots & 1\\ \boldsymbol{0} & & & & \lambda_1\end{bmatrix}$$

由于

$$\boldsymbol{J}=\begin{bmatrix}\lambda_1 & & & & \boldsymbol{0}\\ & \lambda_1 & & & \\ & & \lambda_1 & & \\ & & & \ddots & \\ \boldsymbol{0} & & & & \lambda_1\end{bmatrix}+\begin{bmatrix}0 & 1 & & & \boldsymbol{0}\\ & 0 & 1 & & \\ & & 0 & \ddots & \\ & & & \ddots & 1\\ \boldsymbol{0} & & & & 0\end{bmatrix}$$

而

$$\begin{bmatrix}0 & 1 & & & \boldsymbol{0}\\ & 0 & 1 & & \\ & & 0 & \ddots & \\ & & & \ddots & 1\\ \boldsymbol{0} & & & & 0\end{bmatrix}^k=\boldsymbol{0},\quad k=n,n+1,\cdots$$

利用矩阵指数函数的定义式，可得

$$\mathrm{e}^{\boldsymbol{J}t}=\begin{bmatrix}1 & t & \frac{1}{2}t^2 & \cdots & \frac{1}{(n-1)!}t^{n-1}\\ & 1 & t & \ddots & \frac{1}{(n-2)!}t^{n-2}\\ & & & \ddots & \\ & & & & \vdots\\ & & & & t\\ \boldsymbol{0} & & & & 1\end{bmatrix}\mathrm{e}^{\lambda_1 t}$$

故

$$\boldsymbol{\Phi}(t)=\mathrm{e}^{\boldsymbol{A}t}=\boldsymbol{T}^{-1}\mathrm{e}^{\boldsymbol{J}t}\boldsymbol{T}$$

注意到 $\mathrm{e}^{\boldsymbol{J}t}$ 是一个上三角矩阵(对角线以下的元素全为零)，其中的元素分别为 $1,\mathrm{e}^{\lambda t}$，$t\mathrm{e}^{\lambda t},\frac{1}{2}t^2\mathrm{e}^{\lambda t}$ 等。

例 2.2.3　给定线性时不变自治系统

$$\dot{\boldsymbol{x}}(t)=\begin{bmatrix}0 & 1 & 0\\ 0 & 0 & 1\\ -1 & -3 & -3\end{bmatrix}\boldsymbol{x}(t)$$

求系统的状态转移矩阵 $\boldsymbol{\Phi}(t)$。

解　系统的特征多项式

$$\det(\lambda \boldsymbol{I}-\boldsymbol{A})=\lambda^3+3\lambda^2+3\lambda+1=(\lambda+1)^3$$

因此，矩阵 $\boldsymbol{A}$ 有一个三重特征值 $\lambda=-1$。根据线性代数的知识可知变换矩阵

$$\boldsymbol{T}=\begin{bmatrix}1&0&0\\\lambda&1&0\\\lambda^2&2\lambda&1\end{bmatrix}^{-1}=\begin{bmatrix}1&0&0\\-1&1&0\\1&-2&1\end{bmatrix}^{-1}=\begin{bmatrix}1&0&0\\1&1&0\\1&2&1\end{bmatrix}$$

满足

$$\boldsymbol{TAT}^{-1}=\boldsymbol{J}=\begin{bmatrix}-1&1&0\\0&-1&1\\0&0&-1\end{bmatrix}$$

而

$$\mathrm{e}^{\boldsymbol{J}t}=\begin{bmatrix}\mathrm{e}^{-t}&t\,\mathrm{e}^{-t}&\frac{1}{2}t^2\mathrm{e}^{-t}\\0&\mathrm{e}^{-t}&t\,\mathrm{e}^{-t}\\0&0&\mathrm{e}^{-t}\end{bmatrix}$$

故系统的状态转移矩阵

$$\begin{aligned}\boldsymbol{\Phi}(t)&=\mathrm{e}^{\boldsymbol{A}t}=\boldsymbol{T}^{-1}\mathrm{e}^{\boldsymbol{J}t}\boldsymbol{T}\\&=\begin{bmatrix}1&0&0\\-1&1&0\\1&-2&1\end{bmatrix}\begin{bmatrix}\mathrm{e}^{-t}&t\,\mathrm{e}^{-t}&\frac{1}{2}t^2\mathrm{e}^{-t}\\0&\mathrm{e}^{-t}&t\,\mathrm{e}^{-t}\\0&0&\mathrm{e}^{-t}\end{bmatrix}\begin{bmatrix}1&0&0\\1&1&0\\1&2&1\end{bmatrix}\\&=\begin{bmatrix}\left(1+t+\frac{1}{2}t^2\right)\mathrm{e}^{-t}&(t+t^2)\mathrm{e}^{-t}&\frac{1}{2}t^2\mathrm{e}^{-t}\\-\frac{1}{2}t^2\mathrm{e}^{-t}&(1+t-t^2)\mathrm{e}^{-t}&\left(t-\frac{1}{2}t^2\right)\mathrm{e}^{-t}\\\left(-t+\frac{1}{2}t^2\right)\mathrm{e}^{-t}&(-3t+t^2)\mathrm{e}^{-t}&\left(1-2t+\frac{1}{2}t^2\right)\mathrm{e}^{-t}\end{bmatrix}\end{aligned}$$

更一般的，矩阵 $\boldsymbol{A}$ 可能既有重特征值，又有单特征值。例如若矩阵可以等价地化为以下约当标准形：

$$\boldsymbol{TAT}^{-1}=\begin{bmatrix}\lambda_1&1&0&0&0&0\\0&\lambda_1&1&0&0&0\\0&0&\lambda_1&0&0&0\\0&0&0&\lambda_2&1&0\\0&0&0&0&\lambda_2&0\\0&0&0&0&0&\lambda_3\end{bmatrix}$$

则

$$\mathrm{e}^{\boldsymbol{A}t}=\boldsymbol{T}^{-1}\begin{bmatrix}\mathrm{e}^{\lambda_1 t}&t\,\mathrm{e}^{\lambda_1 t}&\frac{1}{2}t^2\mathrm{e}^{\lambda_1 t}&0&0&0\\0&\mathrm{e}^{\lambda_1 t}&t\,\mathrm{e}^{\lambda_1 t}&0&0&0\\0&0&\mathrm{e}^{\lambda_1 t}&0&0&0\\0&0&0&\mathrm{e}^{\lambda_2 t}&t\,\mathrm{e}^{\lambda_2 t}&0\\0&0&0&0&\mathrm{e}^{\lambda_2 t}&0\\0&0&0&0&0&\mathrm{e}^{\lambda_3 t}\end{bmatrix}\boldsymbol{T}$$

方法 3　拉普拉斯变换法

式(2.1.12)给出了通过一个有理分式函数矩阵的拉普拉斯反变换求取系统状态转移矩阵的方法，即

$$\mathrm{e}^{\boldsymbol{A}t} = \mathcal{L}^{-1}[(s\boldsymbol{I}-\boldsymbol{A})^{-1}]$$

同时给出了逆矩阵$(s\boldsymbol{I}-\boldsymbol{A})^{-1}$的一个简便计算算法。以下通过一个例子来说明该方法。

例 2.2.4　利用拉普拉斯变换法计算例 2.2.2 中系统的状态转移矩阵，其中

$$\boldsymbol{A} = \begin{bmatrix} 0 & 1 \\ -2 & -3 \end{bmatrix}$$

解　由于

$$\begin{aligned}(s\boldsymbol{I}-\boldsymbol{A})^{-1} &= \begin{bmatrix} s & -1 \\ 2 & s+3 \end{bmatrix}^{-1} \\ &= \frac{1}{\det(s\boldsymbol{I}-\boldsymbol{A})}\mathrm{adj}(s\boldsymbol{I}-\boldsymbol{A}) \\ &= \frac{1}{s(s+3)+2}\begin{bmatrix} s+3 & 1 \\ -2 & s \end{bmatrix} \\ &= \begin{bmatrix} \dfrac{s+3}{(s+1)(s+2)} & \dfrac{1}{(s+1)(s+2)} \\ \dfrac{-2}{(s+1)(s+2)} & \dfrac{s}{(s+1)(s+2)} \end{bmatrix} \\ &= \begin{bmatrix} \dfrac{2}{s+1}-\dfrac{1}{s+2} & \dfrac{1}{s+1}-\dfrac{1}{s+2} \\ \dfrac{-2}{s+1}+\dfrac{2}{s+2} & \dfrac{-1}{s+1}+\dfrac{2}{s+2} \end{bmatrix}\end{aligned}$$

故

$$\begin{aligned}\boldsymbol{\Phi}(t) = \mathrm{e}^{\boldsymbol{A}t} &= L^{-1}[(s\boldsymbol{I}-\boldsymbol{A})^{-1}] \\ &= \begin{bmatrix} 2\mathrm{e}^{-t}-\mathrm{e}^{-2t} & \mathrm{e}^{-t}-\mathrm{e}^{-2t} \\ -2\mathrm{e}^{-t}+2\mathrm{e}^{-2t} & -\mathrm{e}^{-t}+2\mathrm{e}^{-2t} \end{bmatrix}\end{aligned}$$

得到的结论和例 2.2.2 的结论是一致的。

方法 4　凯莱-哈密尔顿(Cayley-Hamilton)方法

首先来看一个线性代数中很重要的定理，即凯莱-哈密尔顿定理。

凯莱-哈密尔顿定理　对给定的 $n\times n$ 维实矩阵 $\boldsymbol{A}$，如果它的特征多项式为

$$\det(\lambda\boldsymbol{I}-\boldsymbol{A}) = \lambda^n + a_{n-1}\lambda^{n-1} + \cdots + a_0$$

则

$$\boldsymbol{A}^n + a_{n-1}\boldsymbol{A}^{n-1} + \cdots + a_0\boldsymbol{I} = \boldsymbol{0} \tag{2.2.2}$$

即矩阵 $\boldsymbol{A}$ 满足其自身的特征方程，注意上式是一个矩阵方程。

证明　正如本章前面所述，利用伴随矩阵 $\mathrm{adj}(s\boldsymbol{I}-\boldsymbol{A})$的性质和式(2.1.10)可得

$$\begin{aligned}\boldsymbol{0} &= \boldsymbol{A}\boldsymbol{H}_0 + a_0\boldsymbol{I} \\ \boldsymbol{H}_0 &= \boldsymbol{A}\boldsymbol{H}_1 + a_1\boldsymbol{I} \\ &\vdots \\ \boldsymbol{H}_{n-3} &= \boldsymbol{A}\boldsymbol{H}_{n-2} + a_{n-2}\boldsymbol{I}\end{aligned}$$

$$\boldsymbol{H}_{n-2}=\boldsymbol{A}\boldsymbol{H}_{n-1}+a_{n-1}\boldsymbol{I}$$

$$\boldsymbol{H}_{n-1}=\boldsymbol{I}$$

在以上等式中，分别将第二个等式中的 $\boldsymbol{H}_0$ 代入第一个等式，然后再将第三个等式中的 $\boldsymbol{H}_1$ 代入到第一个等式，依此类推，可以消去各个 $\boldsymbol{H}_i$，最后得到方程(2.2.2)。

凯莱-哈密尔顿定理指出：任何一个 $n\times n$ 维实矩阵 $\boldsymbol{A}$ 都满足一个 n 阶代数矩阵方程(2.2.2)，从该方程可得

$$\boldsymbol{A}^n=-a_0\boldsymbol{I}-a_1\boldsymbol{A}-\cdots-a_{n-1}\boldsymbol{A}^{n-1} \tag{2.2.3}$$

即矩阵 $\boldsymbol{A}^n$ 可以表示为矩阵 $\boldsymbol{A}$ 的低于 n 次幂矩阵的线性组合。进一步，从上式可得

$$\boldsymbol{A}^{n+1}=-a_0\boldsymbol{A}-a_1\boldsymbol{A}^2-\cdots-a_{n-1}\boldsymbol{A}^n$$

对上式右端的矩阵 $\boldsymbol{A}^n$ 应用等式(2.2.3)，可以将 $\boldsymbol{A}^{n+1}$ 表示为矩阵 $\boldsymbol{A}$ 的低于 n 次幂矩阵的线性组合。依此类推，总是可以将矩阵 $\boldsymbol{A}$ 的任意不小于 n 次的幂矩阵表示为矩阵 $\boldsymbol{A}$ 的低于 n 次的幂矩阵的线性组合。应用这一性质，可以导出矩阵指数函数 $\mathrm{e}^{\boldsymbol{A}t}$ 的又一计算方法。

已知 $\mathrm{e}^{\boldsymbol{A}t}$ 的幂级数表示式

$$\mathrm{e}^{\boldsymbol{A}t}=\boldsymbol{I}+\boldsymbol{A}t+\frac{1}{2!}\boldsymbol{A}^2t^2+\cdots+\frac{1}{n!}\boldsymbol{A}^nt^n+\cdots$$

由凯莱-哈密尔顿定理所导出的性质可知，$\boldsymbol{A}^n,\boldsymbol{A}^{n+1},\cdots$，均可用 $\boldsymbol{A}^{n-1},\boldsymbol{A}^{n-2},\cdots,\boldsymbol{A},\boldsymbol{I}$ 的线性组合表示出来，所以矩阵指数函数 $\mathrm{e}^{\boldsymbol{A}t}$ 的无穷级数表示式可以化为有限项的和，即

$$\mathrm{e}^{\boldsymbol{A}t}=\alpha_0(t)\boldsymbol{I}+\alpha_1(t)\boldsymbol{A}+\alpha_2(t)\boldsymbol{A}^2+\cdots+\alpha_{n-1}(t)\boldsymbol{A}^{n-1} \tag{2.2.4}$$

式中的 $\alpha_0(t),\alpha_1(t),\cdots,\alpha_{n-1}(t)$ 均是时间 t 的标量函数。这种将无穷级数表示为有限项和的形式在控制系统的理论分析中是非常有用的，式(2.2.4)在本书的后面也会被多次用到。

因此，要确定矩阵指数函数 $\mathrm{e}^{\boldsymbol{A}t}$，关键是确定式(2.2.4)中的标量函数 $\alpha_0(t),\alpha_1(t),\cdots,\alpha_{n-1}(t)$。以下讨论这些标量函数 $\alpha_0(t),\alpha_1(t),\cdots,\alpha_{n-1}(t)$ 的确定方法。

由特征值和特征多项式的定义，矩阵 $\boldsymbol{A}$ 的每一个特征值 λ 都是矩阵 $\boldsymbol{A}$ 的特征多项式的根，即

$$\lambda^n+a_{n-1}\lambda^{n-1}+\cdots+a_0=0$$

类似于式(2.2.4)的导出，$\mathrm{e}^{\lambda t}$ 也可以表示成 $\lambda^{n-1},\lambda^{n-2},\cdots,\lambda,1$ 有限项的线性组合，而且其系数应和式(2.2.4)中的系数相同。因此对矩阵 $\boldsymbol{A}$ 的 n 个特征值 $\lambda_1,\lambda_2,\cdots,\lambda_n$，有

$$\begin{aligned}
\mathrm{e}^{\lambda_1 t}&=\alpha_0(t)+\alpha_1(t)\lambda_1+\cdots+\alpha_{n-1}(t)\lambda_1^{n-1}\\
\mathrm{e}^{\lambda_2 t}&=\alpha_0(t)+\alpha_1(t)\lambda_2+\cdots+\alpha_{n-1}(t)\lambda_2^{n-1}\\
&\vdots\\
\mathrm{e}^{\lambda_n t}&=\alpha_0(t)+\alpha_1(t)\lambda_n+\cdots+\alpha_{n-1}(t)\lambda_n^{n-1}
\end{aligned} \tag{2.2.5}$$

写成矩阵向量的形式，可得

$$\begin{bmatrix}1&\lambda_1&\lambda_1^2&\cdots&\lambda_1^{n-1}\\1&\lambda_2&\lambda_2^2&\cdots&\lambda_2^{n-1}\\\vdots&\vdots&\vdots&\ddots&\vdots\\1&\lambda_n&\lambda_n^2&\cdots&\lambda_n^{n-1}\end{bmatrix}\begin{bmatrix}\alpha_0(t)\\\alpha_1(t)\\\vdots\\\alpha_{n-1}(t)\end{bmatrix}=\begin{bmatrix}\mathrm{e}^{\lambda_1 t}\\\mathrm{e}^{\lambda_2 t}\\\vdots\\\mathrm{e}^{\lambda_n t}\end{bmatrix} \tag{2.2.6}$$

上式是一个线性方程组，其系数矩阵的行列式是著名的范德蒙行列式，当 $\lambda_1,\lambda_2,\cdots,\lambda_n$ 互

不相同时，行列式的值不为零，从而从方程组(2.2.6)可得惟一解 $\alpha_0(t),\alpha_1(t),\cdots,\alpha_{n-1}(t)$。

例 2.2.5　应用凯莱-哈密尔顿方法求系统

$$\dot{\boldsymbol{x}}(t)=\begin{bmatrix}0&1\\-2&-3\end{bmatrix}\boldsymbol{x}(t)$$

的状态转移矩阵。

解　根据式(2.2.4)，可得

$$e^{\boldsymbol{A}t}=\alpha_0(t)\boldsymbol{I}+\alpha_1(t)\boldsymbol{A}$$

系统矩阵的特征值是－1 和－2，故

$$e^{-t}=\alpha_0(t)-\alpha_1(t)$$
$$e^{-2t}=\alpha_0(t)-2\alpha_1(t)$$

解以上线性方程组，可得

$$\alpha_0(t)=2e^{-t}-e^{-2t}$$
$$\alpha_1(t)=e^{-t}-e^{-2t}$$

因此，

$$\begin{aligned}e^{\boldsymbol{A}t}&=\alpha_0(t)\boldsymbol{I}+\alpha_1(t)\boldsymbol{A}\\&=(2\boldsymbol{I}+\boldsymbol{A})e^{-t}-(\boldsymbol{I}+\boldsymbol{A})e^{-2t}\\&=\begin{bmatrix}2e^{-t}-e^{-2t}&e^{-t}-e^{-2t}\\-2e^{-t}+2e^{-2t}&-e^{-t}+2e^{-2t}\end{bmatrix}\end{aligned}$$

以上是当矩阵 $\boldsymbol{A}$ 的特征值互不相同时，给出了标量函数 $\alpha_0(t),\alpha_1(t),\cdots,\alpha_{n-1}(t)$的确定方法。当矩阵 $\boldsymbol{A}$ 有重特征值时，又该如何来确定标量函数 $\alpha_0(t),\alpha_1(t),\cdots,\alpha_{n-1}(t)$呢？以下用一个例子来说明解决该问题的方法。

例 2.2.6　已知系统矩阵

$$\boldsymbol{A}=\begin{bmatrix}0&1&0\\0&0&1\\2&-5&4\end{bmatrix}$$

用凯莱-哈密尔顿方法计算系统的状态转移矩阵。

解　系统矩阵 $\boldsymbol{A}$ 的特征方程

$$\det(\lambda\boldsymbol{I}-\boldsymbol{A})=\lambda^3-4\lambda^2+5\lambda-2=(\lambda-1)^2(\lambda-2)=0$$

故特征值为 $\lambda_1=\lambda_2=1,\lambda_3=2$，对于特征值 λ_1 和 λ_3，根据式(2.2.5)，可以写出

$$e^{\lambda_1 t}=\alpha_0(t)+\alpha_1(t)\lambda_1+\alpha_2(t)\lambda_1^2$$
$$e^{\lambda_3 t}=\alpha_0(t)+\alpha_1(t)\lambda_3+\alpha_2(t)\lambda_3^2$$

由于 λ_1 是系统矩阵的二重特征值，故可以在上面的第一个式子中对 λ_1 求导(一般的，若 λ_1 是 r 重特征值，则对 λ_1 求导 $r-1$ 次)可得

$$te^{\lambda_1 t}=\alpha_1(t)+2\alpha_2(t)\lambda_1$$

将以上 3 个方程联立，并代入 λ_1 和 λ_3 的数值，可得

$$e^{t}=\alpha_0(t)+\alpha_1(t)+\alpha_2(t)$$
$$te^{t}=\alpha_1(t)+2\alpha_2(t)$$
$$e^{2t}=\alpha_0(t)+2\alpha_1(t)+4\alpha_2(t)$$

解此方程组，即可求得各系数函数：

$$\alpha_0(t) = -2te^t + e^{2t}$$
$$\alpha_1(t) = 2e^t + 3te^t - 2e^{2t}$$
$$\alpha_2(t) = -e^t - te^t + e^{2t}$$

进一步根据式(2.2.4)，得到

$$\begin{aligned} e^{\boldsymbol{A}t} &= \alpha_0(t)\boldsymbol{I} + \alpha_1(t)\boldsymbol{A} + \alpha_2(t)\boldsymbol{A}^2 \\ &= \begin{bmatrix} -2te^t + e^{2t} & (3t+2)e^t - 2e^{2t} & -(t+1)e^t + e^{2t} \\ -2(1+t)e^t + 2e^{2t} & (3t+5)e^t - 4e^{2t} & -(t+2)e^t + 2e^{2t} \\ -2(t+2)e^t + 4e^{2t} & (3t+8)e^t - 8e^{2t} & -(t+3)e^t + 4e^{2t} \end{bmatrix} \end{aligned}$$

以上给出了求矩阵指数函数解析表达式的一些方法。对给定的时间 T，MATLAB 也提供了一种计算 e^{AT} 数值的函数 expm(AT)。

2.3 非齐次状态方程的解

系统输入不等于零时的状态方程为

$$\dot{\boldsymbol{x}}(t) = \boldsymbol{A}\boldsymbol{x}(t) + \boldsymbol{B}\boldsymbol{u}(t) \tag{2.3.1}$$

该方程也称为非齐次状态方程，描述了对象的运动(无控制输入的系统描述了自由运动)。本节将研究由方程(2.3.1)描述的系统在初始条件和外部控制输入共同作用下的运动行为，即求方程(2.3.1)的解。以下介绍两种求解方程(2.3.1)的方法。

2.3.1 直接法

设系统的初始时刻 $t_0=0$，初始状态为 $\boldsymbol{x}(0)$。将状态方程(2.3.1)写为

$$\dot{\boldsymbol{x}}(t) - \boldsymbol{A}\boldsymbol{x}(t) = \boldsymbol{B}\boldsymbol{u}(t)$$

在上式的两边同时左乘 $e^{-\boldsymbol{A}t}$，可得

$$e^{-\boldsymbol{A}t}[\dot{\boldsymbol{x}}(t) - \boldsymbol{A}\boldsymbol{x}(t)] = e^{-\boldsymbol{A}t}\boldsymbol{B}\boldsymbol{u}(t)$$

利用矩阵指数函数微分的性质，从上式可得

$$\frac{d}{dt}[e^{-\boldsymbol{A}t}\boldsymbol{x}(t)] = e^{-\boldsymbol{A}t}\boldsymbol{B}\boldsymbol{u}(t)$$

对上式两边的函数从 0 到 t 积分，可得

$$e^{-\boldsymbol{A}t}\boldsymbol{x}(t)\Big|_0^t = \int_0^t e^{-\boldsymbol{A}\tau}\boldsymbol{B}\boldsymbol{u}(\tau)d\tau$$

利用矩阵指数函数的性质 $e^{\boldsymbol{A}\cdot 0}=\boldsymbol{I}$，进一步得到

$$e^{-\boldsymbol{A}t}\boldsymbol{x}(t) - \boldsymbol{x}(0) = \int_0^t e^{-\boldsymbol{A}\tau}\boldsymbol{B}\boldsymbol{u}(\tau)d\tau$$

上式两边同时左乘 $e^{\boldsymbol{A}t}$，并经整理后可得

$$\boldsymbol{x}(t) = e^{\boldsymbol{A}t}\boldsymbol{x}(0) + e^{\boldsymbol{A}t}\int_0^t e^{-\boldsymbol{A}\tau}\boldsymbol{B}\boldsymbol{u}(\tau)d\tau$$

$$= e^{At}x(0) + \int_0^t e^{A(t-\tau)}Bu(\tau)d\tau \tag{2.3.2}$$

可以验证由式(2.3.2)给出的 $x(t)$ 的确是状态方程(2.3.1)的解。为此只要验证由式(2.3.2)给出的 $x(t)$ 满足方程(2.3.1),同时,在 $t=0$ 时,$x(t)=x(0)$。事实上,

$$\begin{aligned}\dot{x}(t) &= \frac{d}{dt}\left[e^{At}x(0) + \int_0^t e^{A(t-\tau)}Bu(\tau)d\tau\right] \\ &= Ae^{At}x(0) + \int_0^t Ae^{A(t-\tau)}Bu(\tau)d\tau + e^{A(t-\tau)}Bu(\tau)\big|_{\tau=t} \\ &= A\left(e^{At}x(0) + \int_0^t e^{A(t-\tau)}Bu(\tau)d\tau\right) + e^{A\cdot 0}Bu(t) \\ &= Ax(t) + Bu(t)\end{aligned}$$

很显然由式(2.3.2)给出的 $x(t)$ 满足初始条件。

由于 $e^{At}=\Phi(t)$ 是系统的状态转移矩阵,故式(2.3.2)也可以写为

$$x(t) = \Phi(t)x(0) + \int_0^t \Phi(t-\tau)Bu(\tau)d\tau \tag{2.3.3}$$

若系统的初始时刻 $t_0 \neq 0$,容易验证状态方程(2.3.1)以 $x(t_0)$ 为初始状态的解为

$$x(t) = e^{A(t-t_0)}x(t_0) + \int_{t_0}^t e^{A(t-\tau)}Bu(\tau)d\tau \tag{2.3.4}$$

或

$$x(t) = \Phi(t-t_0)x(t_0) + \int_{t_0}^t \Phi(t-\tau)Bu(\tau)d\tau \tag{2.3.5}$$

由解的表达式(2.3.2)或(2.3.4)可以看出,非齐次状态方程的解 $x(t)$ 包括两部分,第一部分是由系统自由运动引起的,是初始状态对系统运动的影响;第二部分是由控制输入引起的,反映了输入对系统状态的影响。两部分的叠加构成了系统的状态响应。因此,根据系统的状态方程,只要知道系统的初始状态和初始时刻之后的输入信号,就可以求出系统在初始时刻之后任意时刻 t 处的状态 $x(t)$。由于输入信号是由设计者确定的,因此,可望通过适当选取控制输入,使得系统状态轨迹满足所期望的要求。

同时,有了状态 $x(t)$ 的表达式,就可以据此对系统在输入信号下的运动状况进行定量分析,进而知道系统的性能。例如,输入为阶跃信号,即 $u(t)=\bar{u}1(t)$,其中的 $\bar{u}$ 是与输入信号具有相同维数的参数向量,表示阶跃输入的幅值。若系统的状态矩阵 A 是可逆的,则将该阶跃输入信号代入式(2.3.2),可得

$$\begin{aligned}x(t) &= e^{At}x(0) + \int_0^t e^{A(t-\tau)}B\bar{u}1(\tau)d\tau \\ &= e^{At}x(0) + e^{At}\int_0^t e^{-A\tau}1(\tau)d\tau \cdot B\bar{u} \\ &= e^{At}x(0) + e^{At}(-A)^{-1}(e^{-A\tau})\Big|_0^t \cdot B\bar{u} \\ &= e^{At}x(0) + A^{-1}[e^{At} - I]B\bar{u}\end{aligned} \tag{2.3.6}$$

由此可以得到系统状态变化的定量描述。注意这里矩阵 A 的可逆性要求是为了导出系统在阶跃输入下状态响应的解析表示式,事实上,当这一条件不满足时,仍然可以分析系统在阶跃输入作用下的状态响应。

2.3.2 拉普拉斯变换法

应用拉普拉斯变换，也可以求解状态方程(2.3.1)。事实上，对方程(2.3.1)的两边取拉普拉斯变换，可得

$$s\boldsymbol{X}(s)-\boldsymbol{X}(0)=\boldsymbol{A}\boldsymbol{X}(s)+\boldsymbol{B}\boldsymbol{U}(s)$$

对上式移项、整理，可得

$$(s\boldsymbol{I}-\boldsymbol{A})\boldsymbol{X}(s)=\boldsymbol{X}(0)+\boldsymbol{B}\boldsymbol{U}(s)$$

在上式两边分别左乘矩阵$(s\boldsymbol{I}-\boldsymbol{A})^{-1}$，并取拉普拉斯反变换，可得

$$\boldsymbol{x}(t)=L^{-1}[(s\boldsymbol{I}-\boldsymbol{A})^{-1}]\boldsymbol{x}(0)+L^{-1}[(s\boldsymbol{I}-\boldsymbol{A})^{-1}\boldsymbol{B}\boldsymbol{U}(s)] \tag{2.3.7}$$

利用关系式$L^{-1}[(s\boldsymbol{I}-\boldsymbol{A})^{-1}]=\mathrm{e}^{\boldsymbol{A}t}$和拉普拉斯变换的卷积定理

$$L^{-1}[F_1(s)F_2(s)]=\int_0^t f_1(t-\tau)f_2(\tau)\mathrm{d}\tau$$

其中$L[(f_i(t)]=F_i(s),i=1,2$，从式(2.3.7)可得式(2.3.2)。

例 2.3.1 求线性时不变系统

$$\begin{bmatrix}\dot{x}_1\\ \dot{x}_2\end{bmatrix}=\begin{bmatrix}0 & 1\\ -2 & -3\end{bmatrix}\begin{bmatrix}x_1\\ x_2\end{bmatrix}+\begin{bmatrix}0\\ 1\end{bmatrix}u$$

对单位阶跃输入的响应。

解 对于该系统，

$$\boldsymbol{A}=\begin{bmatrix}0 & 1\\ -2 & -3\end{bmatrix},\quad \boldsymbol{B}=\begin{bmatrix}0\\ 1\end{bmatrix}$$

例 2.2.2 已求出了矩阵 $\boldsymbol{A}$ 的矩阵指数函数，从而得到自治系统的状态转移矩阵

$$\begin{aligned}\boldsymbol{\Phi}(t)&=\mathrm{e}^{\boldsymbol{A}t}\\ &=\begin{bmatrix}2\mathrm{e}^{-t}-\mathrm{e}^{-2t} & \mathrm{e}^{-t}-\mathrm{e}^{-2t}\\ -2\mathrm{e}^{-t}+2\mathrm{e}^{-2t} & -\mathrm{e}^{-t}+2\mathrm{e}^{-2t}\end{bmatrix}\end{aligned}$$

根据式(2.3.3)，可得系统对单位阶跃输入的状态响应为

$$\begin{aligned}\boldsymbol{x}(t)&=\boldsymbol{\Phi}(t)\boldsymbol{x}(0)+\int_0^t\boldsymbol{\Phi}(t-\tau)\boldsymbol{B}\boldsymbol{u}(\tau)\mathrm{d}\tau\\ &=\mathrm{e}^{\boldsymbol{A}t}\boldsymbol{x}(0)+\int_0^t\begin{bmatrix}2\mathrm{e}^{-(t-\tau)}-\mathrm{e}^{-2(t-\tau)} & \mathrm{e}^{-(t-\tau)}-\mathrm{e}^{-2(t-\tau)}\\ -2\mathrm{e}^{-(t-\tau)}+2\mathrm{e}^{-2(t-\tau)} & -\mathrm{e}^{-(t-\tau)}+2\mathrm{e}^{-2(t-\tau)}\end{bmatrix}\begin{bmatrix}0\\ 1\end{bmatrix}1(\tau)\mathrm{d}\tau\\ &=\begin{bmatrix}2\mathrm{e}^{-t}-\mathrm{e}^{-2t} & \mathrm{e}^{-t}-\mathrm{e}^{-2t}\\ -2\mathrm{e}^{-t}+2\mathrm{e}^{-2t} & -\mathrm{e}^{-t}+2\mathrm{e}^{-2t}\end{bmatrix}\begin{bmatrix}x_1(0)\\ x_2(0)\end{bmatrix}+\int_0^t\begin{bmatrix}\mathrm{e}^{-(t-\tau)}-\mathrm{e}^{-2(t-\tau)}\\ -\mathrm{e}^{-(t-\tau)}+2\mathrm{e}^{-2(t-\tau)}\end{bmatrix}\mathrm{d}\tau\\ &=\begin{bmatrix}2\mathrm{e}^{-t}-\mathrm{e}^{-2t} & \mathrm{e}^{-t}-\mathrm{e}^{-2t}\\ -2\mathrm{e}^{-t}+2\mathrm{e}^{-2t} & -\mathrm{e}^{-t}+2\mathrm{e}^{-2t}\end{bmatrix}\begin{bmatrix}x_1(0)\\ x_2(0)\end{bmatrix}+\begin{bmatrix}\dfrac{1}{2}-\mathrm{e}^{-t}+\dfrac{1}{2}\mathrm{e}^{-2t}\\ \mathrm{e}^{-t}-\mathrm{e}^{-2t}\end{bmatrix}\end{aligned}$$

特别是初始状态为零时，即 $\boldsymbol{x}(0)=\boldsymbol{0}$，则单位阶跃输入的状态响应为

$$\begin{bmatrix}x_1(t)\\ x_2(t)\end{bmatrix}=\begin{bmatrix}\dfrac{1}{2}-\mathrm{e}^{-t}+\dfrac{1}{2}\mathrm{e}^{-2t}\\ \mathrm{e}^{-t}-\mathrm{e}^{-2t}\end{bmatrix}$$

请读者验证：应用公式(2.3.6)也可以得到类似的结论。

得到了系统的状态响应后，根据状态空间模型中的输出方程

$$\boldsymbol{y}(t)=\boldsymbol{C}\boldsymbol{x}(t)+\boldsymbol{D}\boldsymbol{u}(t)$$

可得

$$\boldsymbol{y}(t)=\boldsymbol{C}\mathrm{e}^{\boldsymbol{A}t}\boldsymbol{x}(0)+\boldsymbol{C}\int_0^t \mathrm{e}^{\boldsymbol{A}(t-\tau)}\boldsymbol{B}\boldsymbol{u}(\tau)\mathrm{d}\tau+\boldsymbol{D}\boldsymbol{u}(t) \tag{2.3.8}$$

或

$$\boldsymbol{y}(t)=\boldsymbol{C}\mathrm{e}^{\boldsymbol{A}(t-t_0)}\boldsymbol{x}(t_0)+\boldsymbol{C}\int_{t_0}^t \mathrm{e}^{\boldsymbol{A}(t-\tau)}\boldsymbol{B}\boldsymbol{u}(\tau)\mathrm{d}\tau+\boldsymbol{D}\boldsymbol{u}(t) \tag{2.3.9}$$

由式(2.3.8)或(2.3.9)可见，系统的输出 $\boldsymbol{y}(t)$ 由三部分组成。第一部分是当外部输入等于零时，由初始状态 $\boldsymbol{x}(t_0)$ 引起的，故为系统的零输入响应；第二部分是当初始状态 $\boldsymbol{x}(t_0)$ 为零时，由外部输入引起的，故为系统的外部输入响应；第三部分是系统输入的直接传输部分。从式(2.3.8)或(2.3.9)还可以看到，系统的输出不仅与当前的输入 $\boldsymbol{u}(t)$ 有关，同时也与过去的输入 $\boldsymbol{u}(\tau)$ 有关，这样的系统称为有记忆系统。另外，输出 $\boldsymbol{y}(t)$ 只依赖当前和以前的输入，与未来的输入无关，这样的系统称为有因的(causal)。根据式(2.3.8)或(2.3.9)，可以定量分析系统输出的性能。

2.4　使用 MATLAB 对状态空间模型进行分析

本节将介绍 MATLAB 环境下基于状态空间模型的线性时不变系统的运动分析，特别是借助于 MATLAB 软件，可以很方便地绘制出系统的状态和输出对初始状态和一些特殊输入信号的时间响应，从而可以有效地反映出一些所关心的系统变量动态变化情况。

2.4.1　单位阶跃响应

已知系统状态空间模型中的状态矩阵 $\boldsymbol{A}$，输入矩阵 $\boldsymbol{B}$，输出矩阵 $\boldsymbol{C}$ 和直接转移矩阵 $\boldsymbol{D}$，函数

```
step(A,B,C,D)
```

给出了系统的单位阶跃响应曲线。

例 2.4.1　考虑系统

$$\begin{bmatrix}\dot{x}_1\\ \dot{x}_2\end{bmatrix}=\begin{bmatrix}-1 & -1\\ 6.5 & 0\end{bmatrix}\begin{bmatrix}x_1\\ x_2\end{bmatrix}+\begin{bmatrix}1 & 1\\ 1 & 0\end{bmatrix}\begin{bmatrix}u_1\\ u_2\end{bmatrix}$$

$$\begin{bmatrix}y_1\\ y_2\end{bmatrix}=\begin{bmatrix}1 & 0\\ 0 & 1\end{bmatrix}\begin{bmatrix}x_1\\ x_2\end{bmatrix}$$

给出该系统的单位阶跃响应曲线。

解　编写和执行以下的 m-文件：

```
A=[-1 -1; 6.5 0];
```

```
B=[1 1; 1 0];
C=[1 0; 0 1];
D=[0 0; 0 0];
step(A,B,C,D)
```

可以得到如图 2.4.1 所示的 4 条单位阶跃响应曲线。

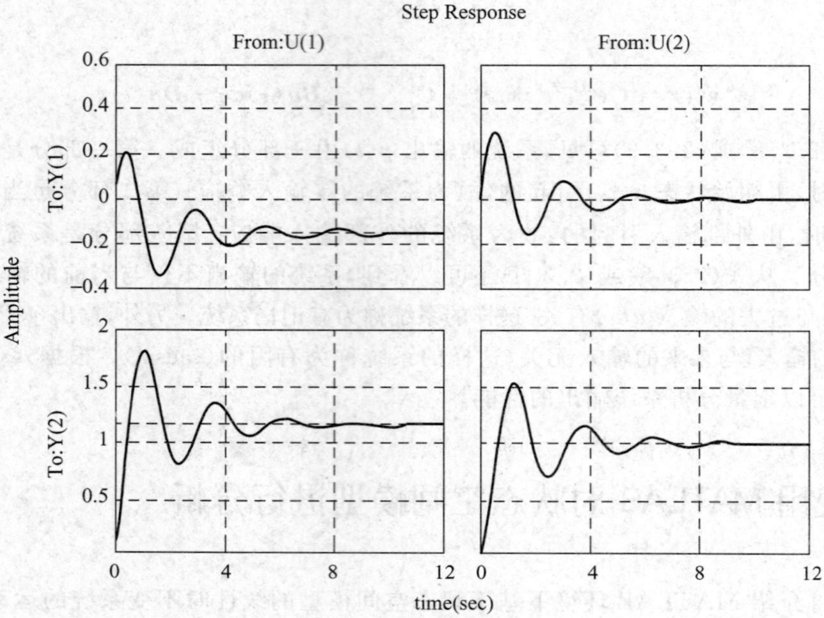

图 2.4.1　单位阶跃响应曲线

注意在图 2.4.1 中，当考虑信号 u_1 为输入量时，假定 u_2 为零，反之亦然。

也可以将对应于同一个输入的两条响应曲线绘在同一张图上，此时，可以采用函数

```
[y,x,t]=step(A,B,C,D,iu)
```

其中，iu 表示第 i 个输入，矩阵 y 和 x 分别包含系统在时间 t 求出的输出响应和状态响应(y 的列数与输出变量的个数相同，每一列表示对应输出变量的响应。x 的列数与状态变量的个数相同)，进而应用绘图命令 plot 绘出相应的响应曲线。对于例 2.4.1，编写和执行以下的 m-文件：

```
A=[-1 -1; 6.5 0];
B=[1 1; 1 0];
C=[1 0; 0 1];
D=[0 0; 0 0];
[y,x,t]=step(A,B,C,D,1);
plot(t,y(:,1),t,y(:,2))
grid
title('Step-Response Plots: Input=u1(u2=0)')
xlabel('time (sec)')
ylabel('output')
```

```
text(3.4, - 0.06,'y1')
text(3.4,1.4,'y2')
```

得到对应于输入 u_1 的两条输出变量阶跃响应曲线,如图 2.4.2 所示。

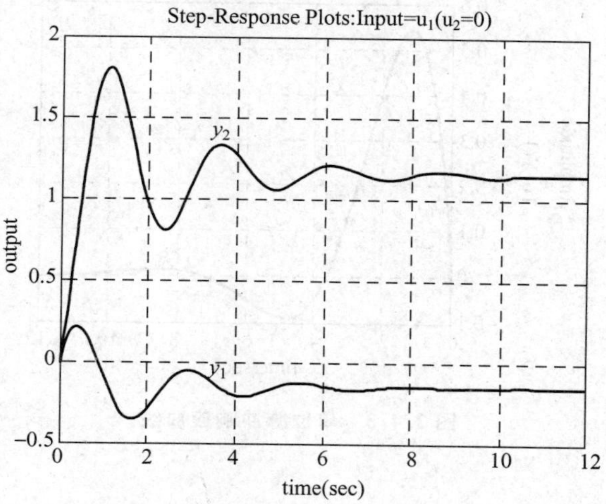

图 2.4.2 单位阶跃响应曲线(u_1 为输入量,$u_2=0$)

2.4.2 脉冲响应

函数

```
impulse(A,B,C,D)
```

产生一族单位脉冲响应曲线,每一条响应曲线分别对应系统

$$\dot{\boldsymbol{x}} = \boldsymbol{A}\boldsymbol{x} + \boldsymbol{B}\boldsymbol{u}$$
$$\boldsymbol{y} = \boldsymbol{C}\boldsymbol{x} + \boldsymbol{D}\boldsymbol{u}$$

的一种输入量和输出量组合,其中的时间变量会自动予以确定。

例 2.4.2 求系统

$$\begin{bmatrix}\dot{x}_1\\ \dot{x}_2\end{bmatrix} = \begin{bmatrix}0 & 1\\ -1 & -1\end{bmatrix}\begin{bmatrix}x_1\\ x_2\end{bmatrix} + \begin{bmatrix}0\\ 1\end{bmatrix}u$$

$$y = \begin{bmatrix}1 & 0\end{bmatrix}\begin{bmatrix}x_1\\ x_2\end{bmatrix}$$

的单位脉冲响应。

解 编写和执行以下 m-文件:

```
A=[0 1; -1 -1];
B=[0; 1];
C=[1 0];
D=[0];
impulse(A,B,C,D)
```

```
title('Unit - Impulse Response')
```

可以得到图 2.4.3 中的单位脉冲响应曲线。

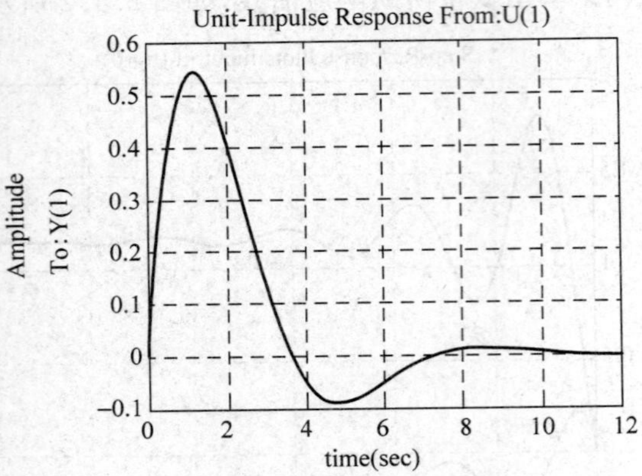

图 2.4.3 单位脉冲响应曲线

2.4.3 初始状态响应

在诸如系统的稳定性分析和检验等问题中，需要了解系统在没有外部输入的情况下，系统的状态或输出对初始状态的时间响应。

考虑由状态空间模型描述的线性时不变自治系统

$$\dot{\boldsymbol{x}} = \boldsymbol{A}\boldsymbol{x} \tag{2.4.1a}$$

$$\boldsymbol{y} = \boldsymbol{C}\boldsymbol{x} \tag{2.4.1b}$$

系统的初始条件是 $\boldsymbol{x}(0)=\boldsymbol{x}_0$。应用函数

```
initial(A,B,C,D,x0)
```

可以得到系统输出对初始状态 x0 的时间响应，其中的 A,B,C 和 D 是描述系统状态空间模型的 4 个系数矩阵。类似于前面的讨论，也可以将有关的响应曲线画在同一张图中，以下用一个例子来说明这一函数的应用。

例 2.4.3 考虑由状态方程描述的系统

$$\begin{bmatrix}\dot{x}_1\\ \dot{x}_2\end{bmatrix}=\begin{bmatrix}0 & 1\\ -10 & -5\end{bmatrix}\begin{bmatrix}x_1\\ x_2\end{bmatrix},\quad \begin{bmatrix}x_1(0)\\ x_2(0)\end{bmatrix}=\begin{bmatrix}2\\ 1\end{bmatrix}$$

求该系统状态对初始状态的时间响应。

解 编写和执行以下 m-文件：

```
A = [0 1; -10 -5];
B = [0; 0]; D = B;
C = [1 0; 0 1];
x0 = [2; 1];
[y,x,t] = initial(A,B,C,D,x0);
plot(t,x(:,1),t,x(:,2))
```

```
grid
title('Response to Initial Condition')
xlabel('time (sec)')
ylabel('x1, x2')
text(0.55,1.15,'x1')
text(0.4,-2.9,'x2')
```

得到如图 2.4.4 所示的系统状态对初始条件的响应曲线。

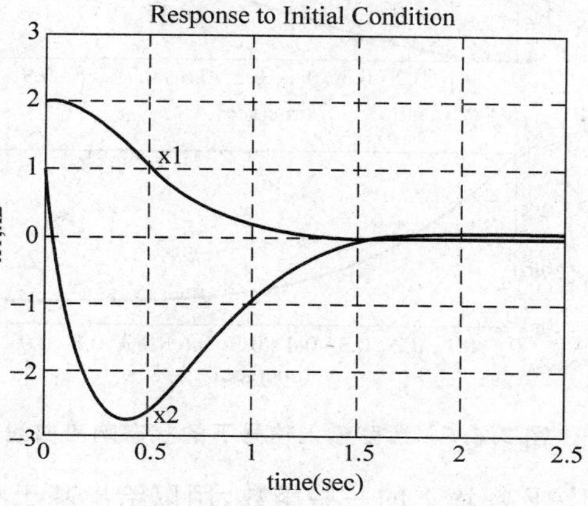

图 2.4.4　系统状态对初始条件的响应

2.4.4　任意输入信号响应

以下函数给出了一个状态空间模型对任意输入的响应：

```
[y,T,x] = lsim(sys,u,t,x0)
```

其中的 sys 表示储存在计算机内的状态空间模型，它可以由函数 sys=ss(A,B,C,D)来得到，x0 是初始状态。

例 2.4.4　求系统

$$\dot{\boldsymbol{x}}(t)=\begin{bmatrix}0 & -2\\ 1 & -3\end{bmatrix}\boldsymbol{x}(t)+\begin{bmatrix}2\\ 0\end{bmatrix}u(t)$$

$$y(t)=\begin{bmatrix}1 & 0\end{bmatrix}\boldsymbol{x}(t)$$

在余弦输入信号和初始状态 $\boldsymbol{x}=[1\quad 1]^{\mathrm{T}}$ 下的状态响应。

解　编写和执行以下的 m-文件：

```
A = [0 -2; 1 -3]; B = [2; 0]; C = [1 0]; D = [0];
sys = ss(A,B,C,D);
x0 = [1; 1];
t = [0: 0.01: 1];
u = cos(t);
[y,T,x] = lsim(sys,u,t,x0);
subplot(2,1,1),plot(T,x(:,1))
```

```
xlabel('time(sec)'),ylabel('X_1')
subplot(2,1,2),plot(T,x(:,2))
xlabel('time(sec)'),ylabel('X_2')
```

得到图 2.4.5 中的状态响应曲线。

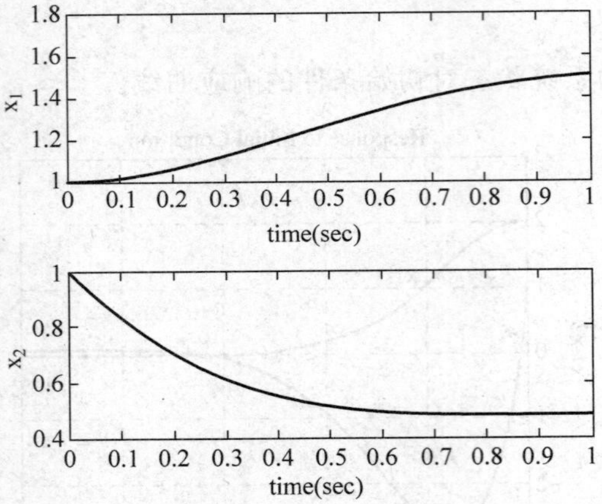

图 2.4.5 余弦输入信号下的状态响应曲线

本节介绍了 MATLAB 环境下的一些函数，用以给出基于状态空间模型描述的系统对给定输入信号或初始条件的响应曲线。应用 MATLAB 中的 help 命令可进一步了解这些函数的使用方法。

2.5 离散时间状态空间模型

随着计算机技术的发展，人们在控制系统中越来越多地应用数字控制器和计算机。在连续对象的数字控制中，控制器的输入信号和输出信号均是离散的，而控制对象是连续的，且用一个连续时间的状态空间模型描述，整个系统的结构如图 2.5.1 所示。如何建立离散信号序列$\{\boldsymbol{u}(kT)\}$和$\{\boldsymbol{y}(kT)\}$之间的定量关系，即建立控制对象的离散化模型，是设计数字控制器的基础，其中的 T 是采样周期，k 是正整数。这一节将基于对象的一个连续时间状态空间模型，导出其相应的离散化状态空间模型，进而依据所得到的离散化状态空间模型，分析系统的状态和输出变化行为。

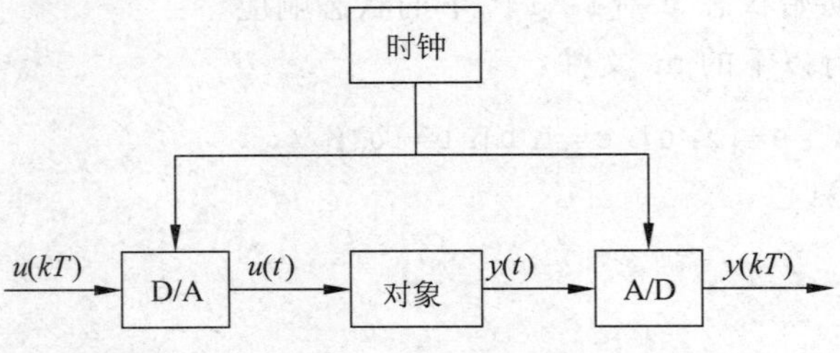

图 2.5.1 连接 A/D 和 D/A 转换器的系统框图

2.5.1　连续时间状态空间模型的离散化

描述被控对象的一个连续时间状态空间模型为

$$\dot{\boldsymbol{x}}(t)=\boldsymbol{A}\boldsymbol{x}(t)+\boldsymbol{B}\boldsymbol{u}(t) \tag{2.5.1a}$$

$$\boldsymbol{y}(t)=\boldsymbol{C}\boldsymbol{x}(t)+\boldsymbol{D}\boldsymbol{u}(t) \tag{2.5.1b}$$

在导出由该状态空间模型所描述系统的离散化模型时，做以下假定：

1. 在连续被控对象上串接一个开关，该开关以 T 为周期进行开和关，称其为采样开关，其中的周期称为采样周期。由于采样的脉冲宽度比采样周期小得多，因此可以不考虑脉冲宽度的影响。采样值和该采样时刻的连续量之间的关系为

$$\boldsymbol{x}^*(t)=\begin{cases}\boldsymbol{x}(t) & t=kT\\ \boldsymbol{0} & t\neq kT\end{cases}$$

2. 采样周期 T 的选择满足香农(Shannon)采样定理，以使得采样信号包含连续信号尽可能多的信息，从而可以从采样得到的离散信号序列恢复原连续信号。

3. 系统具有零阶保持特性，即离散信号经保持器后，得到阶梯信号，也就是说在两个采样时刻之间，信号的值保持不变，且等于前一个采样时刻的值(图 2.5.1 中的 D/A 转换器往往采用零阶保持电路)。

在以上假定下，状态空间模型(2.5.1)的输入信号 $\boldsymbol{u}(t)$ 具有以下特性：

$$\boldsymbol{u}(t)=\boldsymbol{u}(kT),\quad kT\leqslant t<kT+T \tag{2.5.2}$$

已知第 k 个采样时刻的状态 $\boldsymbol{x}(kT)$ 和第 k 个采样时刻到第 $k+1$ 个采样时刻间的输入 $\boldsymbol{u}(t)=\boldsymbol{u}(kT)$，根据公式(2.3.5)，可得第 $k+1$ 个采样时刻 $(k+1)T$ 处的状态：

$$\boldsymbol{x}((k+1)T)=\boldsymbol{\Phi}((k+1)T-kT)\boldsymbol{x}(kT)+\int_{kT}^{(k+1)T}\boldsymbol{\Phi}((k+1)T-\tau)\boldsymbol{B}\boldsymbol{u}(\tau)\mathrm{d}\tau \tag{2.5.3}$$

其中，

$$\boldsymbol{\Phi}((k+1)T-kT)=\mathrm{e}^{\boldsymbol{A}((k+1)T-kT)}=\mathrm{e}^{\boldsymbol{A}T}$$

$$\boldsymbol{\Phi}((k+1)T-\tau)=\mathrm{e}^{\boldsymbol{A}((k+1)T-\tau)}$$

由于输入信号在两个采样时刻之间都取常值，故对式(2.5.3)中的积分式进行一个时间变量替换 $\sigma=(k+1)T-\tau$ 后，可得

$$\boldsymbol{x}((k+1)T)=\mathrm{e}^{\boldsymbol{A}T}\boldsymbol{x}(kT)+\left(\int_0^T\mathrm{e}^{\boldsymbol{A}\sigma}\mathrm{d}\sigma\right)\boldsymbol{B}\boldsymbol{u}(kT) \tag{2.5.4}$$

另一方面，以周期 T 对输出方程进行采样，可得

$$\boldsymbol{y}(kT)=\boldsymbol{C}\boldsymbol{x}(kT)+\boldsymbol{D}\boldsymbol{u}(kT)$$

在周期采样的情况下，往往简单地用 k 来表示第 k 个采样时刻 kT，因此，连续时间状态空间模型(2.5.1)的离散化方程可以写为

$$\begin{cases}\boldsymbol{x}(k+1)=\boldsymbol{G}(T)\boldsymbol{x}(k)+\boldsymbol{H}(T)\boldsymbol{u}(k)\\ \boldsymbol{y}(k)=\boldsymbol{C}\boldsymbol{x}(k)+\boldsymbol{D}\boldsymbol{u}(k)\end{cases} \tag{2.5.5}$$

其中，

$$\begin{cases} \boldsymbol{G}(T) = \mathrm{e}^{\boldsymbol{A}T} \\ \boldsymbol{H}(T) = \left(\int_0^T \mathrm{e}^{\boldsymbol{A}\sigma}\mathrm{d}\sigma\right)\boldsymbol{B} \end{cases} \tag{2.5.6}$$

在求一个连续时间状态空间模型的离散化模型时，主要是确定式(2.5.6)中的矩阵 $\boldsymbol{G}(T)$和 $\boldsymbol{H}(T)$。$\boldsymbol{G}(T)$就是矩阵指数函数 $\mathrm{e}^{\boldsymbol{A}t}$ 在 $t=T$ 处的值，而 $\boldsymbol{H}(T)$的确定则还需要求矩阵指数函数的一个积分，显得更为复杂。以下利用矩阵指数函数的性质，在状态矩阵 $\boldsymbol{A}$ 是非奇异的情况下，给出求取矩阵 $\boldsymbol{H}(T)$一种简便方法。

由于

$$\begin{aligned}\int_0^T \mathrm{e}^{\boldsymbol{A}\sigma}\mathrm{d}\sigma &= \int_0^T \left(\boldsymbol{I} + \boldsymbol{A}\sigma + \frac{\sigma^2}{2!}\boldsymbol{A}^2 + \cdots\right)\mathrm{d}\sigma \\ &= T\boldsymbol{I} + \frac{T^2}{2!}\boldsymbol{A} + \frac{T^3}{3!}\boldsymbol{A}^2 + \cdots\end{aligned}$$

如果矩阵 $\boldsymbol{A}$ 是非奇异的，则

$$\begin{aligned}\int_0^T \mathrm{e}^{\boldsymbol{A}\sigma}\mathrm{d}\sigma &= \boldsymbol{A}^{-1}\left(T\boldsymbol{A} + \frac{T^2}{2!}\boldsymbol{A}^2 + \frac{T^3}{3!}\boldsymbol{A}^3 + \cdots\right) \\ &= \boldsymbol{A}^{-1}(\mathrm{e}^{\boldsymbol{A}T} - \boldsymbol{I})\end{aligned}$$

因此

$$\boldsymbol{H}(T) = \boldsymbol{A}^{-1}[\boldsymbol{G}(T) - \boldsymbol{I}]\boldsymbol{B} \tag{2.5.7}$$

在利用式(2.5.7)确定矩阵 $\boldsymbol{H}(T)$时，可以避免求矩阵指数函数的解析表示式(在求积分时需要的)，从而便于计算机运算。

前面已经看到，连续时间状态空间模型中的状态矩阵可能是非奇异的，也可能是奇异的，但无论该状态矩阵是奇异还是非奇异，由此状态空间模型得到的离散化状态空间模型中的状态矩阵 $\boldsymbol{G}(T)=\mathrm{e}^{\boldsymbol{A}T}$ 总是非奇异的。

例 2.5.1　考虑由以下传递函数描述的一个连续时间系统：

$$G(s) = \frac{Y(s)}{U(s)} = \frac{1}{s+a}$$

给出该系统的一个状态空间模型表示，并进而给出其相应的离散化状态空间模型。

解　所考虑系统的一个状态空间模型为

$$\begin{aligned}\dot{x} &= -ax + u \\ y &= x\end{aligned}$$

由于 $A=-a, B=1$，故根据式(2.5.6)，可得

$$\begin{aligned}G(T) &= \mathrm{e}^{-aT} \\ H(T) &= \int_0^T \mathrm{e}^{-a\sigma}\mathrm{d}\sigma = \frac{1-\mathrm{e}^{-aT}}{a}\end{aligned}$$

因此，该连续时间状态空间模型的离散化模型为

$$\begin{aligned}x(k+1) &= \mathrm{e}^{-aT}x(k) + \frac{1-\mathrm{e}^{-aT}}{a}u(k) \\ y(k) &= x(k)\end{aligned}$$

已知系统的连续时间状态空间模型，MATLAB 提供了计算离散化状态空间模型中状态矩阵和输入矩阵的函数

```
[G,H] = c2d(A,B,T)
```

其中的 T 是离散化模型的采样周期。

例 2.5.2 已知一个连续系统的状态方程

$$\dot{\boldsymbol{x}} = \begin{bmatrix} 0 & 1 \\ -25 & -4 \end{bmatrix}\boldsymbol{x} + \begin{bmatrix} 0 \\ 1 \end{bmatrix}u$$

若取采样周期 $T=0.05\text{s}$,求相应的离散化状态空间模型。

解 编写和执行以下的 m-文件:

```
A = [0 1; - 25 - 4];
B = [0; 1];
[G,H] = c2d(A,B,0.05)
```

得到

```
G =
    0.9709      0.0448
  - 1.1212      0.7915

H =
    0.0012
    0.0448
```

因此,所求的离散化状态空间模型为

$$\boldsymbol{x}(k+1) = \begin{bmatrix} 0.9709 & 0.0448 \\ -1.1212 & 0.7915 \end{bmatrix}\boldsymbol{x}(k) + \begin{bmatrix} 0.0012 \\ 0.0448 \end{bmatrix}u(k)$$

若取采样周期 $T=0.2\text{s}$,则类似可得相应的离散化状态空间模型为

$$\boldsymbol{x}(k+1) = \begin{bmatrix} 0.6401 & 0.1161 \\ -2.9017 & 0.1758 \end{bmatrix}\boldsymbol{x}(k) + \begin{bmatrix} 0.0144 \\ 0.1161 \end{bmatrix}u(k)$$

从以上两个离散化状态空间模型可以看出,不同的采样周期所导出的离散化模型是不同的。这也验证了离散化状态空间模型依赖于所选取的采样周期。

2.5.2 离散时间状态空间模型的运动分析

给定离散时间状态空间模型

$$\begin{cases} \boldsymbol{x}(k+1) = \boldsymbol{G}\boldsymbol{x}(k) + \boldsymbol{H}\boldsymbol{u}(k) \\ \boldsymbol{y}(k) = \boldsymbol{C}\boldsymbol{x}(k) + \boldsymbol{D}\boldsymbol{u}(k) \end{cases} \tag{2.5.8}$$

其中,$\boldsymbol{x}$ 是 n 维的状态向量,$\boldsymbol{u}$ 是 m 维的控制输入向量,$\boldsymbol{y}$ 是 p 维的输出向量,$\boldsymbol{C}$,$\boldsymbol{D}$,$\boldsymbol{G}$ 和 $\boldsymbol{H}$ 是已知的适当维数实常数矩阵。

本小节的目的是:已知系统的初始状态 $\boldsymbol{x}(0)$和输入信号 $\boldsymbol{u}(0)$,$\boldsymbol{u}(1)$,$\cdots$,$\boldsymbol{u}(k-1)$,如何确定 k 时刻的状态 $\boldsymbol{x}(k)$,即求解离散时间状态空间模型的状态方程。

和求解连续时间状态方程相比,离散时间状态方程的求解要简单得多。事实上,由式(2.5.8)中的状态方程,采用递推法可以得到离散时间状态方程的解:

$$\boldsymbol{x}(1) = \boldsymbol{G}\boldsymbol{x}(0) + \boldsymbol{H}\boldsymbol{u}(0)$$

$$
\begin{aligned}
\boldsymbol{x}(2) &= \boldsymbol{G}\boldsymbol{x}(1)+\boldsymbol{H}\boldsymbol{u}(1)=\boldsymbol{G}^2\boldsymbol{x}(0)+\boldsymbol{G}\boldsymbol{H}\boldsymbol{u}(0)+\boldsymbol{H}\boldsymbol{u}(1)\\
\boldsymbol{x}(3) &= \boldsymbol{G}\boldsymbol{x}(2)+\boldsymbol{H}\boldsymbol{u}(2)=\boldsymbol{G}^3\boldsymbol{x}(0)+\boldsymbol{G}^2\boldsymbol{H}\boldsymbol{u}(0)+\boldsymbol{G}\boldsymbol{H}\boldsymbol{u}(1)+\boldsymbol{H}\boldsymbol{u}(2)\\
&\vdots
\end{aligned}
$$

重复以上过程，可得

$$
\boldsymbol{x}(k)=\boldsymbol{G}^k\boldsymbol{x}(0)+\sum_{i=0}^{k-1}\boldsymbol{G}^{k-i-1}\boldsymbol{H}\boldsymbol{u}(i),\quad k=1,2,3,\cdots \tag{2.5.9}
$$

从上式可以看出，类似于连续时间状态空间模型解的形式，离散时间状态空间模型的解 $\boldsymbol{x}(k)$ 也由两部分组成，第一部分是初始状态 $\boldsymbol{x}(0)$ 所引起的响应，第二部分是外部输入信号所引起的响应。

由式(2.5.8)中的输出方程可得系统在 k 时刻的输出

$$
\boldsymbol{y}(k)=\boldsymbol{C}\boldsymbol{G}^k\boldsymbol{x}(0)+\boldsymbol{C}\sum_{i=0}^{k-1}\boldsymbol{G}^{k-i-1}\boldsymbol{H}\boldsymbol{u}(i)+\boldsymbol{D}\boldsymbol{u}(k)
$$

类似于连续系统，定义 $\boldsymbol{\Psi}(k)=\boldsymbol{G}^k$ 为离散时间状态空间模型(2.5.8)的状态转移矩阵，则该状态转移矩阵满足

$$
\boldsymbol{\Psi}(k+1)=\boldsymbol{G}\boldsymbol{\Psi}(k),\quad \boldsymbol{\Psi}(0)=\boldsymbol{I}
$$

并具有以下性质：

$$
\begin{aligned}
&\boldsymbol{\Psi}(k-h)=\boldsymbol{\Psi}(k-h_1)\boldsymbol{\Psi}(h_1-h),\quad k>h_1\geqslant h\\
&\boldsymbol{\Psi}^{-1}(k)=\boldsymbol{\Psi}(-k)
\end{aligned}
$$

利用状态转移矩阵，系统(2.5.8)在 k 时刻的状态可以表示为

$$
\begin{aligned}
\boldsymbol{x}(k) &= \boldsymbol{\Psi}(k)\boldsymbol{x}(0)+\sum_{i=0}^{k-1}\boldsymbol{\Psi}(k-i-1)\boldsymbol{H}\boldsymbol{u}(i)\\
&= \boldsymbol{\Psi}(k)\boldsymbol{x}(0)+\sum_{i=0}^{k-1}\boldsymbol{\Psi}(i)\boldsymbol{H}\boldsymbol{u}(k-i-1)
\end{aligned}
$$

相应的输出

$$
\begin{aligned}
\boldsymbol{y}(k) &= \boldsymbol{C}\boldsymbol{\Psi}(k)\boldsymbol{x}(0)+\boldsymbol{C}\sum_{i=0}^{k-1}\boldsymbol{\Psi}(k-i-1)\boldsymbol{H}\boldsymbol{u}(i)+\boldsymbol{D}\boldsymbol{u}(k)\\
&= \boldsymbol{C}\boldsymbol{\Psi}(k)\boldsymbol{x}(0)+\boldsymbol{C}\sum_{i=0}^{k-1}\boldsymbol{\Psi}(i)\boldsymbol{H}\boldsymbol{u}(k-i-1)+\boldsymbol{D}\boldsymbol{u}(k)
\end{aligned}
$$

若系统的初始时刻是 h，则系统(2.5.8)在 k 时刻的状态为

$$
\begin{aligned}
\boldsymbol{x}(k) &= \boldsymbol{\Psi}(k-h)\boldsymbol{x}(h)+\sum_{i=h}^{k-1}\boldsymbol{\Psi}(k-i-1)\boldsymbol{H}\boldsymbol{u}(i)\\
&= \boldsymbol{\Psi}(k-h)\boldsymbol{x}(h)+\sum_{i=h}^{k-1}\boldsymbol{\Psi}(i)\boldsymbol{H}\boldsymbol{u}(k-i-1)
\end{aligned}
$$

以上得到的是确定系统状态和输出的递推公式，一般只适合于在计算机上进行数值运算。由于在递推过程中，后一步的计算依赖于前一步的计算结果，计算过程中的差错和误差会造成累计式的差错和误差，这是递推算法的一个缺点。另一方面，类似于连续系统中拉普拉斯变换的方法，对离散系统，也可以采用 Z 变换法来求解离散时间状态方程，得到状态的解析表达式，对这方面的内容，读者可参看相关参考书。

MATLAB 函数 dstep 给出了离散时间状态空间模型的单位阶跃响应。

习　题

2.1　叙述处理齐次状态方程求解问题的基本思路？

2.2　叙述求解预解矩阵的简单算法，并编程计算例 2.1.1 中的预解矩阵。

2.3　状态转移矩阵的意义是什么？列举状态转移矩阵的基本性质。

2.4　线性定常系统状态转移矩阵的计算方法有哪几种？已知状态转移矩阵，写出齐次状态方程和非齐次状态方程解的数学表达式。

2.5　求下列矩阵 $\boldsymbol{A}$ 对应的状态转移矩阵 $\boldsymbol{\Phi}(t)$。

(1) $\boldsymbol{A}=\begin{bmatrix}0 & 1\\0 & -2\end{bmatrix}$；　(2) $\boldsymbol{A}=\begin{bmatrix}0 & -1\\4 & 0\end{bmatrix}$；

(3) $\boldsymbol{A}=\begin{bmatrix}0 & 1\\-1 & -2\end{bmatrix}$；　(4) $\boldsymbol{A}=\begin{bmatrix}0 & 1 & 0\\0 & 0 & 1\\2 & -5 & 4\end{bmatrix}$；

(5) $\boldsymbol{A}=\begin{bmatrix}0 & 1 & 0 & 0\\0 & 0 & 1 & 0\\0 & 0 & 0 & 1\\0 & 0 & 0 & 0\end{bmatrix}$；　(6) $\boldsymbol{A}=\begin{bmatrix}\lambda & 0 & 0 & 0\\0 & \lambda & 1 & 0\\0 & 0 & \lambda & 1\\0 & 0 & 0 & \lambda\end{bmatrix}$

2.6　求状态转移矩阵

$$\boldsymbol{\Phi}(t)=\begin{bmatrix}2e^{-t}-e^{-2t} & e^{-t}-e^{-2t}\\-5e^{-t}+5e^{-2t} & -e^{-t}+2e^{-2t}\end{bmatrix}$$

的逆矩阵 $\boldsymbol{\Phi}^{-1}(t)$。

2.7　一个振动现象可以由以下系统产生：

$$\dot{\boldsymbol{x}}=\begin{bmatrix}0 & 1\\-1 & 0\end{bmatrix}\boldsymbol{x}$$

证明该系统的解为

$$\boldsymbol{x}(t)=\begin{bmatrix}\cos t & \sin t\\-\sin t & \cos t\end{bmatrix}\boldsymbol{x}(0)$$

并用 MATLAB 观察其解的形状。

2.8　给定线性定常系统

$$\dot{\boldsymbol{x}}=\begin{bmatrix}0 & 1\\-3 & -2\end{bmatrix}\boldsymbol{x}$$

且初始条件为

$$\boldsymbol{x}(0)=\begin{bmatrix}1\\-1\end{bmatrix}$$

求该齐次状态方程的解 $\boldsymbol{x}(t)$。

2.9　已知二阶系统 $\dot{\boldsymbol{x}}=\boldsymbol{A}\boldsymbol{x}$ 的初始状态和自由运动的两组值：

$$\boldsymbol{x}_1(0)=\begin{bmatrix}2\\1\end{bmatrix},\quad \boldsymbol{x}_1(t)=\begin{bmatrix}2\mathrm{e}^{-t}\\ \mathrm{e}^{-t}\end{bmatrix};\quad \boldsymbol{x}_2(0)=\begin{bmatrix}1\\1\end{bmatrix},\quad \boldsymbol{x}_2(t)=\begin{bmatrix}\mathrm{e}^{-t}+2t\mathrm{e}^{-t}\\ \mathrm{e}^{-t}+t\mathrm{e}^{-t}\end{bmatrix}$$

求系统的状态转移矩阵和状态矩阵。

2.10 为什么说状态转移矩阵包含了系统运动的全部信息，可以完全表征系统的动态特性？

2.11 判断下列矩阵是否满足状态转移矩阵的条件，如果满足，试求对应的状态矩阵 $\mathbf{A}$。

(1) $\boldsymbol{\Phi}(t)=\begin{bmatrix}1 & 0 & 0\\ 0 & \sin t & \cos t\\ 0 & -\cos t & \sin t\end{bmatrix}$；

(2) $\boldsymbol{\Phi}(t)=\begin{bmatrix}1 & 0.5(1-\mathrm{e}^{-2t})\\ 0 & \mathrm{e}^{-2t}\end{bmatrix}$。

2.12 给定矩阵

$$\mathbf{A}=\begin{bmatrix}\sigma & \omega\\ -\omega & \sigma\end{bmatrix}$$

证明

$$\exp\left(t\begin{bmatrix}\sigma & \omega\\ -\omega & \sigma\end{bmatrix}\right)=\begin{bmatrix}\mathrm{e}^{\sigma t}\cos(\omega t) & \mathrm{e}^{\sigma t}\sin(\omega t)\\ -\mathrm{e}^{\sigma t}\sin(\omega t) & \mathrm{e}^{\sigma t}\cos(\omega t)\end{bmatrix}$$

2.13 一般线性系统状态方程的解有哪几部分组成？各部分的意义如何？

2.14 考虑题图 2.1 中给出的控制系统

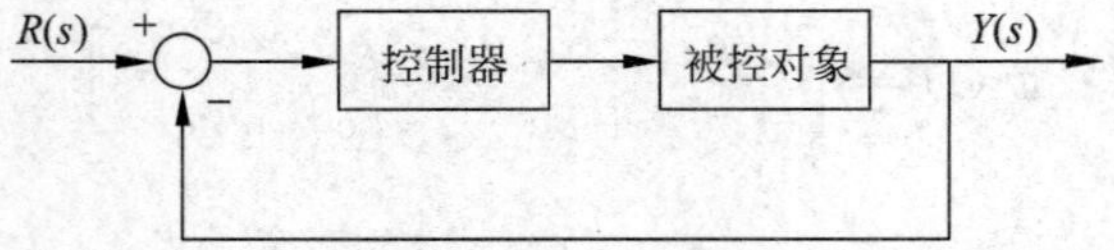

题图 2.1 控制系统结构图

其中，控制器的传递函数为

$$K(s)=\frac{1}{s+1}$$

被控对象的传递函数为

$$G(s)=\frac{1}{s^2+2s+4}$$

分别确定控制器和被控对象的状态空间模型，进而利用函数 series 和 feedback 给出闭环系统的状态空间模型，并给出闭环系统状态的脉冲响应图。

2.15 已知线性定常系统的状态方程为 $\dot{\boldsymbol{x}}=\begin{bmatrix}0 & 1\\ -2 & -3\end{bmatrix}\boldsymbol{x}+\begin{bmatrix}0\\1\end{bmatrix}u$，初始条件为 $\boldsymbol{x}(0)=\begin{bmatrix}1\\-1\end{bmatrix}$。若系统的输入为单位阶跃函数，求状态方程的解。

2.16 连续时间状态空间模型离散化时需要注意哪些问题？

2.17　已知线性定常连续系统的状态空间模型为 $\dot{\boldsymbol{x}}=\begin{bmatrix}-1 & 0\\ 0 & -2\end{bmatrix}\boldsymbol{x}+\begin{bmatrix}0\\1\end{bmatrix}u$，$y=[1\quad 0]\boldsymbol{x}$，设采样周期 $T=1\mathrm{s}$，求离散化状态空间模型。

2.18　求线性时不变状态方程

$$\dot{\boldsymbol{x}}(t)=\begin{bmatrix}0 & -1\\ 0 & -2\end{bmatrix}\boldsymbol{x}(t)+\begin{bmatrix}0\\1\end{bmatrix}u(t)$$

的离散化方程，假定采样周期 $T=1\mathrm{s}$。

2.19　已知系统的离散状态方程

$$\boldsymbol{x}(k+1)=\boldsymbol{G}\boldsymbol{x}(k)+\boldsymbol{H}u(k)$$

其中，

$$\boldsymbol{G}=\begin{bmatrix}0 & 1\\ -0.1 & -1\end{bmatrix},\quad \boldsymbol{H}=\begin{bmatrix}1\\1\end{bmatrix}$$

若初始条件 $\boldsymbol{x}(0)=[1\quad -1]^{\mathrm{T}}$，输入是单位阶跃信号，即 $u(k)=1$，求状态 $\boldsymbol{x}(1)$，$\boldsymbol{x}(2)$，$\boldsymbol{x}(3)$。

2.20　已知离散时间状态方程

$$\begin{bmatrix}x_1(k+1)\\ x_2(k+1)\end{bmatrix}=\begin{bmatrix}1 & 0.5\\ 0 & 0.1\end{bmatrix}\begin{bmatrix}x_1(k)\\ x_2(k)\end{bmatrix}+\begin{bmatrix}0.3\\ 0.4\end{bmatrix}u(k)$$

若初始状态

$$\begin{bmatrix}x_1(0)\\ x_2(0)\end{bmatrix}=\begin{bmatrix}1\\1\end{bmatrix}$$

求 $u(k)$，使得系统状态在第二个采样时刻转移到原点。

第3章

能控性和能观性分析

前两章分别给出了一个系统的状态空间模型，并根据状态空间模型分析了在给定初始状态和外部输入信号下系统状态的动态行为。状态空间方法描述系统的特点是突出了系统的内部动态结构。由于引入了反映系统内部动态特征的状态变量，使得系统的输入输出关系描述分成了两部分：一部分是系统的控制输入对系统状态的影响，由状态方程来描述；另一部分是系统状态与系统输出的关系，由输出方程来描述。这种把输入、状态和输出三者之间的相互关系分别描述的方式为了解系统内部结构的特征提供了方便。在此基础上产生了控制理论的许多新概念。能控性和能观性就是刻画系统内部结构的两个基本概念。

系统的状态变量反映了系统内部的全部动态特征，系统的运动分析揭示了系统状态变量的运动行为。然而，当系统的运动状况不佳时，能否通过系统的控制输入来改变系统的动态变化行为呢？这就需要检验输入对系统状态的影响或控制能力，这种对状态的控制能力就是系统的状态能控性。

另外，要实现所设计的反馈控制，需要系统的信息，可利用的系统信息越多，所能达到的系统性能往往就越好。系统能直接测量得到的信息是系统的输出，而系统内部的全部动态信息由状态反映。那么，系统的输出能否反映系统状态的信息呢？这就是系统的状态能观测性（本书一般简称为能观性）问题。

能控性反映了输入对系统状态的影响和控制能力，能观性反映了输出对系统状态的识别能力，它们反映了系统本身的内在特性。这两个概念是卡尔曼在20世纪60年代提出的，是现代控制理论中的两个基本概念。本章将给出系统能控性和能观性的定义，介绍判别系统能控性和能观性的一些主要方法，分析能控性和能观性的一些性质。

3.1　系统的能控性

3.1.1　能控性定义

由于能控性只涉及用外部输入来改变系统状态的问题，故只需考虑描述系统的状态方程

$$\dot{\boldsymbol{x}} = \boldsymbol{A}\boldsymbol{x} + \boldsymbol{B}\boldsymbol{u} \tag{3.1.1}$$

其中，$\boldsymbol{x}$ 是 n 维的状态向量，$\boldsymbol{u}$ 是 m 维的控制输入向量，$\boldsymbol{A}$ 和 $\boldsymbol{B}$ 分别是已知的 $n\times n$ 和 $n\times m$ 维实常数矩阵。

定义 3.1.1　对系统(3.1.1)的一个状态 $\boldsymbol{x}_0$，如果存在一个有限时刻 T 和时间段 $[0,T]$ 上的控制信号 $\boldsymbol{u}(t)$，使得在这样一个控制信号作用下，系统状态从 $t=0$ 时刻的初始状态 $\boldsymbol{x}_0$ 转移到 $t=T$ 时刻的零状态，即 $\boldsymbol{x}(T)=\boldsymbol{0}$，则状态 $\boldsymbol{x}_0$ 称为是能控的。若系统的所有状态都是能控的，则称系统是状态完全能控的，也简称系统是能控的，有时也记矩阵对$(\boldsymbol{A},\boldsymbol{B})$是能控的。

系统的能控性表明：若状态 $\boldsymbol{x}_0$ 是能控的，则一定可以通过一个适当的控制律，将系统状态在有限时间内从 $\boldsymbol{x}_0$ 转移到零状态。以一维状态为例，这样的一个状态轨迹如图 3.1.1 所示。

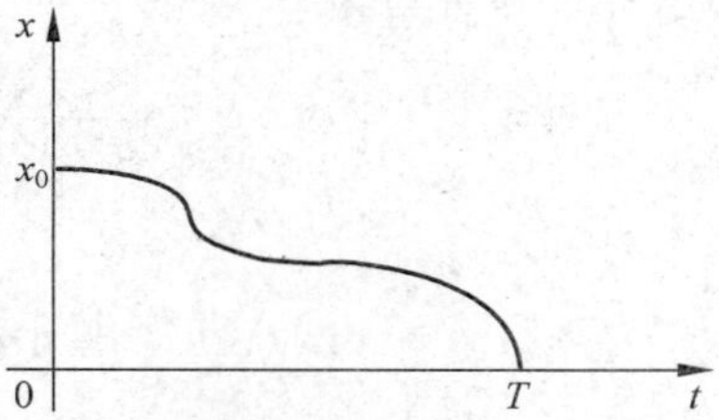

图 3.1.1　将初始状态转移到零状态

3.1.2　能控性判据

定义 3.1.1 给出了系统能控性的概念，但根据这个定义，要判别一个状态 $\boldsymbol{x}_0$ 是否能控，需要找出一个有限时间 T 和在时间段$[0,T]$上定义的控制信号 $\boldsymbol{u}(t)$，使得 $\boldsymbol{x}(T)=\boldsymbol{0}$，这相当于要找到把系统的初始状态 $\boldsymbol{x}_0$ 转移到零状态的具体控制律。显然，对一般的系统，这不是一件容易的事。是否可以根据系统的状态空间模型来直接判断其能控性呢？这一小节将导出系统能控性的一些简单而有效的判据。同时，通过导出这些判据，使得读者对系统能控性概念有更深刻的认识。

为了处理上的简单，这里只对单输入系统导出能控性判据。可以证明这些结论对多输入系统也是成立的。

若状态 $\boldsymbol{x}_0$ 是能控的，则存在一个有限时间 T 和在时间段$[0,T]$上定义的控制信号 $u(t)$，使得系统(3.1.1)在该控制律作用下，有 $\boldsymbol{x}(T)=\boldsymbol{0}$。而由上一章系统运动分析的结论可知，给定系统(3.1.1)在 $t=0$ 时刻的初始状态 $\boldsymbol{x}_0$ 和时间段$[0,T]$上的控制信号 $u(t)$，系统在 $t=T$ 时刻的状态为

$$\boldsymbol{x}(T) = \mathrm{e}^{\boldsymbol{A}T}\boldsymbol{x}_0 + \int_0^T \mathrm{e}^{\boldsymbol{A}(T-\tau)}\boldsymbol{B}u(\tau)\mathrm{d}\tau$$

由 $\boldsymbol{x}(T)=\boldsymbol{0}$ 可得

$$\mathbf{0} = \mathrm{e}^{\boldsymbol{A}T}\boldsymbol{x}_0 + \int_0^T \mathrm{e}^{\boldsymbol{A}(T-\tau)}\boldsymbol{B}u(\tau)\mathrm{d}\tau$$

从上式可进一步得到

$$\boldsymbol{x}_0 = -\int_0^T \mathrm{e}^{-\boldsymbol{A}\tau}\boldsymbol{B}u(\tau)\mathrm{d}\tau \tag{3.1.2}$$

根据第 2 章的式(2.2.4)，矩阵指数函数 $\mathrm{e}^{-\boldsymbol{A}\tau}$ 可以写成有限项和的形式，即

$$\mathrm{e}^{-\boldsymbol{A}\tau} = \sum_{k=0}^{n-1}\alpha_k(\tau)\boldsymbol{A}^k \tag{3.1.3}$$

将式(3.1.3)代入式(3.1.2)，可得

$$\boldsymbol{x}_0 = -\sum_{k=0}^{n-1}\boldsymbol{A}^k\boldsymbol{B}\int_0^T a_k(\tau)u(\tau)\mathrm{d}\tau \tag{3.1.4}$$

记

$$-\int_0^T a_k(\tau)u(\tau)\mathrm{d}\tau = \beta_k$$

则式(3.1.4)可写为

$$\begin{aligned}\boldsymbol{x}_0 &= \sum_{k=0}^{n-1}\boldsymbol{A}^k\boldsymbol{B}\beta_k \\ &= [\boldsymbol{B} \quad \boldsymbol{A}\boldsymbol{B} \quad \cdots \quad \boldsymbol{A}^{n-1}\boldsymbol{B}]\begin{bmatrix}\beta_0\\ \beta_1\\ \vdots\\ \beta_{n-1}\end{bmatrix}\end{aligned} \tag{3.1.5}$$

以上分析表明：若状态 $\boldsymbol{x}_0$ 是能控的，则一定存在向量 $\boldsymbol{\beta} = [\beta_0 \quad \beta_1 \quad \cdots \quad \beta_{n-1}]^{\mathrm{T}}$ 满足以下线性方程组

$$[\boldsymbol{B} \quad \boldsymbol{A}\boldsymbol{B} \quad \cdots \quad \boldsymbol{A}^{n-1}\boldsymbol{B}]\boldsymbol{\beta} = \boldsymbol{x}_0$$

进而，若系统是状态完全能控的，则对任意的 $\boldsymbol{x}_0$，以上的线性方程组都是有解的。根据线性代数中的知识可知，上式的线性方程组对任意向量 $\boldsymbol{x}_0$ 有解的充分必要条件是其系数矩阵

$$\Gamma_c[\boldsymbol{A},\boldsymbol{B}] = [\boldsymbol{B} \quad \boldsymbol{A}\boldsymbol{B} \quad \cdots \quad \boldsymbol{A}^{n-1}\boldsymbol{B}]$$

是满秩的。因此，若系统是能控的，则 $\mathrm{rank}(\Gamma_c[\boldsymbol{A},\boldsymbol{B}]) = n$。进一步可以证明该结论的逆也是成立的，即若 $\mathrm{rank}(\Gamma_c[\boldsymbol{A},\boldsymbol{B}]) = n$，则系统也一定是能控的。这就证明了以下定理：

定理 3.1.1 系统(3.1.1)能控的充分必要条件为

$$\mathrm{rank}(\Gamma_c[\boldsymbol{A},\boldsymbol{B}]) = \mathrm{rank}([\boldsymbol{B} \quad \boldsymbol{A}\boldsymbol{B} \quad \cdots \quad \boldsymbol{A}^{n-1}\boldsymbol{B}]) = n$$

根据定理 3.1.1，为了判别系统的能控性，只须检验由状态空间模型中的状态矩阵 $\boldsymbol{A}$ 和输入矩阵 $\boldsymbol{B}$ 构成的矩阵 $\Gamma_c[\boldsymbol{A},\boldsymbol{B}]$ 是否满秩，由此也可以看出，矩阵 $\Gamma_c[\boldsymbol{A},\boldsymbol{B}]$ 在系统能控性检验中起着重要作用，故将矩阵 $\Gamma_c[\boldsymbol{A},\boldsymbol{B}]$ 称为是系统(3.1.1)的能控性判别矩阵，简称能控性矩阵。

能控性判别矩阵 $\Gamma_c[\boldsymbol{A},\boldsymbol{B}]$ 只依赖系统状态方程中的状态矩阵和输入矩阵，与能控性定义中的终端时间 T 无关。这表明一个系统若是能控的，则对任意给定的时间间隔 $[0,T]$，都存在使得在该时间段内将初始状态转移到零状态的控制律。

如何来有效判断能控性矩阵 $\Gamma_c[\boldsymbol{A},\boldsymbol{B}]$ 是否满秩呢？对于单输入系统，$\Gamma_c[\boldsymbol{A},\boldsymbol{B}]$ 是一

个 $n\times n$ 维的矩阵，可以通过判断矩阵 $\Gamma_c[\boldsymbol{A},\boldsymbol{B}]$的行列式是否为零来确定它是否满秩。对一个具有 m 个输入的系统，$\Gamma_c[\boldsymbol{A},\boldsymbol{B}]$是一个 $n\times nm$ 维的矩阵，而$(\Gamma_c[\boldsymbol{A},\boldsymbol{B}])(\Gamma_c[\boldsymbol{A},\boldsymbol{B}])^T$ 是一个 $n\times n$ 维的矩阵。由线性代数的知识可知：$\mathrm{rank}(\Gamma_c[\boldsymbol{A},\boldsymbol{B}])=\mathrm{rank}((\Gamma_c[\boldsymbol{A},\boldsymbol{B}])\times(\Gamma_c[\boldsymbol{A},\boldsymbol{B}])^T)$。故可以通过检验 $n\times n$ 维矩阵$(\Gamma_c[\boldsymbol{A},\boldsymbol{B}])(\Gamma_c[\boldsymbol{A},\boldsymbol{B}])^T$ 的行列式是否为零来判断矩阵 $\Gamma_c[\boldsymbol{A},\boldsymbol{B}]$是否满秩。

例 3.1.1 判别由以下状态方程描述的系统的能控性：

$$\begin{bmatrix}\dot{x}_1\\ \dot{x}_2\end{bmatrix}=\begin{bmatrix}1 & 1\\ 0 & -1\end{bmatrix}\begin{bmatrix}x_1\\ x_2\end{bmatrix}+\begin{bmatrix}1\\ 0\end{bmatrix}u$$

解 系统的能控性判别矩阵

$$\Gamma_c[\boldsymbol{A},\boldsymbol{B}]=[\boldsymbol{B}\quad \boldsymbol{AB}]=\left[\begin{bmatrix}1\\ 0\end{bmatrix}\quad \begin{bmatrix}1 & 1\\ 0 & -1\end{bmatrix}\begin{bmatrix}1\\ 0\end{bmatrix}\right]=\begin{bmatrix}1 & 1\\ 0 & 0\end{bmatrix}$$

由于

$$\det(\Gamma_c[\boldsymbol{A},\boldsymbol{B}])=\det\left(\begin{bmatrix}1 & 1\\ 0 & 0\end{bmatrix}\right)=0$$

即矩阵 $\Gamma_c[\boldsymbol{A},\boldsymbol{B}]$不是满秩的，故根据定理 3.1.1，该系统不是状态完全能控的。

例 3.1.2 考虑例 1.1.3 中的倒立摆系统，其线性化后的状态空间模型为

$$\dot{\boldsymbol{x}}=\begin{bmatrix}0 & 1 & 0 & 0\\ 0 & 0 & -mg/M & 0\\ 0 & 0 & 0 & 1\\ 0 & 0 & (M+m)g/(Ml) & 0\end{bmatrix}\boldsymbol{x}+\begin{bmatrix}0\\ 1/M\\ 0\\ -1/(Ml)\end{bmatrix}u$$

$$y=[1\quad 0\quad 0\quad 0]\boldsymbol{x}$$

其中，$\boldsymbol{x}=[y\quad \dot{y}\quad \theta\quad \dot{\theta}]^T$ 是系统的状态向量，θ 是摆杆的偏移角，y 是小车的位移，u 是作用在小车上的力，模型系数矩阵中的参数 l 是摆杆的长度，m 和 M 分别是摆杆上的小球和小车的质量。因此，系统的 4 个状态分量分别是小车的位移、速度、摆杆的偏移角度和角速度。假定系统的参数为：$M=1\text{kg}$，$m=0.1\text{kg}$，$l=1\text{m}$，重力加速度 $g=9.81\text{m/s}^2$，则

$$mg/M=0.981\approx 1$$
$$(M+m)g/(Ml)=10.79\approx 11$$
$$1/M=1/Ml=1$$

相应的状态空间模型参数矩阵为

$$\boldsymbol{A}=\begin{bmatrix}0 & 1 & 0 & 0\\ 0 & 0 & -1 & 0\\ 0 & 0 & 0 & 1\\ 0 & 0 & 11 & 0\end{bmatrix},\quad \boldsymbol{B}=\begin{bmatrix}0\\ 1\\ 0\\ -1\end{bmatrix},\quad \boldsymbol{C}=[1\quad 0\quad 0\quad 0]$$

判别该系统的能控性。

解 系统的能控性判别矩阵

$$\Gamma_c[\boldsymbol{A},\boldsymbol{B}]=[\boldsymbol{B}\quad \boldsymbol{AB}\quad \boldsymbol{A}^2\boldsymbol{B}\quad \boldsymbol{A}^3\boldsymbol{B}]=\begin{bmatrix}0 & 1 & 0 & 1\\ 1 & 0 & 1 & 0\\ 0 & -1 & 0 & -11\\ -1 & 0 & -11 & 0\end{bmatrix}$$

由于 $\det(\Gamma_c[\boldsymbol{A},\boldsymbol{B}])=100\neq 0$，故矩阵 $\Gamma_c[\boldsymbol{A},\boldsymbol{B}]$ 满秩。根据定理 3.1.1，系统是状态完全能控的。

系统的能控性意味着：当小车上的摆杆稍稍偏离垂直位置时，总可以通过在小车上施加一个适当的外力，使得将摆杆推回到垂直位置（将非零的初始状态转移到零状态）。这和我们的直觉是一致的。

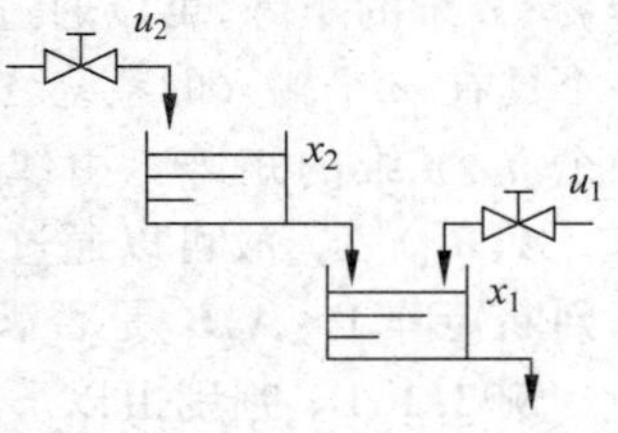

图 3.1.2　二阶水槽装置

例 3.1.3　考虑图 3.1.2 中二阶水槽装置，描述该装置的一个状态方程为

$$\begin{bmatrix}\dot{x}_1\\ \dot{x}_2\end{bmatrix}=\begin{bmatrix}-a_1 & b_1\\ 0 & -a_2\end{bmatrix}\begin{bmatrix}x_1\\ x_2\end{bmatrix}+\begin{bmatrix}b_1 & 0\\ 0 & b_2\end{bmatrix}\begin{bmatrix}u_1\\ u_2\end{bmatrix}$$

判别其能控性。

解　对应的能控性判别矩阵为

$$\Gamma_c[\boldsymbol{A},\boldsymbol{B}]=[\boldsymbol{B}\quad \boldsymbol{AB}]=\begin{bmatrix}b_1 & 0 & -a_1b_1 & b_1b_2\\ 0 & b_2 & 0 & -a_2b_2\end{bmatrix}$$

容易看到，只有当参数 b_1 和 b_2 都不等于零时，以上的能控性矩阵才是满秩的。此时，系统是完全能控的，即当水位高度偏离平衡位置时，可以通过调节两个阀门开关 u_1 和 u_2，使得水位高度回到平衡位置。

若 $b_2=0,b_1\neq 0$，则系统不是完全能控的。从图可以直观看出，当水位高度 x_2 偏离平衡位置时，我们无法只通过调节阀门 u_1 的开度来把水位高度 x_2 调节到原来的平衡位置。当 $b_1=0,b_2\neq 0$ 时，从图中可以看出第 2 个水槽的水位高度 x_2 是可以调节的。由于第 1 个水槽和第 2 个水槽之间有耦合关系，不易直接观察出第 1 个水槽的水位高度 x_1 是否能控。根据能控性判别条件，在这种情况下，系统是不能控的，因此第 1 个水槽的水位高度 x_1 是不能控的。

从这个例子看出，当一个系统不是状态完全能控时，其中的一部分状态分量是不能控的，而另一部分状态分量则可能是能控的。正是基于这样一个事实，对一个一般的不能控系统，可以通过一个线性状态变换，将系统状态分量的能控部分和不能控部分分离开来，这就是系统的能控性分解。限于篇幅，这方面的内容在此不做详细讨论。

例 3.1.4　考虑由例 1.2.2 给出的能控标准形状态空间模型

$$\begin{cases}\begin{bmatrix}\dot{x}_1\\ \dot{x}_2\\ \dot{x}_3\end{bmatrix}=\begin{bmatrix}0 & 1 & 0\\ 0 & 0 & 1\\ -a_0 & -a_1 & -a_2\end{bmatrix}\begin{bmatrix}x_1\\ x_2\\ x_3\end{bmatrix}+\begin{bmatrix}0\\ 0\\ 1\end{bmatrix}u\\ y=[b_0\quad b_1\quad b_2]\begin{bmatrix}x_1\\ x_2\\ x_3\end{bmatrix}\end{cases}\tag{3.1.6}$$

验证该系统是状态完全能控的。

解　由于

$$\boldsymbol{AB}=\begin{bmatrix}0\\ 1\\ -a_2\end{bmatrix},\quad \boldsymbol{A}^2\boldsymbol{B}=\boldsymbol{A}(\boldsymbol{AB})=\begin{bmatrix}1\\ -a_2\\ -a_1+a_2^2\end{bmatrix}$$

故该系统的能控性判别矩阵为

$$\Gamma_c[\boldsymbol{A},\boldsymbol{B}]=\begin{bmatrix}0 & 0 & 1\\ 0 & 1 & -a_2\\ 1 & -a_2 & -a_1+a_2^2\end{bmatrix}$$

它是一个三角形矩阵，反对角线上的元素均为1。无论 a_1 和 a_2 取何值，以上矩阵的行列式都不等于零，因此，系统总是状态完全能控的。

该例子说明了能控标准形状态空间模型是能控的，同时由于其具有特殊的结构，故称其为能控标准形。能控标准形模型在控制系统设计中特别有用和方便。

例 3.1.5 判断线性定常系统

$$\dot{\boldsymbol{x}}=\begin{bmatrix}1 & 3 & 2\\ 0 & 2 & 0\\ 0 & 1 & 3\end{bmatrix}\boldsymbol{x}+\begin{bmatrix}2 & 1\\ 1 & 1\\ -1 & -1\end{bmatrix}\boldsymbol{u}$$

的能控性。其中，$\boldsymbol{x}$ 是3维的状态向量，$\boldsymbol{u}$ 是2维的控制向量。

解 系统的能控性矩阵为

$$\Gamma_c[\boldsymbol{A},\boldsymbol{B}]=[\boldsymbol{B}\quad \boldsymbol{AB}\quad \boldsymbol{A}^2\boldsymbol{B}]=\begin{bmatrix}2 & 1 & 3 & 2 & 5 & 4\\ 1 & 1 & 2 & 2 & 4 & 4\\ -1 & -1 & -2 & -2 & -4 & -4\end{bmatrix}$$

而

$$(\Gamma_c[\boldsymbol{A},\boldsymbol{B}])(\Gamma_c[\boldsymbol{A},\boldsymbol{B}])^{\mathrm{T}}=\begin{bmatrix}2 & 1 & 3 & 2 & 5 & 4\\ 1 & 1 & 2 & 2 & 4 & 4\\ -1 & -1 & -2 & -2 & -4 & -4\end{bmatrix}\begin{bmatrix}2 & 1 & -1\\ 1 & 1 & -1\\ 3 & 2 & -2\\ 2 & 2 & -3\\ 5 & 4 & -4\\ 4 & 4 & -4\end{bmatrix}$$

$$=\begin{bmatrix}59 & 49 & -49\\ 49 & 42 & -42\\ -49 & -42 & 42\end{bmatrix}$$

容易看到上式最后一个矩阵的第2和第3行成反比，因此该矩阵是奇异的。由 $\mathrm{rank}(\Gamma_c[\boldsymbol{A},\boldsymbol{B}])=\mathrm{rank}((\Gamma_c[\boldsymbol{A},\boldsymbol{B}])(\Gamma_c[\boldsymbol{A},\boldsymbol{B}])^{\mathrm{T}})$ 可得能控性矩阵 $\Gamma_c[\boldsymbol{A},\boldsymbol{B}]$ 的秩小于3，所以系统是不能控的。事实上，可以验证能控性矩阵 $\Gamma_c[\boldsymbol{A},\boldsymbol{B}]$ 的秩等于2。

对给定的状态空间模型(3.1.1)，MATLAB给出了求系统能控性矩阵的函数

```
ctrb(A,B)
```

因此，对于单输入的系统，可以根据

```
det(ctrb(A,B))
```

是否等于零来判别系统的能控性。而对多输入系统，可以用

```
det(ctrb(A,B) * ctrb(A,B)')
```

是否等于零来判别系统的能控性。当然这一方法也适用于单输入系统。也可以用秩函数

rank直接给出能控性矩阵的秩

```
rank(ctrb(A,B))
```

这一方法对单输入和多输入系统都是适合的。如对例 3.1.5,执行以下的 m-文件:

```
A=[1 3 2; 0 2 0; 0 1 3];
B=[2 1; 1 1; -1 -1];
rank(ctrb(A,B))
```

可得

```
ans =

     2
```

即能控性矩阵的秩等于 2,小于系统的阶数 3,故系统是不能控的。

尽管定理 3.1.1 是对连续时间状态空间模型导出的,但这个结论对离散时间系统也是成立的。

关于系统的能控性,有多种判别方法,以下再给出判别系统能控性的一种方法。

定理 3.1.2 系统(3.1.1)能控的充分必要条件是存在常数 $T>0$,使得 $n\times n$ 维矩阵

$$\boldsymbol{W}_{\mathrm{c}}(0,T)=\int_0^T \mathrm{e}^{-\boldsymbol{A}t}\boldsymbol{B}\boldsymbol{B}^{\mathrm{T}}\mathrm{e}^{-\boldsymbol{A}^{\mathrm{T}}t}\mathrm{d}t \tag{3.1.7}$$

是非奇异的。

证明 若系统(3.1.1)能控,则由定理 3.1.1 知 $\mathrm{rank}(\Gamma_{\mathrm{c}}[\boldsymbol{A},\boldsymbol{B}])=n$。若反设对任意的 $T>0$,由式(3.1.7)给出的矩阵 $\boldsymbol{W}_{\mathrm{c}}(0,T)$ 是奇异的,则存在非零向量 $\boldsymbol{\alpha}$,使得

$$\boldsymbol{\alpha}\boldsymbol{W}_{\mathrm{c}}(0,T)=\boldsymbol{0}$$

从而有

$$\alpha\boldsymbol{W}_{\mathrm{c}}(0,T)\boldsymbol{\alpha}^{\mathrm{T}}=\int_0^T \boldsymbol{\alpha}\,\mathrm{e}^{-\boldsymbol{A}t}\boldsymbol{B}\boldsymbol{B}^{\mathrm{T}}\mathrm{e}^{-\boldsymbol{A}^{\mathrm{T}}t}\boldsymbol{\alpha}^{\mathrm{T}}\mathrm{d}t=\int_0^T(\boldsymbol{\alpha}\,\mathrm{e}^{-\boldsymbol{A}t}\boldsymbol{B})(\boldsymbol{\alpha}\,\mathrm{e}^{-\boldsymbol{A}t}\boldsymbol{B})^{\mathrm{T}}\mathrm{d}t=0$$

由积分性质和上式可得

$$\boldsymbol{\alpha}\,\mathrm{e}^{-\boldsymbol{A}\tau}\boldsymbol{B}=\boldsymbol{0},\quad \tau\in[0,T]$$

在上式两端依次对 τ 求导,可得

$$\boldsymbol{\alpha}\,\mathrm{e}^{-\boldsymbol{A}\tau}\boldsymbol{A}\boldsymbol{B}=\boldsymbol{0}$$
$$\vdots$$
$$\boldsymbol{\alpha}\,\mathrm{e}^{-\boldsymbol{A}\tau}\boldsymbol{A}^{n-1}\boldsymbol{B}=\boldsymbol{0}$$

特别是在以上各等式中,令 $\tau=0$,可得 $\boldsymbol{\alpha}\boldsymbol{B}=\boldsymbol{\alpha}\boldsymbol{A}\boldsymbol{B}=\cdots=\boldsymbol{\alpha}\boldsymbol{A}^{n-1}\boldsymbol{B}=\boldsymbol{0}$,即 $\boldsymbol{\alpha}\Gamma_{\mathrm{c}}[\boldsymbol{A},\boldsymbol{B}]=\boldsymbol{0}$,这与条件 $\mathrm{rank}(\Gamma_{\mathrm{c}}[\boldsymbol{A},\boldsymbol{B}])=n$ 矛盾。因此,必存在常数 $T>0$,使得式(3.1.7)中的 $n\times n$ 维矩阵 $\boldsymbol{W}_{\mathrm{c}}(0,T)$ 是非奇异的。

反之,若存在常数 $T>0$,使得矩阵 $\boldsymbol{W}_{\mathrm{c}}(0,T)$ 是非奇异的,则对任意的初始状态 $\boldsymbol{x}_0$,在系统(3.1.1)中应用控制律

$$\boldsymbol{u}(t)=-\boldsymbol{B}^{\mathrm{T}}\mathrm{e}^{-\boldsymbol{A}^{\mathrm{T}}t}\boldsymbol{W}_{\mathrm{c}}^{-1}(0,T)\boldsymbol{x}_0 \tag{3.1.8}$$

可得

$$\begin{aligned}\boldsymbol{x}(T)&=\mathrm{e}^{\boldsymbol{A}T}\boldsymbol{x}_0+\int_0^T \mathrm{e}^{\boldsymbol{A}(T-\tau)}\boldsymbol{B}\boldsymbol{u}(\tau)\mathrm{d}\tau\\&=\mathrm{e}^{\boldsymbol{A}T}\boldsymbol{x}_0-\int_0^T \mathrm{e}^{\boldsymbol{A}(T-\tau)}\boldsymbol{B}\boldsymbol{B}^{\mathrm{T}}\mathrm{e}^{-\boldsymbol{A}^{\mathrm{T}}\tau}\mathrm{d}\tau\boldsymbol{W}_{\mathrm{c}}^{-1}(0,T)\boldsymbol{x}_0\end{aligned}$$

$$= e^{AT}\boldsymbol{x}_0 - e^{AT}\boldsymbol{W}_c(0,T)\boldsymbol{W}_c^{-1}(0,T)\boldsymbol{x}_0$$
$$= 0$$

根据定义 3.1.1,状态 $\boldsymbol{x}_0$ 是能控的。由于状态 $\boldsymbol{x}_0$ 的任意性,可知系统(3.1.1)是状态完全能控的。

从定理 3.1.2 的证明过程可以得到以下结论:

1. 若系统是能控的,则对任意的时间 $T>0$,由式(3.1.7)给出的矩阵 $\boldsymbol{W}_c(0,T)$都是非奇异的。

2. 若由式(3.1.7)给出的 $n\times n$ 维矩阵 $\boldsymbol{W}_c(0,T)$是非奇异的,则定理不仅证明了系统是能控的,而且还构造出了将闭环系统的初始状态 $\boldsymbol{x}_0$ 转移到零状态的一个具体控制信号(3.1.8)。进一步,在理论上可以证明该控制律是将初始状态 $\boldsymbol{x}_0$ 转移到零状态的所有控制律中能量消耗最小的控制律。

3. 若系统是能控的,则根据以上的结论 1,对任意的时间 $T>0$,矩阵 $\boldsymbol{W}_c(0,T)$都是非奇异的。根据结论 2,对任意给定的时间段$[0,T]$,都可以找到适当的控制律(3.1.8),使得系统状态从初始状态 $\boldsymbol{x}_0$ 转移到 T 时刻的零状态。

结论 3 意味着若系统是能控的,则将系统的非零初始状态转移到零状态的过程可以在任意短的时间内完成。这在实际中表示:一个空调系统可以在任意短的时间内将温度从 38℃调节到 25℃,一个电加热炉控制系统可以在任意短的时间内将温度从 30℃升到 800℃,一个水位系统可以在任意短的时间内将水位从 2m 调节到 1m,等等。显然,这些行为在实际中是行不通的。为什么会存在这种理论结果与实际应用之间的差异呢?仔细分析控制律(3.1.8)可以看出,T 越小,则控制律的参数越大,从而导致控制信号的幅值很大,这要求执行器的调节幅度要很大,从而使得在有限时间内完成这一控制作用所需要消耗的能量也很大。由于在实际过程中,执行器的调节幅度总是有限的(如阀门的开度等),能量供应也是有限制的。因此,这种理论方案在实际中就未必是可行的。另外,实际控制装置中执行器的有限调节幅度导致了称之为执行器饱和特性的现象。饱和特性的存在使得具有较大幅值的控制信号在实际中不能得到完全实现,从而也就不可能使得控制系统具有所期望的特性。正是这些问题的存在和提出,不断地推动着控制理论和技术的发展。

在具体应用中,要检验定理 3.1.2 的条件还是比较困难的,因为若要确定矩阵 $\boldsymbol{W}_c(0,T)$,必须求出积分(3.1.7)。但正如上面所分析的,它在理论上可以揭示系统能控性的一些性质,特别是给出了使得闭环系统具有给定状态转移的控制律解析表达式。另外,矩阵 $\boldsymbol{W}_c(0,T)$在线性系统的理论分析中也起着很重要的作用,因此,给它一个特别的名字——能控格拉姆(Gramian)矩阵。

式(3.1.8)给出的控制律是开环控制信号,它可以预先计算好,然后加入到系统中,这里没有引入反馈信号。

3.1.3 能控性的性质

根据定义 3.1.1,能控性概念是针对系统的一个具体状态空间模型来定义的,而描述系统的状态空间模型是不惟一的。那么,针对描述系统的不同状态空间模型,其能控性有什么关系呢?以下定理回答了这个问题。

定理 3.1.3 等价的状态空间模型具有相同的能控性。

证明 由第 2 章的知识可知，对状态空间模型(3.1.1)，它的等价状态空间模型具有如下形式：

$$\dot{\bar{x}} = \bar{A}\bar{x} + \bar{B}u$$
$$y = \bar{C}\bar{x} + \bar{D}u$$

其中，

$$\bar{A} = TAT^{-1},\quad \bar{B} = TB,\quad \bar{C} = CT^{-1},\quad \bar{D} = D$$

T 是任意的非奇异变换矩阵。利用以上的关系式，等价状态空间模型的能控性矩阵为

$$\begin{aligned}\Gamma_c[\bar{A},\bar{B}] &= [\bar{B}\quad \bar{A}\bar{B}\quad \cdots\quad \bar{A}^{n-1}\bar{B}]\\ &= [TB\quad TAT^{-1}TB\quad \cdots\quad (TAT^{-1})^{n-1}TB]\\ &= T[B\quad AB\quad \cdots\quad A^{n-1}B]\\ &= T\Gamma_c[A,B]\end{aligned}$$

由于矩阵 T 是非奇异的，故矩阵 $\Gamma_c[\bar{A},\bar{B}]$ 和 $\Gamma_c[A,B]$ 具有相同的秩，从而状态空间模型(3.1.1)和与它等价的任意状态空间模型具有相同的能控性。

从例 3.1.4 知道，系统的能控标准形是能控的，同时说明了能控标准形简单的结构特点使得其在控制系统设计中是特别有用的。那么对一般的能控状态空间模型(3.1.1)，是否可以找到一个适当的线性状态变换，将它等价变换到能控标准形呢？以下定理回答了这个问题。

定理 3.1.4 任意单输入系统的能控状态空间模型(3.1.1)都能等价变换成能控标准形。

证明 为了简化一些符号，这里只对 $n=3$ 的情况进行证明，实际上整个证明过程可以推广到任意 n 阶系统的情形。

矩阵 A 的特征多项式为

$$\lambda^3 + a_2\lambda^2 + a_1\lambda + a_0$$

由凯莱-哈密尔顿定理，

$$A^3 + a_2A^2 + a_1A + a_0I = 0$$

上式两边右乘矩阵 B，可得

$$A^3B + a_2A^2B + a_1AB + a_0B = 0$$

因此，

$$A^3B = -a_0B - a_1AB - a_2A^2B$$

据此可以得到以下的关系式：

$$A[B\quad AB\quad A^2B] = [B\quad AB\quad A^2B]\begin{bmatrix}0 & 0 & -a_0\\ 1 & 0 & -a_1\\ 0 & 1 & -a_2\end{bmatrix} \tag{3.1.9}$$

定义变换矩阵 $T=[B\quad AB\quad A^2B]$，

$$M = \begin{bmatrix}0 & 0 & -a_0\\ 1 & 0 & -a_1\\ 0 & 1 & -a_2\end{bmatrix}$$

由于系统是能控的，故矩阵 $\boldsymbol{T}$ 是可逆的。由式(3.1.9)可得

$$\boldsymbol{T}^{-1}\boldsymbol{A}\boldsymbol{T}=\boldsymbol{M} \tag{3.1.10}$$

进一步，由

$$\boldsymbol{B}=[\boldsymbol{B}\quad \boldsymbol{A}\boldsymbol{B}\quad \boldsymbol{A}^2\boldsymbol{B}]\begin{bmatrix}1\\0\\0\end{bmatrix}$$

可得

$$\boldsymbol{T}^{-1}\boldsymbol{B}=\begin{bmatrix}1\\0\\0\end{bmatrix}\triangleq\boldsymbol{N} \tag{3.1.11}$$

式(3.1.10)和式(3.1.11)说明了任意一个能控系统$(\boldsymbol{A},\boldsymbol{B})$都可以等价变换到一个特殊结构的状态空间模型$(\boldsymbol{M},\boldsymbol{N})$，但$(\boldsymbol{M},\boldsymbol{N})$还不是需要的能控标准形。记能控标准形的状态矩阵和输入矩阵为

$$\widetilde{\boldsymbol{A}}=\begin{bmatrix}0&1&0\\0&0&1\\-a_0&-a_1&-a_2\end{bmatrix},\quad \widetilde{\boldsymbol{B}}=\begin{bmatrix}0\\0\\1\end{bmatrix}$$

由例 3.1.4 的结论知$(\widetilde{\boldsymbol{A}},\widetilde{\boldsymbol{B}})$是能控的，故根据前面的讨论，它也可以等价地变换到$(\boldsymbol{M},\boldsymbol{N})$，即对矩阵$\widetilde{\boldsymbol{T}}=[\widetilde{\boldsymbol{B}}\quad \widetilde{\boldsymbol{A}}\widetilde{\boldsymbol{B}}\quad \widetilde{\boldsymbol{A}}^2\widetilde{\boldsymbol{B}}]$，有

$$\widetilde{\boldsymbol{T}}^{-1}\widetilde{\boldsymbol{A}}\widetilde{\boldsymbol{T}}=\boldsymbol{M},\quad \widetilde{\boldsymbol{T}}^{-1}\widetilde{\boldsymbol{B}}=\boldsymbol{N} \tag{3.1.12}$$

由式(3.1.10)、式(3.1.11)和式(3.1.12)，可得

$$\boldsymbol{T}^{-1}\boldsymbol{A}\boldsymbol{T}=\widetilde{\boldsymbol{T}}^{-1}\widetilde{\boldsymbol{A}}\widetilde{\boldsymbol{T}},\quad \boldsymbol{T}^{-1}\boldsymbol{B}=\widetilde{\boldsymbol{T}}^{-1}\widetilde{\boldsymbol{B}}$$

定义$\boldsymbol{W}=\widetilde{\boldsymbol{T}}\boldsymbol{T}^{-1}$，则

$$\boldsymbol{W}\boldsymbol{A}\boldsymbol{W}^{-1}=\widetilde{\boldsymbol{A}},\quad \boldsymbol{W}\boldsymbol{B}=\widetilde{\boldsymbol{B}}$$

这就是要证明的结论。

将能控对$(\boldsymbol{A},\boldsymbol{B})$等价变换到能控标准形$(\widetilde{\boldsymbol{A}},\widetilde{\boldsymbol{B}})$的步骤总结如下：

第 1 步：计算矩阵 $\boldsymbol{A}$ 的特征多项式

$$\lambda^n+a_{n-1}\lambda^{n-1}+\cdots+a_1\lambda+a_0$$

第 2 步：定义

$$\boldsymbol{T}=[\boldsymbol{B}\quad \boldsymbol{A}\boldsymbol{B}\quad \cdots\quad \boldsymbol{A}^{n-1}\boldsymbol{B}],\quad \widetilde{\boldsymbol{T}}=[\widetilde{\boldsymbol{B}}\quad \widetilde{\boldsymbol{A}}\widetilde{\boldsymbol{B}}\quad \cdots\quad \widetilde{\boldsymbol{A}}^{n-1}\widetilde{\boldsymbol{B}}]$$

令变换矩阵$\boldsymbol{W}=\widetilde{\boldsymbol{T}}\boldsymbol{T}^{-1}$，则$\boldsymbol{W}\boldsymbol{A}\boldsymbol{W}^{-1}=\widetilde{\boldsymbol{A}}$，$\boldsymbol{W}\boldsymbol{B}=\widetilde{\boldsymbol{B}}$。

例 3.1.6 已知

$$\boldsymbol{A}=\begin{bmatrix}1&2&0\\3&-1&1\\0&2&0\end{bmatrix},\quad \boldsymbol{B}=\begin{bmatrix}2\\1\\1\end{bmatrix}$$

验证$(\boldsymbol{A},\boldsymbol{B})$是能控的，并求将$(\boldsymbol{A},\boldsymbol{B})$等价变换到能控标准形$(\widetilde{\boldsymbol{A}},\widetilde{\boldsymbol{B}})$的变换矩阵。

解 求出能控性矩阵

$$T=\begin{bmatrix}2 & 4 & 16\\1 & 6 & 8\\1 & 2 & 12\end{bmatrix}$$

由于 $\det(\boldsymbol{T})\neq 0$，故 $(\boldsymbol{A},\boldsymbol{B})$ 是能控的。利用函数 poly，可求出矩阵 $\boldsymbol{A}$ 的特征多项式为

$$\lambda^3-9\lambda+2$$

据此可知能控标准形中的状态矩阵和输入矩阵为

$$\widetilde{\boldsymbol{A}}=\begin{bmatrix}0 & 1 & 0\\0 & 0 & 1\\-2 & 9 & 0\end{bmatrix},\quad \widetilde{\boldsymbol{B}}=\begin{bmatrix}0\\0\\1\end{bmatrix}$$

$$\widetilde{\boldsymbol{T}}=[\widetilde{\boldsymbol{B}}\quad \widetilde{\boldsymbol{A}}\widetilde{\boldsymbol{B}}\quad \widetilde{\boldsymbol{A}}^2\widetilde{\boldsymbol{B}}]=\begin{bmatrix}0 & 0 & 1\\0 & 1 & 0\\1 & 0 & 9\end{bmatrix}$$

因此，所要求的变换矩阵为

$$\boldsymbol{W}=\widetilde{\boldsymbol{T}}\boldsymbol{T}^{-1}=\begin{bmatrix}-0.125 & 0 & 0.25\\-0.125 & 0.25 & 0\\0.625 & -0.5 & 0.25\end{bmatrix}$$

以上这种将任一能控状态空间模型等价变换为能控标准形的方法在控制系统设计时是很有用的，因为这使得我们只要考虑能控标准形状态空间模型的设计问题就可以了。

对一个连续系统状态空间模型，可以通过采样得到该系统的离散化状态空间模型。那么，对一个能控的连续时间状态空间模型，其离散化后的离散时间状态空间模型是否仍然保持能控呢？以下的例子给出了否定的回答。

例 3.1.7 考虑由以下状态空间模型描述的一个连续系统：

$$\dot{\boldsymbol{x}}=\begin{bmatrix}0 & 1\\-\omega^2 & 0\end{bmatrix}\boldsymbol{x}+\begin{bmatrix}0\\1\end{bmatrix}u$$

判断该系统和其离散化状态空间模型的能控性。

解 由于该状态空间模型是能控标准形，故是能控的。

将状态方程离散化，设采样周期为 T，系统的状态转移矩阵为

$$\begin{aligned}\boldsymbol{\Phi}(t)&=L^{-1}[(s\boldsymbol{I}-\boldsymbol{A})^{-1}]\\&=L^{-1}\left(\begin{bmatrix}s & -1\\\omega^2 & s\end{bmatrix}^{-1}\right)=L^{-1}\left(\begin{bmatrix}\dfrac{s}{s^2+\omega^2} & \dfrac{1}{s^2+\omega^2}\\\dfrac{-\omega^2}{s^2+\omega^2} & \dfrac{s}{s^2+\omega^2}\end{bmatrix}\right)\\&=\begin{bmatrix}\cos\omega t & (\sin\omega t)/\omega\\-\omega\sin\omega t & \cos\omega t\end{bmatrix}\end{aligned}$$

根据 $\boldsymbol{G}=\mathrm{e}^{\boldsymbol{A}T}$，$\boldsymbol{H}=\int_0^T\mathrm{e}^{\boldsymbol{A}t}\boldsymbol{B}\,\mathrm{d}t$，可得系统的离散化状态方程为

$$\begin{aligned}\boldsymbol{x}(k+1)&=\boldsymbol{G}\boldsymbol{x}(k)+\boldsymbol{H}u(k)\\&=\begin{bmatrix}\cos\omega T & (\sin\omega T)/\omega\\-\omega\sin\omega T & \cos\omega T\end{bmatrix}\boldsymbol{x}(k)+\begin{bmatrix}\dfrac{1-\cos\omega T}{\omega^2}\\\dfrac{\sin\omega T}{\omega}\end{bmatrix}u(k)\end{aligned}$$

根据所得到的离散化状态方程，可以计算出能控性矩阵

$$\Gamma_c[\boldsymbol{G},\boldsymbol{H}]=\begin{bmatrix}\dfrac{1-\cos\omega T}{\omega^2} & \dfrac{\cos\omega T-\cos^2\omega T+\sin^2\omega T}{\omega^2}\\ \dfrac{\sin\omega T}{\omega} & \dfrac{2\sin\omega T\cos\omega T-\sin\omega T}{\omega}\end{bmatrix}$$

容易看到，当采样周期 $T=\dfrac{k\pi}{\omega}(k=1,2,\cdots)$时，以上能控性矩阵的第 2 行全为零，故该能控性矩阵不可能是满秩的，从而得到离散化状态空间模型是不能控的。

由这个例子看出：当离散化状态空间模型的采样周期选择不当时，就不能保证能控的连续时间状态空间模型离散化后的状态空间模型仍然是能控的，即采样可能破坏系统的能控性。

然而，只要采样周期足够小，就能够使得连续系统的性能得到较好的保持，从而也能保持原来系统的能控性。

3.1.4 输出能控性

在许多实际控制系统中，需要控制的往往是输出量，而不是系统的状态。对这种情况，系统的状态能控性对实现输出量的控制既不是必要的，也不是充分的。因此，有必要研究系统的输出能控性问题。

考虑以下状态空间模型

$$\begin{cases}\dot{\boldsymbol{x}}=\boldsymbol{A}\boldsymbol{x}+\boldsymbol{B}\boldsymbol{u}\\ \boldsymbol{y}=\boldsymbol{C}\boldsymbol{x}+\boldsymbol{D}\boldsymbol{u}\end{cases}\tag{3.1.13}$$

其中，$\boldsymbol{x}$ 是 n 维的状态向量，$\boldsymbol{u}$ 是 m 维的控制输入向量，$\boldsymbol{y}$ 是 p 维的输出向量，$\boldsymbol{A}$，$\boldsymbol{B}$，$\boldsymbol{C}$ 和 $\boldsymbol{D}$ 分别是已知适当维数的实常数矩阵。

对系统(3.1.13)，若对任意的初始输出 $\boldsymbol{y}_0$，存在有限时刻 T 和在时间段$[0,T]$上定义的控制信号 $\boldsymbol{u}(t)$，使得在该控制作用下，系统的输出从初始输出 $\boldsymbol{y}_0$ 转移到任意给定的最终输出 $\boldsymbol{y}(T)$，则系统称为是输出完全能控的，简称输出能控。

可以证明，系统 3.1.13 输出完全能控的充分必要条件是以下的 $p\times(nm+m)$维输出能控性矩阵

$$[\boldsymbol{CB}\quad \boldsymbol{CAB}\quad \boldsymbol{CA}^2\boldsymbol{B}\quad \cdots\quad \boldsymbol{CA}^{n-1}\boldsymbol{B}\quad \boldsymbol{D}]$$

是行满秩的，即其秩是 p。注意 p 为输出变量的个数。

例 3.1.8 判断以下系统的状态和输出能控性：

$$\dot{\boldsymbol{x}}=\begin{bmatrix}0 & 1\\ -1 & -2\end{bmatrix}\boldsymbol{x}+\begin{bmatrix}1\\ -1\end{bmatrix}u$$

$$y=[1\quad 0]\boldsymbol{x}$$

解 系统的状态能控性矩阵为

$$\Gamma_c[\boldsymbol{A},\boldsymbol{B}]=[\boldsymbol{B}\quad \boldsymbol{AB}]=\begin{bmatrix}1 & -1\\ -1 & 1\end{bmatrix}$$

由于 $\det(\Gamma_c[\boldsymbol{A},\boldsymbol{B}])=0$，故系统是状态不能控的。

系统的输出能控性矩阵

$$\boldsymbol{S}=[\boldsymbol{CB}\quad \boldsymbol{CAB}\quad \boldsymbol{D}]=[1\quad -1\quad 0]$$

显然，输出能控性矩阵 $\boldsymbol{S}$ 是行满秩的，故系统是输出能控的。

这个例子说明了系统的状态能控性和输出能控性没有必然的因果关系，即对任意一个系统，其输出能控不一定状态能控。另一方面，状态能控也不一定输出能控。

要判断一个系统的能控性，只需要检验其能控性矩阵是否满秩。对一个单输入系统，只有在其能控性矩阵的行列式等于零时，该系统才是不能控的。而使一个矩阵的行列式等于零的参数是有限的，即矩阵 $\boldsymbol{A}$ 和 $\boldsymbol{B}$ 中元素的任意小摄动都可能使得能控性矩阵的行列式不等于零，从而使得对应系统是能控的。然而在描述实际系统的模型中，尽管其中的一些参数可能是近似的，但其他的一些参数(通常是 0 和 1)是由系统结构确定的(如能控标准形的状态矩阵中，除了最后一行以外的参数都是结构参数 0 和 1)。因此，并不能够通过参数的摄动来导出系统的能控性，这就涉及到系统结构能控性概念。限于篇幅，在此不再详细介绍这些内容。

3.2 系统的能观性

系统状态刻画了系统的全部动态行为，是系统的内部变量。之所以称状态为内部变量，是因为在实际系统中，状态变量未必都可以从外部直接测量得到。这有两方面的原因，其一是由于现在检测手段的限制，一些物理量还很难精确检测到。第二个原因是一些状态变量根本就不是物理量，因此就谈不上对它进行测量。然而，在系统设计中，我们又希望利用描述系统全部动态行为的状态信息来构造反馈控制器，以使得闭环系统具有尽可能满意的性能。但在一个实际系统中，所有的状态信息又不总是都能直接测量得到，能够测量的只是系统的输出。如何来解决这个矛盾呢?

状态空间模型中的输出方程建立起了系统的状态变量和输出量之间的关系，从而，系统的输出信号中或多或少总包含有系统状态的信息。那么，是否可以通过观测一段时间内的测量输出信号，或者再结合外加的输入信号(因为输出方程中的输出有时也依赖输入信号)来确定出之前某个时刻的状态呢? 这就是系统状态能否从外部观测或估计的问题，简称为系统状态能观性问题。

在讨论能观性条件时，此处只考虑零输入系统，即

$$\begin{cases}\dot{\boldsymbol{x}}=\boldsymbol{A}\boldsymbol{x}\\ \boldsymbol{y}=\boldsymbol{C}\boldsymbol{x}\end{cases}\tag{3.2.1}$$

其中，$\boldsymbol{x}$ 是 n 维的系统状态向量，$\boldsymbol{y}$ 是 p 维的测量输出，$\boldsymbol{A}$ 和 $\boldsymbol{C}$ 分别是已知的 $n\times n$ 维和 $p\times n$ 维常数矩阵，$\boldsymbol{x}_0$ 是 $t=0$ 时刻的初始状态向量。

之所以只考虑零输入系统，是因为能观性问题考虑的是用外部的已知信号来估计内部的未知状态。由第 2 章的系统运动分析结论可知，从系统状态空间模型(3.1.13)可得

$$\boldsymbol{x}(t)=\mathrm{e}^{\boldsymbol{A}t}\boldsymbol{x}(0)+\int_0^t \mathrm{e}^{\boldsymbol{A}(t-\tau)}\boldsymbol{B}\boldsymbol{u}(\tau)\mathrm{d}\tau$$

从而

$$y(t)=Ce^{At}x(0)+C\int_0^t e^{A(t-\tau)}Bu(\tau)d\tau+Du(t)$$

由于矩阵 A,B,C 和 D 均为已知，$u(t)$ 也已知，所以上式右端的最后两项为已知，将它们移到等式的左边，可得

$$y(t)-C\int_0^t e^{A(t-\tau)}Bu(\tau)d\tau-Du(t)=Ce^{At}x(0)$$

上式左边是已知信号，而右边是待估计的状态 $x(0)$ 的线性组合。这和状态空间模型(3.2.1)得到的输出 $y(t)=Ce^{At}x(0)$ 没有本质区别，即通过左边的已知信号来估计右边的未知状态 $x(0)$。因此，在研究系统的能观性问题时，只需考虑零输入系统的状态空间模型(3.2.1)就可以了。

定义 3.2.1 对系统(3.2.1)，若以非零初始状态 x_0 产生的输出响应恒为零，即对所有的时间 t，

$$y(t)=Cx(t)=0$$

则称状态 x_0 是不能观的。若系统(3.2.1)中没有不能观的状态(零状态除外)，则称系统是状态完全能观的，简称是能观的，有时也称矩阵对 (C,A) 是能观的。

系统的输出恒为零表明自治系统在非零初始状态 x_0 的激励下仍然是静止的，初始状态对系统输出响应没有任何影响，即在系统输出中不能反映状态 x_0 的任何信息。根据定义，这样的状态 x_0 是不能观的。

例 3.2.1 考虑以下状态空间模型描述的系统

$$\dot{x}=\begin{bmatrix}-2 & 0\\ 0 & -1\end{bmatrix}x$$

$$y=\begin{bmatrix}3 & 0\end{bmatrix}x$$

检验状态 $\bar{x}=\begin{bmatrix}0 & 1\end{bmatrix}^T$ 的能观性。

解 由于

$$y(t)=Ce^{At}\bar{x}=\begin{bmatrix}3 & 0\end{bmatrix}\begin{bmatrix}e^{-2t} & 0\\ 0 & e^{-t}\end{bmatrix}\begin{bmatrix}0\\ 1\end{bmatrix}=\begin{bmatrix}3e^{-2t} & 0\end{bmatrix}\begin{bmatrix}0\\ 1\end{bmatrix}=0$$

对所有的时间 t 成立，根据定义 3.2.1，状态 $\bar{x}$ 是不能观的。

要根据定义来判别一个状态的能观与否，需要求出状态方程的解。显然，对一般的系统，这样的判别方法是非常复杂的，甚至是不可行的。以下给出刻画系统状态不能观的一个性质。

引理 3.2.1 若 x_0 是系统(3.2.1)的一个不能观状态，则

$$\begin{bmatrix}C\\ CA\\ \vdots\\ CA^{n-1}\end{bmatrix}x_0=0 \tag{3.2.2}$$

证明 根据系统的运动分析，在任意时刻 t，系统(3.2.1)以 $x(0)=x_0$ 为初始条件的状态 $x(t)=e^{At}x_0$。由于 x_0 是不能观的，故对所有时间 t，必定有

$$Ce^{At}x_0\equiv 0 \tag{3.2.3}$$

在上式两边对时间 t 连续进行微分，并利用矩阵指数函数的性质，可得

$$\begin{cases} \boldsymbol{CA}\mathrm{e}^{\boldsymbol{A}t}\boldsymbol{x}_0 = \boldsymbol{0} \\ \boldsymbol{CA}^2\mathrm{e}^{\boldsymbol{A}t}\boldsymbol{x}_0 = \boldsymbol{0} \\ \quad\vdots \\ \boldsymbol{CA}^{n-1}\mathrm{e}^{\boldsymbol{A}t}\boldsymbol{x}_0 = \boldsymbol{0} \end{cases} \tag{3.2.4}$$

在式(3.2.3)和式(3.2.4)中,令 $t=0$ 即可得到引理的结论。

式(3.2.2)是一个具有 n 个变量、np 个方程的线性方程组。根据引理 3.2.1,若 $\boldsymbol{x}_0$ 是系统(3.2.1)的一个不能观状态,那么它一定是线性方程组(3.2.2)的一个解。反过来,若线性方程组(3.2.2)没有任何的非零解,即只有零解,那么任何非零的状态都不是不能观的。根据定义 3.2.1,此时,系统(3.2.1)就是状态完全能观的。而从线性方程组的知识可知,线性方程组(3.2.2)只有零解的充分必要条件为

$$\operatorname{rank}\begin{bmatrix} \boldsymbol{C} \\ \boldsymbol{CA} \\ \vdots \\ \boldsymbol{CA}^{n-1} \end{bmatrix} = n \tag{3.2.5}$$

由此可以得到一个系统是否能观的判别条件:

定理 3.2.1 系统(3.2.1)状态完全能观的充分必要条件是式(3.2.5)成立。

根据定理 3.2.1,要判断一个系统是否能观,只要检验一个矩阵的秩是否等于该矩阵的列数(也就是状态的个数),或者说该矩阵是否是列满秩的。类似于能控性矩阵,称矩阵

$$\begin{bmatrix} \boldsymbol{C} \\ \boldsymbol{CA} \\ \vdots \\ \boldsymbol{CA}^{n-1} \end{bmatrix}$$

是系统的能观性矩阵,并记成 $\Gamma_o[\boldsymbol{A},\boldsymbol{C}]$。

例 3.2.2 判断以下系统的能观性:

$$\dot{\boldsymbol{x}} = \begin{bmatrix} 2 & 0 \\ -1 & 1 \end{bmatrix}\boldsymbol{x}$$
$$y = [1 \quad 1]\boldsymbol{x}$$

解 由于 $\boldsymbol{CA}=[1 \quad 1]$,故能观性矩阵

$$\Gamma_o[\boldsymbol{A},\boldsymbol{C}] = \begin{bmatrix} \boldsymbol{C} \\ \boldsymbol{CA} \end{bmatrix} = \begin{bmatrix} 1 & 1 \\ 1 & 1 \end{bmatrix}$$

由于该矩阵的两列相同,故不可能是列满秩的。因此系统是不能观的。

例 3.2.3 考虑例 3.1.2 中的倒立摆系统,假定只有小车的位置是可以直接测量的,则系统线性化后的状态空间模型为

$$\dot{\boldsymbol{x}} = \boldsymbol{Ax} + \boldsymbol{B}u = \begin{bmatrix} 0 & 1 & 0 & 0 \\ 0 & 0 & -1 & 0 \\ 0 & 0 & 0 & 1 \\ 0 & 0 & 11 & 0 \end{bmatrix}\boldsymbol{x} + \begin{bmatrix} 0 \\ 1 \\ 0 \\ -1 \end{bmatrix}u$$
$$y = \boldsymbol{Cx} = [1 \quad 0 \quad 0 \quad 0]\boldsymbol{x}$$

其中，$\boldsymbol{x}=[y \quad \dot{y} \quad \theta \quad \dot{\theta}]^{\mathrm{T}}$ 是系统的状态向量，θ 是摆杆的偏移角，y 是小车的位移，u 是作用在小车上的力。试分析该系统的状态能观性。

解　通过计算可以得到系统的能观性矩阵为

$$\Gamma_{\mathrm{o}}[\boldsymbol{A},\boldsymbol{C}]=\begin{bmatrix}\boldsymbol{C}\\ \boldsymbol{CA}\\ \boldsymbol{CA}^2\\ \boldsymbol{CA}^3\end{bmatrix}=\begin{bmatrix}1 & 0 & 0 & 0\\ 0 & 1 & 0 & 0\\ 0 & 0 & -1 & 0\\ 0 & 0 & 0 & -1\end{bmatrix}$$

显然，该能观性矩阵是非奇异的，因此，系统是状态完全能观的。

由于系统的测量信号是小车的位移，系统的能观性表明了可以通过观测系统中小车的位移信号来确定系统中小车的速度，摆杆的偏移角和角速度等信息。

MATLAB 软件提供了产生系统能观性矩阵的函数 obsv，它的一般形式为

```
obsv(A,C)
```

类似于能控格拉姆矩阵，定义以下的能观格拉姆矩阵：

$$\boldsymbol{W}_{\mathrm{o}}(0,T)=\int_0^T \mathrm{e}^{\boldsymbol{A}^{\mathrm{T}}t}\boldsymbol{C}^{\mathrm{T}}\boldsymbol{C}\mathrm{e}^{\boldsymbol{A}t}\mathrm{d}t \tag{3.2.6}$$

和系统能控性对应，可以证明：系统(3.2.1)完全能观的充分必要条件是 $\boldsymbol{W}_{\mathrm{o}}(0,T)$ 为非奇异矩阵。特别是，我们有如下结论：

定理 3.2.2　若对某个常数 T，矩阵 $\boldsymbol{W}_{\mathrm{o}}(0,T)$ 是非奇异的，则系统(3.2.1)的初始状态 $\boldsymbol{x}(0)=\boldsymbol{x}_0$ 可以用时间段 $[0,T]$ 上的输出信号 $\boldsymbol{y}(t)$ 来确定：

$$\boldsymbol{x}_0=\int_0^T \boldsymbol{W}_{\mathrm{o}}^{-1}(0,T)\mathrm{e}^{\boldsymbol{A}^{\mathrm{T}}t}\boldsymbol{C}^{\mathrm{T}}\boldsymbol{y}(t)\mathrm{d}t \tag{3.2.7}$$

证明　由于 $\boldsymbol{y}(t)=\boldsymbol{C}\mathrm{e}^{\boldsymbol{A}t}\boldsymbol{x}_0$，故

$$\begin{aligned}\int_0^T \boldsymbol{W}_{\mathrm{o}}^{-1}(0,T)\mathrm{e}^{\boldsymbol{A}^{\mathrm{T}}t}\boldsymbol{C}^{\mathrm{T}}\boldsymbol{y}(t)\mathrm{d}t &= \boldsymbol{W}_{\mathrm{o}}^{-1}(0,T)\int_0^T \mathrm{e}^{\boldsymbol{A}^{\mathrm{T}}t}\boldsymbol{C}^{\mathrm{T}}\boldsymbol{C}\mathrm{e}^{\boldsymbol{A}t}\mathrm{d}t\boldsymbol{x}_0\\ &= \boldsymbol{W}_{\mathrm{o}}^{-1}(0,T)\boldsymbol{W}_{\mathrm{o}}(0,T)\boldsymbol{x}_0=\boldsymbol{x}_0\end{aligned}$$

定理结论得证。

定理 3.2.2 给出了用时间段 $[0,T]$ 上的输出信号 $\boldsymbol{y}(t)$ 来确定一个能观状态 $\boldsymbol{x}_0$ 的构造性方法。类似于系统的能控性，定理 3.2.1 给出的系统能观性判据并不依赖终端时间 T。因此，若系统是能观的，则对任意的终端时间 T，矩阵 $\boldsymbol{W}_{\mathrm{o}}(0,T)$ 都是非奇异的。根据定理 3.2.2，可以用任意时间间隔 $[0,T]$ 上的输出 $\boldsymbol{y}(t)$ 通过式(3.2.7)来确定能观状态 $\boldsymbol{x}(0)=\boldsymbol{x}_0$。然而，到 T 值太小时，式(3.2.7)中的被积函数在物理上可能是不能实现的。

3.3　能控能观性的对偶原理

通过仔细观察系统的能控性判别条件和能观性判别条件，可以发现它们之间有着一定的相似性。

定理 3.3.1　$(\boldsymbol{A},\boldsymbol{B})$ 是能控的当且仅当 $(\boldsymbol{B}^{\mathrm{T}},\boldsymbol{A}^{\mathrm{T}})$ 是能观的。

证明　根据能控性的判别条件，$(\boldsymbol{A},\boldsymbol{B})$ 是能控的充分必要条件是 $\mathrm{rank}\Gamma_{\mathrm{c}}[\boldsymbol{A},\boldsymbol{B}]=n$，而

$$\begin{aligned}\Gamma_c[\boldsymbol{A},\boldsymbol{B}] &= [\boldsymbol{B} \quad \boldsymbol{AB} \quad \cdots \quad \boldsymbol{A}^{n-1}\boldsymbol{B}] \\ &= ([\boldsymbol{B} \quad \boldsymbol{AB} \quad \cdots \quad \boldsymbol{A}^{n-1}\boldsymbol{B}]^{\mathrm{T}})^{\mathrm{T}} \\ &= \left(\begin{bmatrix} \boldsymbol{B}^{\mathrm{T}} \\ \boldsymbol{B}^{\mathrm{T}}\boldsymbol{A}^{\mathrm{T}} \\ \vdots \\ \boldsymbol{B}^{\mathrm{T}}(\boldsymbol{A}^{\mathrm{T}})^{n-1} \end{bmatrix}\right)^{\mathrm{T}} \\ &= (\Gamma_o[\boldsymbol{A}^{\mathrm{T}},\boldsymbol{B}^{\mathrm{T}}])^{\mathrm{T}}\end{aligned}$$

由于一个矩阵的秩和其转置矩阵的秩是相同的，故 $\mathrm{rank}(\Gamma_o[\boldsymbol{A}^{\mathrm{T}},\boldsymbol{B}^{\mathrm{T}}])=n$，当且仅当 $\mathrm{rank}(\Gamma_c[\boldsymbol{A},\boldsymbol{B}])=n$。这就证明了$(\boldsymbol{B}^{\mathrm{T}},\boldsymbol{A}^{\mathrm{T}})$能观的充分必要条件是$(\boldsymbol{A},\boldsymbol{B})$能控。

根据这个定理，介绍由卡尔曼提出的能控能观性对偶原理。

考虑系统

$$\begin{cases}\dot{\boldsymbol{x}} = \boldsymbol{Ax} + \boldsymbol{Bu} \\ \boldsymbol{y} = \boldsymbol{Cx}\end{cases} \tag{3.3.1}$$

其中，$\boldsymbol{x}$ 是 n 维的状态向量，$\boldsymbol{u}$ 是 m 维的控制输入向量，$\boldsymbol{y}$ 是 p 维的测量输出向量，$\boldsymbol{A}$,$\boldsymbol{B}$ 和 $\boldsymbol{C}$ 分别是 $n\times n$,$n\times m$,$p\times n$ 维的实常数矩阵。利用该模型的系数矩阵定义

$$\begin{cases}\dot{\boldsymbol{z}} = \boldsymbol{A}^{\mathrm{T}}\boldsymbol{z} + \boldsymbol{C}^{\mathrm{T}}\boldsymbol{v} \\ \boldsymbol{w} = \boldsymbol{B}^{\mathrm{T}}\boldsymbol{z}\end{cases} \tag{3.3.2}$$

其中，$\boldsymbol{z}$ 是 n 维的状态向量，$\boldsymbol{w}$ 是 m 维的输出向量，$\boldsymbol{v}$ 是 p 维的输入向量。

从第 1 章可知：系统(3.3.1)和系统(3.3.2)是互为对偶的系统。

能控能观性对偶原理 系统(3.3.1)能控(能观)当且仅当对偶系统(3.3.2)是能观(能控)的。

例 3.3.1 验证能观标准形系统

$$\dot{\tilde{\boldsymbol{x}}} = \begin{bmatrix} 0 & 0 & -a_0 \\ 1 & 0 & -a_1 \\ 0 & 1 & -a_2 \end{bmatrix}\tilde{\boldsymbol{x}} + \begin{bmatrix} b_0 \\ b_1 \\ b_2 \end{bmatrix} v$$

$$w = [0 \quad 0 \quad 1]\tilde{\boldsymbol{x}}$$

是能观的。

证明 该能观标准形系统的对偶系统为

$$\dot{\boldsymbol{x}} = \begin{bmatrix} 0 & 1 & 0 \\ 0 & 0 & 1 \\ -a_0 & -a_1 & -a_2 \end{bmatrix}\boldsymbol{x} + \begin{bmatrix} 0 \\ 0 \\ 1 \end{bmatrix} u$$

$$y = [b_0 \quad b_1 \quad b_2]\boldsymbol{x}$$

由例 3.1.4 的结论知：该对偶系统是能控的。故由对偶原理可得原系统是能观的。

读者也可以根据定理 3.2.1 提供的能观性矩阵是否列满秩的判据来判别能观标准形系统的能观性问题。

能控性和能观性的对偶原理是线性系统中十分重要的性质。利用这种对偶关系，针对每一个有关系统能控性的性质，必定存在与它对偶的有关能观性的性质。例如，等价的状态空间模型具有相同的能控性，由对偶原理就可推出等价的状态空间模型也具有相同

的能观性；任一能控状态空间模型都可以等价变换到能控标准形，则任一能观状态空间模型也可以等价变换到能观标准形。借助于对偶系统的对偶关系，可以把所要研究的问题转化为对其对偶系统的对偶性质来研究，而后者常常是比较容易解决或已解决的问题。

3.4 基于传递函数的能控能观性条件

系统的能控性和能观性是描述系统内部特性的概念，它们和描述系统外部特征的传递函数有什么关系呢？以下首先来看一个例子。

例 3.4.1　考虑一个线性时不变系统，其能控标准形的状态空间模型为

$$\begin{cases}\dot{\boldsymbol{x}}=\begin{bmatrix}0 & 1\\ -0.4 & -1.3\end{bmatrix}\boldsymbol{x}+\begin{bmatrix}0\\ 1\end{bmatrix}u\\ y=\begin{bmatrix}0.8 & 1\end{bmatrix}\boldsymbol{x}\end{cases}\tag{3.4.1}$$

它的能观标准形的状态空间模型为

$$\begin{cases}\dot{\bar{\boldsymbol{x}}}=\begin{bmatrix}0 & -0.4\\ 1 & -1.3\end{bmatrix}\bar{\boldsymbol{x}}+\begin{bmatrix}0.8\\ 1\end{bmatrix}u\\ y=\begin{bmatrix}0 & 1\end{bmatrix}\bar{\boldsymbol{x}}\end{cases}\tag{3.4.2}$$

证明由能控标准形模型(3.4.1)给出的系统是能控但不能观的，而由能观标准形模型(3.4.2)给出的系统是不能控但能观的。试解释这同一个系统的不同状态空间模型描述所带来的能控性和能观性方面显著差异的原因。

解　状态空间模型(3.4.1)是能控标准形，故是能控的。另一方面，其能观性矩阵

$$\Gamma_o[\boldsymbol{A},\boldsymbol{C}]=\begin{bmatrix}\boldsymbol{C}\\ \boldsymbol{CA}\end{bmatrix}=\begin{bmatrix}0.8 & 1\\ -0.4 & -0.5\end{bmatrix}$$

它的行列式等于零，故系统是不能观的。

其次，考虑状态空间模型(3.4.2)，其能控性矩阵为

$$\Gamma_c[\boldsymbol{A},\boldsymbol{B}]=[\boldsymbol{B}\quad \boldsymbol{AB}]=\begin{bmatrix}0.8 & -0.4\\ 1 & -0.5\end{bmatrix}$$

它的行列式等于零，故系统是不能控的。而该状态空间模型的能观性矩阵

$$\Gamma_o[\boldsymbol{A},\boldsymbol{C}]=\begin{bmatrix}\boldsymbol{C}\\ \boldsymbol{CA}\end{bmatrix}=\begin{bmatrix}0 & 1\\ 1 & -1.3\end{bmatrix}$$

的行列式不等于零，故系统是能观的。

同一个系统由于采用了不同的状态空间模型来描述就出现了能控性和能观性之间的明显差异，这是为什么呢？为此我们来考虑系统的传递函数。从状态空间模型(3.4.1)可以得

$$\begin{aligned}G(s)&=\boldsymbol{C}(s\boldsymbol{I}-\boldsymbol{A})^{-1}\boldsymbol{B}\\ &=[0.8\quad 1]\begin{bmatrix}s & -1\\ 0.4 & s+1.3\end{bmatrix}^{-1}\begin{bmatrix}0\\ 1\end{bmatrix}\\ &=\frac{1}{s^2+1.3s+0.4}[0.8\quad 1]\begin{bmatrix}s+13 & 1\\ -0.4 & s\end{bmatrix}\begin{bmatrix}0\\ 1\end{bmatrix}\end{aligned}$$

$$= \frac{s+0.8}{(s+0.8)(s+0.5)}$$

注意，该传递函数也可以利用状态空间模型(3.4.2)得到。在以上传递函数中，分子分母有一个公因式 $s+0.8$，该公因式可以在传递函数中约去，从而使得系统的维数降低。这种相约现象称为是传递函数的零极相消。正是这种传递函数的零极相消导致了系统能控性、或能观性、或能控和能观性的缺失。至于缺失的究竟是系统的能控性、还是能观性、还是能控能观性则取决于状态变量的选取。

那么系统传递函数的零极相消与系统能控性和能观性之间究竟有什么关系呢？以下通过一个特殊的例子来进行分析。

考虑由以下对角标准形状态空间模型描述的系统：

$$\begin{cases} \dot{\boldsymbol{x}} = \begin{bmatrix} \lambda_1 & 0 & 0 \\ 0 & \lambda_2 & 0 \\ 0 & 0 & \lambda_3 \end{bmatrix} \boldsymbol{x} + \begin{bmatrix} \alpha_1 \\ \alpha_2 \\ \alpha_3 \end{bmatrix} u \\ y = [\beta_1 \quad \beta_2 \quad \beta_3] \boldsymbol{x} \end{cases} \tag{3.4.3}$$

其中 λ_1，λ_2 和 λ_3 是互不相同的。

1. 在 $C(sI-A)^{-1}B$ 中的零极相消

系统(3.4.3)的传递函数为

$$G(s) = \boldsymbol{C}(s\boldsymbol{I}-\boldsymbol{A})^{-1}\boldsymbol{B} = \sum_{i=1}^{3} \frac{\alpha_i \beta_i}{s-\lambda_i} \tag{3.4.4}$$

要使 λ_1，λ_2 和 λ_3 是传递函数(3.4.4)的极点，即传递函数(3.4.4)中不存在零极相消当且仅当 $\alpha_i \neq 0$ 和 $\beta_i \neq 0$。容易检验使得系统(3.4.3)能控的充分必要条件是 $\alpha_i \neq 0$，而使系统(3.4.3)能观的充分必要条件是 $\beta_i \neq 0$。因此，系统(3.4.3)是能控能观的充分必要条件是传递函数(3.4.4)中不存在零极相消。反之，若传递函数(3.4.4)中出现零极相消，则系统(3.4.3)或是不能控的，或是不能观的，或是既不能控也不能观的。

2. 在 $(sI-A)^{-1}B$ 中的零极相消

根据状态方程可以分析控制输入对系统状态的制约能力，从而得出系统是否能控的结论。因此，是否也可以根据从控制输入到状态的传递函数中是否存在零极相消现象来判别系统的能控性呢？以下仍然通过系统(3.4.3)来分析。

系统(3.4.3)的从控制输入到状态的传递函数为

$$(s\boldsymbol{I}-\boldsymbol{A})^{-1}\boldsymbol{B} = \begin{bmatrix} \frac{1}{s-\lambda_1} & 0 & 0 \\ 0 & \frac{1}{s-\lambda_2} & 0 \\ 0 & 0 & \frac{1}{s-\lambda_3} \end{bmatrix} \begin{bmatrix} \alpha_1 \\ \alpha_2 \\ \alpha_3 \end{bmatrix}$$

$$= \begin{bmatrix} \alpha_1/(s-\lambda_1) \\ \alpha_2/(s-\lambda_2) \\ \alpha_3/(s-\lambda_3) \end{bmatrix}$$

$$= \frac{1}{(s-\lambda_1)(s-\lambda_2)(s-\lambda_3)}\begin{bmatrix}\alpha_1(s-\lambda_2)(s-\lambda_3)\\ \alpha_2(s-\lambda_1)(s-\lambda_3)\\ \alpha_3(s-\lambda_1)(s-\lambda_2)\end{bmatrix} \tag{3.4.5}$$

要使 λ_1，λ_2 和 λ_3 是传递函数(3.4.5)的极点，即传递函数(3.4.5)中不存在零极相消当且仅当 $\alpha_i \neq 0$，而系统(3.4.3)能控的充分必要条件是 $\alpha_i \neq 0$。因此，系统(3.4.3)是能控的充分必要条件是传递函数(3.4.5)中不存在零极相消。反之，若传递函数(3.4.5)中出现零极相消，则系统(3.4.3)就是不能控的。

3. 在 $C(sI-A)^{-1}$ 中的零极相消

系统的能观性是由系统输出反映系统状态信息的能力。为此，考虑从系统状态到输出的传递函数 $\boldsymbol{C}(s\boldsymbol{I}-\boldsymbol{A})^{-1}$。以系统(3.4.3)为例，类似前面的分析可得，系统(3.4.3)能观的充分必要条件是传递函数 $\boldsymbol{C}(s\boldsymbol{I}-\boldsymbol{A})^{-1}$ 中不存在零极相消。反之，若传递函数 $\boldsymbol{C}(s\boldsymbol{I}-\boldsymbol{A})^{-1}$ 中有零极相消现象，则系统(3.4.3)是不能观的。

以上以对角标准形为例得出了系统的能控性和能观性与对应传递函数是否存在零极相消现象之间的关系，可以证明所得出的结论对任意形式状态空间模型所描述的单输入单输出系统都是适用的。由此得到了基于传递函数的系统能控能观性判别方法。

例 3.4.2　考虑状态方程

$$\dot{\boldsymbol{x}} = \begin{bmatrix}-4 & 0\\ 1 & -2\end{bmatrix}\boldsymbol{x} + \begin{bmatrix}-2\\ 1\end{bmatrix}u$$

判别系统的能控性。

解　系统能控性矩阵

$$\Gamma_c[\boldsymbol{A},\boldsymbol{B}] = \begin{bmatrix}-2 & 8\\ 1 & -4\end{bmatrix}$$

的秩为 1，故系统是不能控的。另一方面，系统从控制输入到状态的传递函数为

$$(s\boldsymbol{I}-\boldsymbol{A})^{-1}\boldsymbol{B} = \frac{1}{(s+2)(s+4)}\begin{bmatrix}-2(s+2)\\ s+2\end{bmatrix}$$

容易看到，该传递函数矩阵中存在零极相消，消去的极点是−2。因此，系统是不能控的。

习　题

3.1　何为状态的能控性？怎样判别线性时不变系统的能控性？能控性在系统设计中有什么作用？

3.2　判断系统

$$\dot{\boldsymbol{x}} = \boldsymbol{A}\boldsymbol{x} + \boldsymbol{B}u$$

的能控性。其中，

(1) $\boldsymbol{A}=\begin{bmatrix}1 & 0\\ -1 & 0\end{bmatrix}$，　$\boldsymbol{B}=\begin{bmatrix}1\\ 0\end{bmatrix}$；

(2) $A=\begin{bmatrix}0 & 1 & 0\\ 0 & 0 & 1\\ -2 & -4 & -3\end{bmatrix}$，$B=\begin{bmatrix}1 & 0\\ 0 & 1\\ -1 & 1\end{bmatrix}$；

(3) $A=\begin{bmatrix}-3 & 1 & 0\\ 0 & -3 & 0\\ 0 & 0 & -1\end{bmatrix}$，$B=\begin{bmatrix}1 & -1\\ 0 & 0\\ 2 & 0\end{bmatrix}$；

(4) $A=\begin{bmatrix}\lambda_1 & 1 & 0 & 0\\ 0 & \lambda_1 & 0 & 0\\ 0 & 0 & \lambda_1 & 0\\ 0 & 0 & 0 & \lambda_1\end{bmatrix}$，$B=\begin{bmatrix}0\\ 1\\ 1\\ 1\end{bmatrix}$。

3.3　考虑系统

$$\dot{x}=\begin{bmatrix}\lambda_1 & & & \mathbf{0}\\ & \lambda_2 & & \\ & & \ddots & \\ \mathbf{0} & & & \lambda_n\end{bmatrix}x+Bu$$

若 λ_i 都是各不相同的，则该系统是能控的充分必要条件是矩阵 B 不包含元素全为零的行。(注：这一方法的优点在于将不能控的那部分状态确定出来，并且这一方法可以应用到具有 n 个互不相同特征值状态矩阵的状态空间模型)

3.4　若 x_1 和 x_2 是系统的能控状态，则对任意的常数 α 和 β，状态 $\alpha x_1+\beta x_2$ 也是能控的。

3.5　若系统(3.1.1)是能控的，则对任意的状态 x_0 和 x_T，试求一个控制律，使得系统状态从 $x(0)=x_0$ 转移 $x(T)=x_T$。(这说明了只要系统是能控的，则总可以找到适当的控制律，使得系统从初始状态转移到任意给定的状态。)

3.6　若系统是能控的，则对任意的时间 $T>0$，由式(3.1.7)给出的矩阵 $W_c(0,T)$ 都是非奇异的。

3.7　考虑题图 3.1 中由两辆小车所组成的系统。

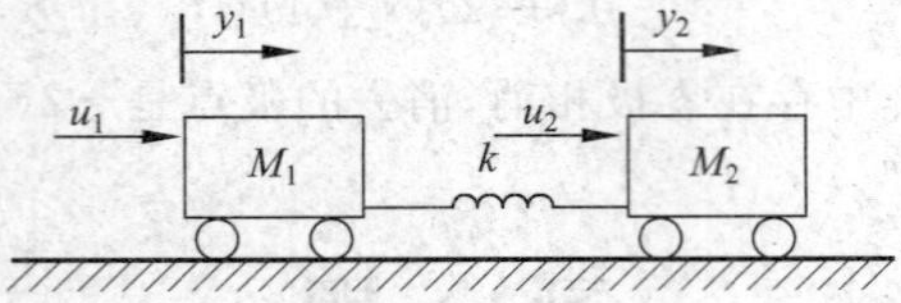

题图 3.1　小车系统

其中的 u_1 和 u_2 分别是作用在小车 1 和小车 2 上的外力，y_1 和 y_2 则是小车 1 和小车 2 的位移，假定小车的质量 $M_1=1\text{kg}$，$M_2=0.5\text{kg}$，连接两辆小车弹簧的弹性系数 $k=1$，则可得到该系统的状态空间模型是 $\dot{x}=Ax+Bu$，其中，

$$x=\begin{bmatrix}y_1\\ \dot{y}_1\\ y_2\\ \dot{y}_2\end{bmatrix},\quad A=\begin{bmatrix}0 & 1 & 0 & 0\\ -1 & 0 & 1 & 0\\ 0 & 0 & 0 & 1\\ 2 & 0 & -2 & 0\end{bmatrix},\quad B=\begin{bmatrix}0 & 0\\ 1 & 0\\ 0 & 0\\ 0 & 2\end{bmatrix}$$

试分析该系统的能控性。结合对象分析该系统能控性的实际意义。

3.8 对一个时不变系统，若状态$\bar{x}$是能控的，求一个控制律，使得系统状态从 $\boldsymbol{x}(0)=\boldsymbol{0}$ 转移到 $\boldsymbol{x}(T)=\bar{\boldsymbol{x}}$。

3.9 若一个线性时不变系统是能控的，求一个控制律，使得系统状态从 $\boldsymbol{x}(0)=\boldsymbol{x}_0$ 转移到 $\boldsymbol{x}(T)=\boldsymbol{x}_1$。

3.10 (1) 对一个线性时不变系统，若状态$\bar{\boldsymbol{x}}$是不能控的，则以 $\boldsymbol{x}(0)=\bar{\boldsymbol{x}}$ 为初始状态的自治系统时间响应 $\mathrm{e}^{At}\bar{\boldsymbol{x}}$ 对所有的时间仍是不能控的吗？

(2) 用以下系统来检验(1)的答案：

$$\dot{\boldsymbol{x}}=\begin{bmatrix}-1 & 1\\ 0 & -2\end{bmatrix}\boldsymbol{x}+\begin{bmatrix}1\\0\end{bmatrix}u$$

3.11 何为输出能控性？怎样判别线性时不变系统的输出能控性？状态能控性和输出能控性有何区别和联系？

3.12 何为状态的能观性？怎样判别线性定常连续系统的能观性？能观性在系统设计中有什么作用？

3.13 若系统的状态空间模型为约当标准形，怎样确定系统的能控性和能观性？有无特例情况？

3.14 给定二阶系统

$$\dot{\boldsymbol{x}}=\begin{bmatrix}a & 1\\ 0 & b\end{bmatrix}\boldsymbol{x}+\begin{bmatrix}1\\1\end{bmatrix}u$$

$$y=\begin{bmatrix}1 & -1\end{bmatrix}\boldsymbol{x}$$

为使系统同时能控能观，确定参数 a 和 b 应满足的关系式。

3.15 对一个线性时不变系统，若状态$\bar{\boldsymbol{x}}$是不能观的，则以 $\boldsymbol{x}(0)=\bar{\boldsymbol{x}}$ 为初始状态的自治系统时间响应 $\mathrm{e}^{At}\bar{\boldsymbol{x}}$ 对所有的时间仍然是不能观的。

3.16 (1) 对一个线性时不变系统，若状态$\bar{\boldsymbol{x}}$是能观的，则以 $\boldsymbol{x}(0)=\bar{\boldsymbol{x}}$ 为初始状态的自治系统时间响应 $\mathrm{e}^{At}\bar{\boldsymbol{x}}$ 对所有的时间仍是能观的吗？

(2) 用以下系统来检验(1)的答案：

$$\dot{\boldsymbol{x}}=\begin{bmatrix}-1 & 1\\ 0 & -2\end{bmatrix}\boldsymbol{x}$$

$$y=\begin{bmatrix}0 & 1\end{bmatrix}\boldsymbol{x}$$

3.17 考虑标量系统 $\dot{x}(t)=0$，$y(t)=x(t)$，根据定理 3.2.2，用$[0,T]$上的输出 $y(t)$ 来确定初始状态 $x(0)$，画出 $\boldsymbol{W}_o^{-1}(0,T)\mathrm{e}^{A^{\mathrm{T}}t}\boldsymbol{C}^{\mathrm{T}}$ 作为 t 的函数的图形，并解释当 $T\to 0$ 时该函数的特性。

3.18 验证系统

$$\dot{\boldsymbol{x}}=\begin{bmatrix}1 & 0 & -1\\ 0 & -2 & 1\\ 3 & 0 & 2\end{bmatrix}\boldsymbol{x}+\begin{bmatrix}2\\-1\\1\end{bmatrix}u$$

$$y=\begin{bmatrix}0 & 1 & 0\end{bmatrix}\boldsymbol{x}$$

是能观的，但若将系统的输出方程换为

$$y = \begin{bmatrix} 0 & 0 & 1 \\ 1 & 0 & 0 \end{bmatrix} x$$

则相应的系统是不能观的。试从这个结果回答：是否系统的测量量越多，对系统的能观性越有利？

3.19 给定线性定常连续系统

$$\dot{x} = \begin{bmatrix} 0 & 1 \\ -1 & 0 \end{bmatrix} x + \begin{bmatrix} 1 \\ 0 \end{bmatrix} u$$

$$y = \begin{bmatrix} 0 & 1 \end{bmatrix} x$$

试对其离散化，并讨论离散化状态空间模型的能控性和能观性。

3.20 一个连续系统是状态能控的，将它离散化后是否仍然是状态能控的，一个连续系统是状态能观的，将它离散化后是否仍然是状态能观的，是什么影响它的能控能观性？

3.21 一个系统离散化后是状态能控的，原连续系统状态能控吗？一个系统离散化后是状态能观的，原连续系统是状态能观吗？

3.22 线性变换是否改变系统的能控性和能观性？简单证明。

3.23 给出把一个能观系统等价变换成能观标准形的步骤。

3.24 已知系统的状态空间模型为

$$\dot{x} = \begin{bmatrix} 1 & 0 \\ -2 & 4 \end{bmatrix} x$$

$$y = \begin{bmatrix} -1 & 1 \end{bmatrix} x$$

求出它的能观标准形。

3.25 单输入单输出系统传递函数的零极点相消现象对系统的能控性和能观性有什么影响？

3.26 设系统的传递函数为

$$G(s) = \frac{s + a}{s^2 + 3s + 2}$$

试问 a 取什么值时，系统将是不能控或不能观的？

第4章 系统的稳定性分析

在控制工程中，所设计的系统在受到扰动后，尽管系统会偏离处于平衡状态的工作点，但在扰动消失后，设计者往往希望它有能力自动回到并保持在原来的工作点附近。如倒立摆装置中，当摆杆受扰动而偏离垂直位置后，系统仍能使摆杆回到垂直位置，并能始终保持在垂直位置附近。这就是系统稳定的基本含义。稳定是一个控制系统能正常工作的基本要求，系统只有在稳定的前提下才能进一步探讨其他特性。因此，稳定性问题一直是自动控制理论中的一个最基本和最重要的问题，控制系统的稳定性分析是系统分析的首要任务。

在经典控制理论中，已经提出了一些关于系统稳定性的判别方法，如劳斯判据、奈奎斯特判据等。但这些判据只适用于线性时不变系统，并不能用来分析非线性系统和时变系统的稳定性。同时，这些判据只能分析系统的稳定性，难以用于稳定化控制器的设计。随着控制对象的日益复杂化，迫切需要一种普遍适用的，同时也能用于控制系统设计的稳定性理论。

1892年，俄国数学力学家亚历山大·米哈依诺维奇·李雅普诺夫(A. M. Lyapunov)(1857—1918)在他的博士论文《运动稳定性的一般问题》中，提出了著名的李雅普诺夫稳定性理论。该理论作为稳定性判别的一般方法，适用于各类动态系统。李雅普诺夫稳定性理论的核心是提出了判别系统稳定性的两种方法，分别被称为李雅普诺夫第一方法和李雅普诺夫第二方法。

李雅普诺夫第一方法是通过求解系统的动态方程，然后根据解的性质来判别系统的稳定性，其基本思路和分析方法与经典理论是一致的。由于需要求出系统动态方程的解后才能判别系统的稳定性，故也称为判别稳定性的李雅普诺夫间接法。李雅普诺夫第一方法不仅适用于线性时不变系统，而且也可用于判别非线性、时变系统的稳定性问题。但这种方法由于需要求出系统的解而在实际应用中受到很大的限制。

李雅普诺夫第二方法则是一种定性方法，它无需求解复杂的系统微分方程，而是通过构造一个类似于能量函数的标量李雅普诺夫函数，然后再根据李雅普诺夫函数随时间变化的情况来直接判定系统的稳定性。因此，它特别适合于那些难以求解的非线性系统和时变系统。由于这一方法无需求解系统微分方程的解就可直接判定系统稳定性，故称其为李雅普诺夫直接法。李雅普诺夫第二方法不仅可用来分析系统的稳定性，而且还可用于对系统过渡过程特性的评价以及求解参数最优化等问题。李雅普诺夫第二方法的最大优点是它可用于控制系统的设计，从而使得该方法在自动控制的各个分支中都有广泛的应用，是控制理论中最重要的理论和方法之一。

本章将详细介绍李雅普诺夫关于系统稳定性的定义，基于李雅普诺夫第二方法的稳定性定理及其应用。在本书的其余部分，基于李雅普诺夫第二方法的稳定性定理和稳定性判别方法简称为李雅普诺夫稳定性理论或李雅普诺夫方法。

4.1 李雅普诺夫意义下的稳定性

在介绍李雅普诺夫稳定性理论之前，首先来分析一下图 4.1.1 中小球的运动。

图中小球在没有任何外力作用下，它将保持在 B 点静止不动。若给小球一个外力，使之移动到 A 点，然后让它做自由运动，则小球将自 A 点下落，经 B 点后再向上，到达 C 点。进而再从 C 点下落，经 B 点后往上运动。由于摩擦力的存在，使得小球运动时达到的高度不断降低，越来越靠近 B 点，最后在 B 点处静止下来。

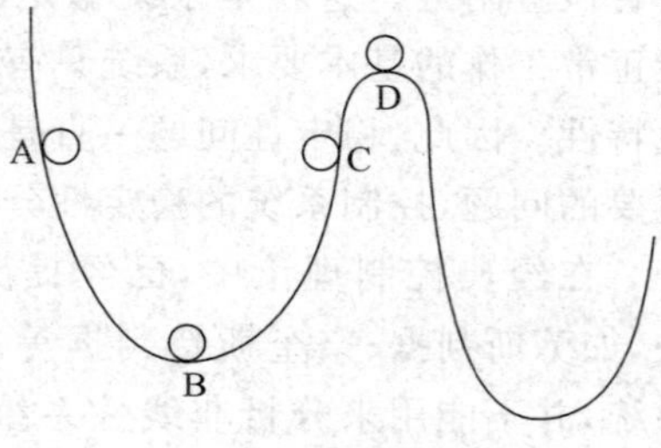

图 4.1.1　小球运动图

稳定性指的是系统在平衡状态下受到干扰后，系统自由运动的性质。如在图 4.1.1 的小球运动中，小球原来是在 B 点处静止不动的，受到干扰后，系统开始自由运动。最后，小球又慢慢回到 B 点，回归到静止状态，这样的系统称为是稳定的。若小球初始时刻静止在 D 点处，则当小球受到干扰后，小球不能再回到 D 点，这样的系统就称为是不稳定的。

在以上小球运动分析中有几个关键的概念。第一个就是平衡状态，如图 4.1.1 中小球在 B 点和 D 点处的状态就是平衡状态，即小球处于静止状态。其次是扰动，小球在受到外部干扰后偏离平衡状态，然后在没有任何外力和扰动作用下做自由运动。因此，小球所受的干扰只是初始干扰，而非持续干扰，这是李雅普诺夫稳定性所处理干扰的特点，从而诸如持续风力干扰对雷达天线的影响等就不在李雅普诺夫稳定性分析范围之内。最后，系统的稳定与否依赖于小球受干扰前所处的平衡位置，如小球在 B 点处是稳定的，而在 D 点处是不稳定的。因此，系统的稳定与否是和平衡状态相关的，系统稳定性仅仅指的是在某个平衡状态处的稳定性。但若系统只有惟一的平衡状态，则在该平衡状态处的稳定性就可视为整个系统的稳定性。

以上只是直观分析了小球运动的稳定性问题，本节将给出系统稳定性的一般概念。为此，首先针对一般的系统，介绍平衡状态、李雅普诺夫稳定性、不稳定性等概念的严格定义。

4.1.1 平衡状态

由于稳定性是系统在自由运动下的特性,故只需考虑自治系统

$$\dot{\boldsymbol{x}} = \boldsymbol{f}(\boldsymbol{x}, t) \tag{4.1.1}$$

其中的 $\boldsymbol{x}$ 为 n 维状态向量,$\boldsymbol{f}(\boldsymbol{x},t)$ 是变量 $x_1, x_2, \cdots, x_n$ 和 t 的 n 维向量函数。假设在任意给定初始条件 $\boldsymbol{x}(t_0)=\boldsymbol{x}_0$ 下,方程(4.1.1)都有惟一解 $\boldsymbol{x}(t)=\varphi(t;\ \boldsymbol{x}_0, t_0)$。

对系统(4.1.1),若存在状态向量 $\boldsymbol{x}_e$,使得对所有时间 t,都有

$$\boldsymbol{f}(\boldsymbol{x}_e, t) \equiv \boldsymbol{0} \tag{4.1.2}$$

则称 $\boldsymbol{x}_e$ 为系统的平衡状态或平衡点。事实上,平衡状态就是系统的静止状态,因为由方程(4.1.1)可知,该状态向量在任意时间 t 处的时间导数都等于零。

并不是所有的系统都一定存在平衡状态,有时即使存在也未必是惟一的。如线性时不变系统,即 $\boldsymbol{f}(\boldsymbol{x},t)=\boldsymbol{A}\boldsymbol{x}$,当 $\boldsymbol{A}$ 为非奇异矩阵时,系统存在一个惟一的平衡状态 $\boldsymbol{x}_e=\boldsymbol{0}$;当 $\boldsymbol{A}$ 为奇异矩阵时,系统就存在无穷多个平衡状态。对于非线性系统,也可能有一个或多个平衡状态。例如,系统

$$\dot{x}_1 = -x_1$$

$$\dot{x}_2 = x_1 + x_2 - x_2^3$$

就有 3 个平衡状态:

$$\boldsymbol{x}_{e1} = \begin{bmatrix} 0 \\ 0 \end{bmatrix}, \quad \boldsymbol{x}_{e2} = \begin{bmatrix} 0 \\ -1 \end{bmatrix}, \quad \boldsymbol{x}_{e3} = \begin{bmatrix} 0 \\ 1 \end{bmatrix}$$

若在某一平衡状态充分小的邻域内不存在别的平衡状态,则该平衡状态称为是孤立的平衡状态。对于孤立的平衡状态,总可以通过坐标变换将其移到新坐标中的原点,即在新的系统 $\dot{\tilde{\boldsymbol{x}}}=\tilde{\boldsymbol{f}}(\tilde{\boldsymbol{x}},t)$ 中,有 $\tilde{\boldsymbol{f}}(\boldsymbol{0},t)=\boldsymbol{0}$,或 $\tilde{\boldsymbol{x}}_e=\boldsymbol{0}$ 是新系统的平衡状态。因此,以后只要讨论系统在 $\boldsymbol{x}_e=\boldsymbol{0}$ 这个平衡状态处的稳定性就可以了。

正如图 4.1.1 的小球运动分析中所指出的,系统的稳定性都是相对于某个平衡状态而言的,而对具有多个平衡状态的系统,其稳定性必须逐个进行讨论。

4.1.2 李雅普诺夫意义下的稳定性

以下总是假定原点 $\boldsymbol{x}=\boldsymbol{0}$ 是系统 $\dot{\boldsymbol{x}}=\boldsymbol{f}(\boldsymbol{x},t)$ 的平衡状态,即 $\boldsymbol{f}(\boldsymbol{0},t)\equiv\boldsymbol{0}$ 对所有时间 t 成立。为了分析系统在原点处的稳定性,需要确定系统状态偏离原点的距离。在一般的 n 维实数空间中,点 $\boldsymbol{x}$ 到原点的距离定义为

$$\|\boldsymbol{x}\| = \sqrt{x_1^2 + x_2^2 + \cdots + x_n^2}$$

其中的 $\|\cdot\|$ 称为向量的 2 范数或欧几里德范数。它是平面上点 $\boldsymbol{x}$ 到原点的距离或向量长度

$$\|\boldsymbol{x}\| = \sqrt{x_1^2 + x_2^2}$$

的推广。以原点为中心,半径为 r 的球域 $S(r)$ 是所有满足

$$\|\boldsymbol{x}\| \leqslant r$$

的状态 $\boldsymbol{x}$ 的全体。当 r 很小时，球域 $S(r)$ 也称为原点的一个邻域。

考虑系统(4.1.1)的状态轨迹 $\boldsymbol{x}(t)=\varphi(t;\ \boldsymbol{x}_0,t_0)$，$\|\varphi(t;\ \boldsymbol{x}_0,t_0)\|\leqslant r$ 对所有的时间 t 成立表明系统的这一状态轨迹在原点的一个小邻域中。对应于图 4.1.1，相当于小球始终在 B 点附近。

定义 4.1.1　考虑系统 $\dot{x}=f(x,t)$ 的平衡状态 $\boldsymbol{x}_e=\boldsymbol{0}$，如果对任意给定的 $\varepsilon>0$，存在一个 $\delta>0$(与 ε 和初始时刻 t_0 有关)，使得从球域 $S(\delta)$ 内任一初始状态出发的状态轨迹始终都保持在球域 $S(\varepsilon)$ 内，则平衡状态 $\boldsymbol{x}_e=\boldsymbol{0}$ 称为在李雅普诺夫意义下是稳定的。

在图 4.1.1 中，若要使得小球的运动不超过 A 点的高度，则只要初始位置的高度不超过 A 点的高度，就可以保证在以后所有时间中，小球运动时的高度都不会超过 A 点的高度。对应于定义 4.1.1，给定的 A 点高度就相当于任意给定的 $\varepsilon>0$，存在的 δ 和 A 点高度相等。

从几何图形上来看，定义 4.1.1 所定义的系统稳定性意味着：对任意选择的一个球域 $S(\varepsilon)$，必存在另一个球域 $S(\delta)$，使得对所有的时间 t，始于球域 $S(\delta)$ 中的状态轨迹总不脱离球域 $S(\varepsilon)$，如图 4.1.2 所示。

定义 4.1.2　考虑系统 $\dot{\boldsymbol{x}}=\boldsymbol{f}(\boldsymbol{x},t)$ 的平衡状态 $\boldsymbol{x}_e=\boldsymbol{0}$，如果平衡状态 $\boldsymbol{x}_e=\boldsymbol{0}$ 是李雅普诺夫意义下稳定的，并且当 $t\to\infty$ 时，始于原点邻域中的轨迹 $\boldsymbol{x}(t)\to\boldsymbol{0}$，则平衡状态 $\boldsymbol{x}_e=\boldsymbol{0}$ 称为在李雅普诺夫意义下是渐近稳定的。

在图 4.1.1 中，随着时间 $t\to\infty$，在 B 点附近出发运动的小球在摩擦力的作用下慢慢回到平衡状态 B 点，因此，B 点处的平衡状态是渐近稳定的。

图 4.1.3 和图 4.1.4 表明了所考虑的二阶系统在原点处的渐近稳定性。从图中可以看出，当时间 t 无限增加时，从球域 $S(\delta)$ 出发的状态轨迹不仅不会超出球域 $S(\varepsilon)$，而且最终收敛到原点。图 4.1.3 反映了状态轨迹 $\boldsymbol{x}(t)$ 的有界性和渐近性；而图 4.1.4 对状态轨迹 $\boldsymbol{x}(t)$ 随时间变化的状况表示得更为清晰，它反映了初始状态在 $S(\delta)$ 内的状态轨迹随时间的推移，从球域 $S(\varepsilon)$ 范围内被压缩到球域 $S(\mu)$ 范围内。

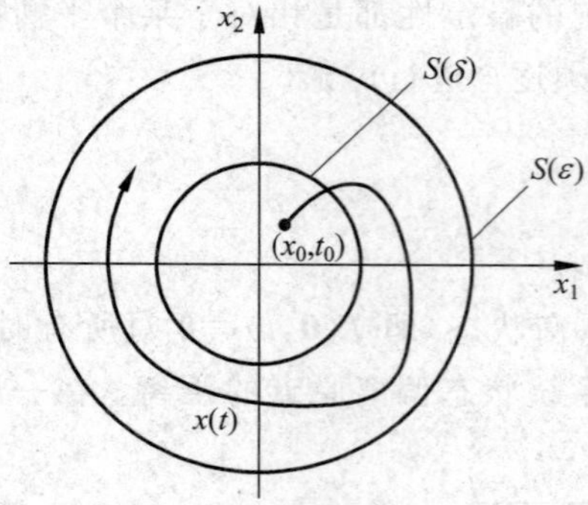

图 4.1.2　李雅普诺夫意义下的稳定性

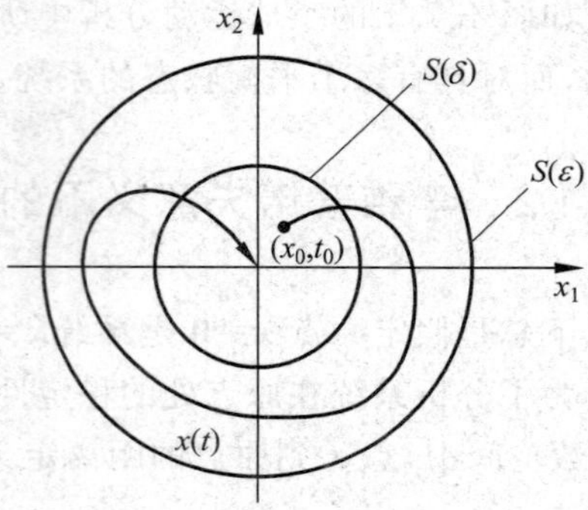

图 4.1.3　李雅普诺夫意义下的渐近稳定性

在本书中讨论的稳定性都是李雅普诺夫意义下的稳定性。为简单起见，将李雅普诺夫意义下的稳定性简称为稳定性，将李雅普诺夫意义下的渐近稳定性简称为渐近稳定性。

在实际应用中，渐近稳定性比稳定性更为重要，渐近稳定性表明系统能完全消除扰动的影响。同时需要注意的是，渐近稳定性只是一个局部概念，它依赖系统的平衡状态。所

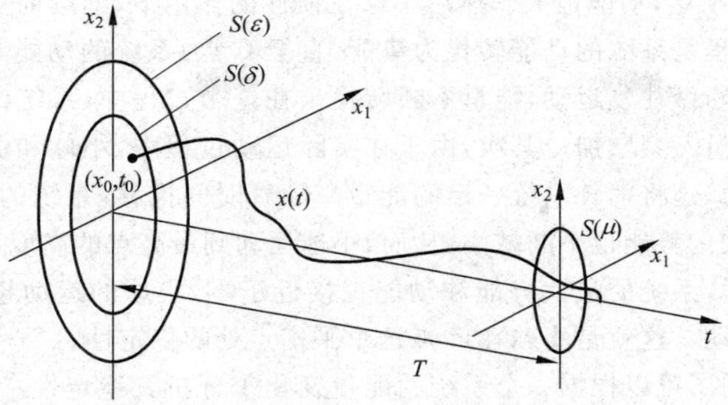

图 4.1.4　李雅普诺夫意义下的渐近稳定性

以简单地确定了系统的渐近稳定性并不意味着系统能正常工作，通常有必要确定系统渐近稳定性的最大范围，即确定在多大范围内出发的状态轨迹将渐近趋向于所考虑的平衡状态。

定义 4.1.3　若系统(4.1.1)是稳定的，且对系统的任意状态，以该状态为初始状态的状态轨迹随着时间的推移都收敛到平衡状态 $\boldsymbol{x}_e=\mathbf{0}$，则系统称为是大范围渐近稳定的。

由于从状态空间中任意点出发的状态轨迹都要收敛于原点，因此，大范围渐近稳定的系统在整个状态空间中只能有一个平衡状态，这也是系统大范围渐近稳定的必要条件。

定义 4.1.4　如果存在某个实数 $\varepsilon>0$，对不管多么小的 $\delta>0$，在球域 $S(\delta)$ 内总存在一个状态 $\boldsymbol{x}_0$，使得始于这一状态的状态轨迹最终会离开球域 $S(\varepsilon)$，则平衡状态 $\boldsymbol{x}_e=\mathbf{0}$ 称为不稳定的。

图 4.1.1 中平衡状态 D 就符合定义 4.1.4 的条件，因此是不稳定的。在图 4.1.5 中，状态轨迹离开了球域 $S(\varepsilon)$，这说明平衡状态是不稳定的。然而，这种情况未必意味着状态轨迹一定将趋于无穷远处。

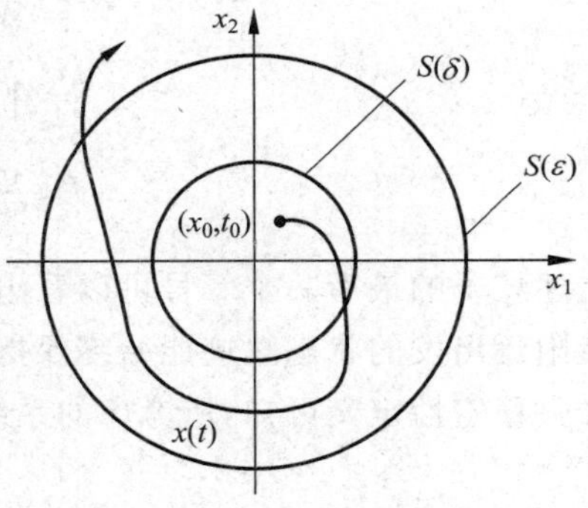

图 4.1.5　李雅普诺夫意义下的不稳定性

在稳定、渐近稳定和大范围渐近稳定这些定义中的 δ 一般总是与 ε 和 t_0 有关。但很多时候 δ 却与初始时间 t_0 是无关的，此时可进一步称系统为一致稳定、一致渐近稳定和一致大范围渐近稳定。

4.1.3　能量函数

首先，来分析图 4.1.1 所示系统在 B 点的稳定性。以 B 点作为系统建模时的坐标原点，在一个初始外力的作用下，小球偏离平衡点到达 A 点，然后小球做自由运动。在重力作用下，小球向下运动。在小球运动过程中，系统能量是如何变化的呢？开始时小球处于 A 点，系统的势能最大，动能等于零，开始运动后，随着时间推移，小球的高度降低，速度加快。相应的，系统的势能减小，动能增加，即系统的一部分势能转化为动能。当小球到达 B 点时，势能等于零，动能最大。然后小球在惯性的作用下，继续向上运动，动能减小，势能增加，这个过程是系统的动能转化为势能，直至 C 点，系统的动能等于零，势能最大。如此这般，小球不断做往复运动，能量不断转换。在这个过程中，系统没有从外部吸收能量，故系统的总能量不会增加。其次，由于在实际运动过程中，小球和曲面表面之间总是存在一定的摩擦力，这将消耗系统一定的能量。随着时间推移，系统的总能量不断减少，这意味着系统最大的势能也不断减小，从而，小球运动到最高点的高度不断下降。到系统总能量接近于零时，系统的最大势能和动能也接近于零，小球的运动越来越接近于 B 点附近，直至静止不动。这就是小球在 B 点这个平衡点处的稳定性。

以上分析表明了可以根据一个系统的能量变化来分析其稳定性。下面，再通过几个例子进一步从系统能量的角度来分析系统的稳定性。

例 4.1.1 试分析如图 4.1.6 所示电路系统的稳定性，其中电感和电容都是线性的，并且 $R=0$。

解 以电感磁通 Ψ 和电容电荷 q 为状态变量，可写出状态方程

$$\frac{\mathrm{d}q}{\mathrm{d}t}=i_L=\frac{\Psi}{L}$$

$$\frac{\mathrm{d}\Psi}{\mathrm{d}t}=-V_C=-Cq$$

此电路无外界的能量输入，同时电路中没有耗能元件，所以电路总能量 W 恒定不变：

$$\begin{aligned}W&=W_L+W_C\\&=\int_0^{\Psi}i_L(\tau)\mathrm{d}\tau+\int_0^{q}V_C(\tau)\mathrm{d}\tau\\&=\frac{\Psi^2}{2L}+\frac{Cq^2}{2}=W_0\end{aligned}$$

从上述式子的最后一个等号可以看出系统的状态轨迹是一个椭圆，如图 4.1.7 所示。从原点附近出发的状态轨迹能始终保持在原点附近，但也不能逐渐趋向于原点。根据李雅普诺夫稳定性定义可知，所考虑的系统是稳定的，但不是渐近稳定的。

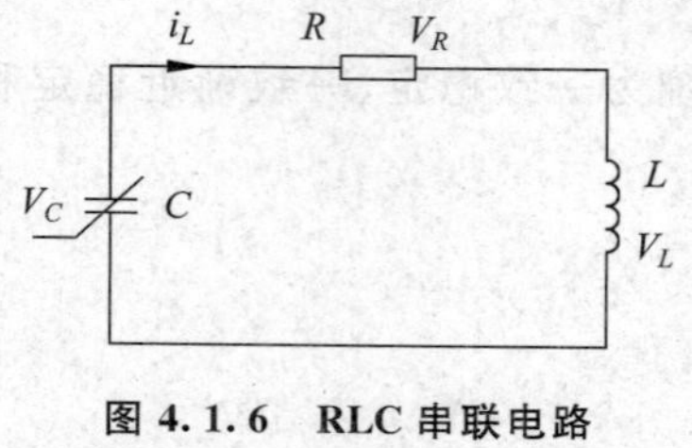

图 4.1.6 RLC 串联电路

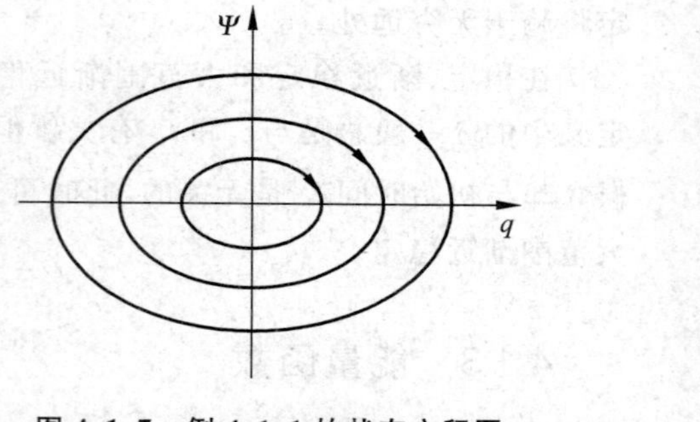

图 4.1.7 例 4.1.1 的状态方程图

例 4.1.1 说明了当系统的总能量恒定不变时，系统是稳定的，但不是渐近稳定的。

例 4.1.2 在如图 4.1.6 所示的电路中，设电感和电容都是线性的，并且 $R>0$，分析这种情况下系统的稳定性。

解 当电路中的电阻 $R>0$ 时，相应的状态方程为

$$\frac{\mathrm{d}q}{\mathrm{d}t} = i_L = \frac{\Psi}{L}$$

$$\frac{\mathrm{d}\Psi}{\mathrm{d}t} = -V_C - V_R = -Cq - \frac{R}{L}\Psi$$

电路中电阻是耗能元件，所以电路总能量 W 是不断减少的。为简单起见，设 $C=2$，$R=3$，$L=1$，再令初始状态为(Ψ_0, q_0)，解上述方程可得

$$\begin{bmatrix} q(t) \\ \Psi(t) \end{bmatrix} = \begin{bmatrix} 2\mathrm{e}^{-t} - \mathrm{e}^{-2t} & \mathrm{e}^{-t} - \mathrm{e}^{-2t} \\ -2\mathrm{e}^{-t} + 2\mathrm{e}^{-2t} & -\mathrm{e}^{-t} + 2\mathrm{e}^{-2t} \end{bmatrix} \begin{bmatrix} q_0 \\ \Psi_0 \end{bmatrix}$$

当时间 $t \to \infty$ 时，可得 $q(t) \to 0$，$\Psi(t) \to 0$，故系统的总能量

$$\begin{aligned} \lim_{t\to\infty} W &= \lim_{t\to\infty} W_L + \lim_{t\to\infty} W_C \\ &= \lim_{t\to\infty} \int_0^{\Psi} i_L(\tau)\mathrm{d}\tau + \lim_{t\to\infty} \int_0^{q} V_C(\tau)\mathrm{d}\tau \\ &= \lim_{t\to\infty} \frac{\Psi^2(t)}{2L} + \lim_{t\to\infty} \frac{Cq^2(t)}{2} = 0 \end{aligned}$$

图 4.1.8 表示了这一系统的状态轨迹。从这些状态轨迹可以看出：从原点附近出发的状态轨迹不仅能保持在原点附近，且随着时间的推移逐渐趋向于原点。因此，系统是渐近稳定的。

例 4.1.3 在如图 4.1.6 所示的电路中，设电感是线性的，电阻 $R=0$，而电容具有非线性的库伏特性 $V_C = -q^3 + q$，试分析相应系统的稳定性。

解 在所考虑的情况下，系统的状态方程为

$$\frac{\mathrm{d}q}{\mathrm{d}t} = i_L = \frac{\Psi}{L}$$

$$\frac{\mathrm{d}\Psi}{\mathrm{d}t} = -V_C = q^3 - q$$

此电路无外界的能量输入，同时电路中没有耗能元件，所以电路总能量 W 恒定不变，

$$W = W_L + W_C = \int_0^{\Psi} i_L(\tau_1)\mathrm{d}\tau_1 + \int_0^{q} V_C(\tau_2)\mathrm{d}\tau_2 = \frac{\Psi^2}{2L} - \frac{q^2}{2} + \frac{q^4}{4} \equiv W_0$$

从上述式子的最后一个等号容易求出

$$\Psi = \pm\sqrt{2L\left(W_0 + \frac{q^2}{2} - \frac{q^4}{4}\right)}$$

此外，系统有 3 个平衡点，分别是(0,0)、(1,0)和(−1,0)。图 4.1.9 是系统的状态轨迹图。从图中可以看出，过原点的状态轨迹有的回到原点，也有的离开原点。因此，从原点任意小邻域出发的轨迹都不能始终保持在原点附近。因此，系统在原点处是不稳定的。

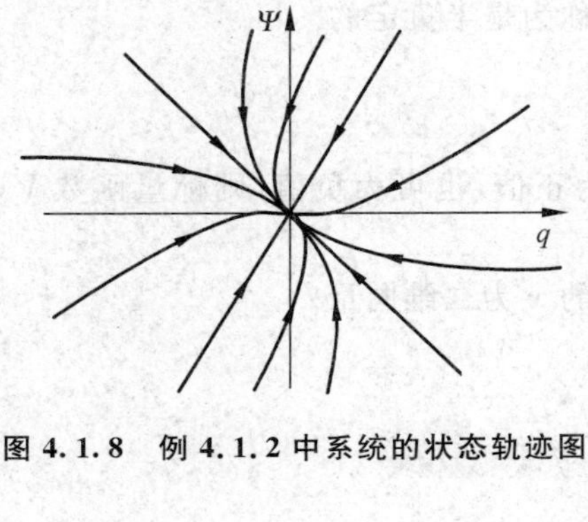

图 4.1.8 例 4.1.2 中系统的状态轨迹图

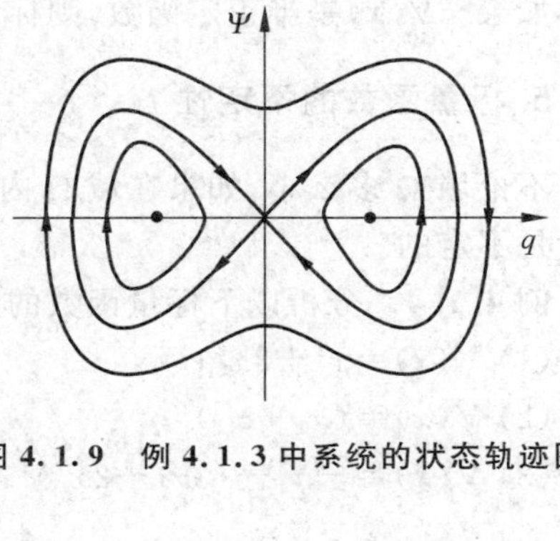

图 4.1.9 例 4.1.3 中系统的状态轨迹图

上面的例子表明了图 4.1.6 所示电路的能量与系统稳定性之间的密切关系。那么，这种能量与系统稳定性间的关系是否可以推广到一般的系统呢？经过深入分析，李雅普诺夫做出了肯定的答复。然而，一般的系统未必具有像例 4.1.1 中那样物理意义清晰的能量函数。为此，李雅普诺夫引进了虚拟能量函数的概念，并根据该虚拟能量函数沿系统状态轨迹随时间的变化状况，提出了一般系统基于能量函数的李雅普诺夫稳定性分析方法。

本小节首先介绍虚拟能量函数要用到的一些概念。

在小球运动稳定性和例 4.1.1 中系统稳定性的分析中，均应用了能量的概念。可以发现相应的系统能量是时间的函数，而且总是非负的。另外，当系统的能量函数衰减时，系统将是渐近稳定的。从微积分的知识可以知道，一个函数随着时间推移是否衰减可以用这个函数对时间的导数是否为负或小于零来判断。在这个过程中，涉及到一个依赖于状态和时间的函数是否大于零和小于零的问题，这就是函数定号性的问题。以下将介绍定号函数的概念。

1. 标量函数的正定性

对状态空间中包含原点的域 Ω 上定义的标量函数 $V(\boldsymbol{x})$，若对域 Ω 中所有非零状态 $\boldsymbol{x}\neq\boldsymbol{0}$，$V(\boldsymbol{x})>0$，且在 $\boldsymbol{x}=\boldsymbol{0}$ 处有 $V(\boldsymbol{0})=0$，则 $V(\boldsymbol{x})$ 称为是正定的。

对状态空间中包含原点的域 Ω 上定义的时变标量函数 $V(\boldsymbol{x},t)$，若 $V(\boldsymbol{x},t)$ 有一个定常的正定函数作为下界，即存在一个正定函数 $W(\boldsymbol{x})$，使得

$$\begin{aligned} &V(\boldsymbol{x},t) > W(\boldsymbol{x}), \quad && \text{对所有 } t \geqslant t_0, \boldsymbol{x} \neq \boldsymbol{0} \\ &V(\boldsymbol{0},t) = 0, && \text{对所有 } t \geqslant t_0 \end{aligned}$$

则称时变标量函数 $V(\boldsymbol{x},t)$ 是正定的。

2. 标量函数的负定性

如果 $-V(\boldsymbol{x})$ 是正定的，则标量函数 $V(\boldsymbol{x})$ 称为是负定的。

3. 标量函数的半正定性

对状态空间中包含原点的域 Ω 上定义的标量函数 $V(\boldsymbol{x})$，若对域 Ω 中的所有状态 $\boldsymbol{x}$，$V(\boldsymbol{x})\geqslant 0$，则 $V(\boldsymbol{x})$ 称为是半正定的。

4. 标量函数的半负定性

如果 $-V(\boldsymbol{x})$ 是半正定函数，则标量函数 $V(\boldsymbol{x})$ 称为是半负定的。

5. 标量函数的不定性

不论域 Ω 多么小，如果在域 Ω 内，$V(\boldsymbol{x})$ 既可为正值，也可为负值，则标量函数 $V(\boldsymbol{x})$ 称为是不定的。

例 4.1.4 分析以下标量函数的定号性，其中的 $\boldsymbol{x}$ 为二维向量。

(1) $V(\boldsymbol{x})=x_1^2+2x_2^2$；

(2) $V(\boldsymbol{x})=(x_1+x_2)^2$；

(3) $V(\boldsymbol{x})=-x_1^2-(3x_1+2x_2)^2$；

(4) $V(\boldsymbol{x})=x_1x_2+x_2^2$；

(5) $V(\boldsymbol{x})=x_1^2+\dfrac{2x_2^2}{1+x_2^2}$。

解　(1) 由于 $V(\boldsymbol{0})=0$，而对所有非零的 $\boldsymbol{x}$，$V(\boldsymbol{x})>0$。因此，$V(\boldsymbol{x})=x_1^2+2x_2^2$ 是正定的。

(2) 对 $V(\boldsymbol{x})=(x_1+x_2)^2$，显然 $V(\boldsymbol{x})\geqslant 0$，而对 $x_1=-x_2\neq 0$，$V(\boldsymbol{x})=0$，故 $V(\boldsymbol{x})$是半正定的。

类似的，可以得到：$V(\boldsymbol{x})=-x_1^2-(3x_1+2x_2)^2$ 是负定的；$V(\boldsymbol{x})=x_1x_2+x_2^2$ 是不定的；$V(\boldsymbol{x})=x_1^2+\dfrac{2x_2^2}{1+x_2^2}$是正定的。

在基于李雅普诺夫第二方法的稳定性分析中，有一类标量函数起着很重要的作用，那就是二次型函数。事实上，它是一类多项式函数，其一般表示式为

$$\begin{aligned}V(\boldsymbol{x})&=\sum_{i=1}^{n}\sum_{j=1}^{n}p_{ij}x_ix_j\\&=\boldsymbol{x}^{\mathrm{T}}\boldsymbol{P}\boldsymbol{x}=\begin{bmatrix}x_1 & x_2 & \cdots & x_n\end{bmatrix}\begin{bmatrix}p_{11} & p_{12} & \cdots & p_{1n}\\ p_{21} & p_{22} & \cdots & p_{2n}\\ \vdots & \vdots & \ddots & \vdots\\ p_{n1} & p_{n2} & \cdots & p_{nn}\end{bmatrix}\begin{bmatrix}x_1\\ x_2\\ \vdots\\ x_n\end{bmatrix}\end{aligned}$$

它是关于 x_i 和 x_j 的二次多项式，即每一项的变量次数之和都是二次。这样的多项式称为二次齐次多项式或二次型。在二次型中，$p_{ij}x_ix_j$ 与 $p_{ji}x_jx_i$ 是同类项，合并后可再平分系数，使之成为具有相同系数的同类项。因此，一个二次型总可以写成形式 $\boldsymbol{x}^{\mathrm{T}}\boldsymbol{P}\boldsymbol{x}$，其中的矩阵 $\boldsymbol{P}$ 是对称的，这样的矩阵 $\boldsymbol{P}$ 称为对应二次型的表示矩阵。二次型和它的表示矩阵是相互惟一决定的。例如

$$\begin{aligned}V(\boldsymbol{x})&=x_1^2+2x_1x_2+x_2^2+x_3^2\\&=x_1x_1+x_1x_2+x_2x_1+x_2x_2+x_3x_3\\&=\begin{bmatrix}x_1 & x_2 & x_3\end{bmatrix}\begin{bmatrix}1 & 1 & 0\\ 1 & 1 & 0\\ 0 & 0 & 1\end{bmatrix}\begin{bmatrix}x_1\\ x_2\\ x_3\end{bmatrix}\end{aligned}$$

二次型的正定(负定)性由其表示矩阵的正定(负定)性决定。因此，判别二次型函数 $V(\boldsymbol{x})=\boldsymbol{x}^{\mathrm{T}}\boldsymbol{P}\boldsymbol{x}$ 的定号性可以归结为判别对称矩阵 $\boldsymbol{P}$ 的定号性问题，而后者可由塞尔维斯特(Sylvester)判据判定。

塞尔维斯特判据　设实对称矩阵

$$\boldsymbol{P}=\begin{bmatrix}p_{11} & p_{12} & \cdots & p_{1n}\\ p_{12} & p_{22} & \cdots & p_{2n}\\ \vdots & \vdots & \ddots & \vdots\\ p_{1n} & p_{2n} & \cdots & p_{nn}\end{bmatrix},\quad p_{ij}=p_{ji}$$

记 $\Delta_i(i=1,2,\cdots,n)$为其各阶顺序主子式：

$$\Delta_1 = p_{11}, \quad \Delta_2 = \det\left(\begin{bmatrix} p_{11} & p_{12} \\ p_{12} & p_{22} \end{bmatrix}\right), \quad \cdots, \quad \Delta_n = \det\left(\begin{bmatrix} p_{11} & p_{12} & \cdots & p_{1n} \\ p_{12} & p_{22} & \cdots & p_{2n} \\ \vdots & \vdots & \ddots & \vdots \\ p_{1n} & p_{2n} & \cdots & p_{nn} \end{bmatrix}\right)$$

则以下结论成立：

(1) 矩阵 $\boldsymbol{P}$ 正定的充分必要条件是所有的顺序主子式都是正的，即 $\Delta_i>0(i=1,2,\cdots,n)$；

(2) 矩阵 $\boldsymbol{P}$ 负定的充分必要条件是 $\Delta_i\begin{cases}>0 & i\text{ 为偶数} \\ <0 & i\text{ 为奇数}\end{cases}$；

(3) 矩阵 $\boldsymbol{P}$ 半正定的充分必要条件是 $\Delta_i\begin{cases}\geqslant 0 & i=1,2,\cdots,n-1 \\ =0 & i=n\end{cases}$；

(4) 矩阵 $\boldsymbol{P}$ 半负定的充分必要条件是 $\Delta_i\begin{cases}\geqslant 0 & i\text{ 为偶数} \\ \leqslant 0 & i\text{ 为奇数。} \\ =0 & i=n\end{cases}$

例 4.1.5 验证下列二次型是正定的：

$$V(\boldsymbol{x}) = 10x_1^2 + 4x_2^2 + x_3^2 + 2x_1x_2 - 2x_2x_3 - 4x_1x_3$$

证明 二次型 $V(\boldsymbol{x})$ 可写为

$$V(\boldsymbol{x}) = \boldsymbol{x}^{\mathrm{T}}\boldsymbol{P}\boldsymbol{x} = [x_1 \quad x_2 \quad x_3]\begin{bmatrix} 10 & 1 & -2 \\ 1 & 4 & -1 \\ -2 & -1 & 1 \end{bmatrix}\begin{bmatrix} x_1 \\ x_2 \\ x_3 \end{bmatrix}$$

由于矩阵 $\boldsymbol{P}$ 的 3 个顺序主子式分别为

$$\Delta_1 = 10 > 0, \quad \Delta_2 = \det\left(\begin{bmatrix} 10 & 1 \\ 1 & 4 \end{bmatrix}\right) > 0, \quad \Delta_3 = \det\left(\begin{bmatrix} 10 & 1 & -2 \\ 1 & 4 & -1 \\ -2 & -1 & 1 \end{bmatrix}\right) > 0$$

根据塞尔维斯特准则，$V(\boldsymbol{x})$是正定的。

4.2 李雅普诺夫稳定性定理

上一节针对图 4.1.1 中小球的运动，通过分析小球在运动过程中系统能量的变化，提出了系统在 B 点处的稳定性分析方法。对于一个不受外部作用的物理系统，如果系统在运动过程中，其能量随时间的增长而持续地减少，直至消耗殆尽，则系统的状态就回到原点这个平衡状态，从而系统就是渐近稳定的。然而，动态系统是多种多样的，不可能找到能量函数的一种统一表达形式。为此，李雅普诺夫引入了一个虚拟的能量函数，提出了通过沿系统的运动轨迹，分析该能量函数随时间的变化情况来判别系统稳定性的方法。

从以上分析可以看出，虚拟能量函数的构造是判别系统稳定性的关键。若 $V(\boldsymbol{x},t)$是这样的一个能量函数，其变化情况可以用该函数关于时间的全导数来分析，即

$$\mathrm{d}V(\boldsymbol{x},t)/\mathrm{d}t = \frac{\partial V}{\partial t} + \sum_{i=1}^{n}\left(\frac{\partial V}{\partial \boldsymbol{x}}\right)^{\mathrm{T}}\dot{\boldsymbol{x}}$$

由于我们只关心在系统运动轨迹上虚拟能量函数的变化情况，故上式中的$\dot{\boldsymbol{x}}$可以用系统的运动方程来替代。若由此得到的 $\mathrm{d}V(\boldsymbol{x},t)/\mathrm{d}t$ 是负定的，即随时间的增加，沿系统的任意轨迹运行时，系统的能量总是不断减少的，则系统是渐近稳定的。李雅普诺夫稳定性定理就是证明了这一事实，它给出了系统渐近稳定的充分条件。

定理 4.2.1　考虑非线性系统

$$\dot{\boldsymbol{x}}(t) = \boldsymbol{f}(\boldsymbol{x}(t),t) \tag{4.2.1}$$

原点是该系统的平衡状态，即 $\boldsymbol{f}(\boldsymbol{0},t)\equiv\boldsymbol{0}$。如果存在一个具有连续一阶偏导数的标量函数 $V(\boldsymbol{x},t)$，且满足以下条件：

(1) $V(\boldsymbol{x},t)$是正定的；

(2) 沿系统(4.2.1)的任意轨迹，$V(\boldsymbol{x},t)$关于时间 t 的导数 $\mathrm{d}V(\boldsymbol{x},t)/\mathrm{d}t$ 是负定的；

则系统(4.2.1)在原点处的平衡状态是渐近稳定的。满足以上条件(1)和(2)的标量函数 $V(\boldsymbol{x},t)$称为是系统的一个李雅普诺夫函数。

进而，若$\|\boldsymbol{x}\|\to\infty$时，有 $V(\boldsymbol{x},t)\to\infty$(径向无穷大)，则在原点处的平衡状态 $\boldsymbol{x}_e=\boldsymbol{0}$ 是大范围渐近稳定的。

例 4.2.1　考虑非线性系统

$$\dot{x}_1 = x_2 - x_1(x_1^2 + x_2^2)$$
$$\dot{x}_2 = -x_1 - x_2(x_1^2 + x_2^2)$$

分析其平衡状态的稳定性。

解　显然原点$(x_1\quad x_2)=(0\quad 0)$是该系统惟一的平衡状态。考虑标量函数

$$V(\boldsymbol{x}) = x_1^2 + x_2^2$$

显然，$V(\boldsymbol{x})$是正定的。沿系统的任意轨迹，$V(\boldsymbol{x})$对时间的导数

$$\begin{aligned}\mathrm{d}V(\boldsymbol{x})/\mathrm{d}t &= 2x_1\dot{x}_1 + 2x_2\dot{x}_2\\ &= 2x_1[x_2 - x_1(x_1^2+x_2^2)] + 2x_2[-x_1 - x_2(x_1^2+x_2^2)]\\ &= -2(x_1^2+x_2^2)^2\end{aligned}$$

是负定的。因此，$V(\boldsymbol{x})$是所考虑系统的一个李雅普诺夫函数。由于 $V(\boldsymbol{x})$随着$\|\boldsymbol{x}\|\to\infty$而趋向无穷大，则由定理 4.2.1，该系统在原点处的平衡状态是大范围渐近稳定的。

例 4.2.1 的结论也可以从图 4.2.1 得到解释。$V(\boldsymbol{x})=x_1^2+x_2^2=C$ 的几何图形是在 x_1x_2 平面上以原点为中心，以$\sqrt{C}$为半径的一簇圆。它表示系统储存的能量。如果储能越多，圆的半径就越大，圆上的点所对应的状态到原点这个平衡状态的距离越远。而沿系统轨迹，$V(\boldsymbol{x})$关于时间的导数 $\mathrm{d}V(\boldsymbol{x})/\mathrm{d}t$ 为负定，则表明了系统状态在沿状态轨迹运动时，所对应的能量是减少的，其所在圆的半径不断减小，从而状态是从远离原点的位置向靠近原点方向运动。随着能量的衰减，状态最终收敛到原点，因此，系统在原点这个平衡状态处

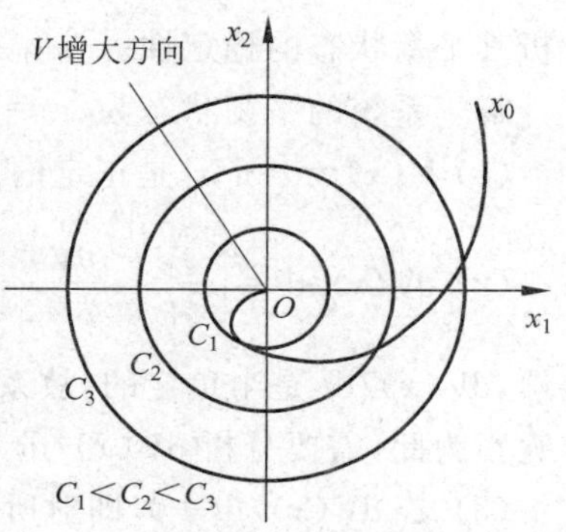

图 4.2.1　渐近稳定示意图

是渐近稳定的。由此可见，若 $V(\boldsymbol{x})$ 表示状态 $\boldsymbol{x}$ 与状态空间中原点间的距离，那么，$\mathrm{d}V(\boldsymbol{x})/\mathrm{d}t$ 就表示状态 $\boldsymbol{x}$ 沿系统轨迹趋向原点的速度。

定理 4.2.1 是李雅普诺夫稳定性分析第二方法的基本定理，下面对这一重要定理作如下几点说明。

(1) 定理给出的系统稳定性条件仅仅是充分的，即如果能找到一个李雅普诺夫函数 $V(\boldsymbol{x},t)$，则系统一定是渐近稳定的。但若找不到这样的李雅普诺夫函数，并不能对系统的稳定与否给出任何结论，例如，不能据此推出系统是不稳定的。

(2) 对于非线性系统，通过构造某个具体的李雅普诺夫函数，可以证明系统在某个稳定域内是渐近稳定的，但这并不意味着稳定域外的运动就是不稳定的。然而，可以证明：对于线性系统，如果存在渐近稳定的平衡状态，则它必定是大范围渐近稳定的。

(3) 若定理 4.2.1 中条件(2)的 $\mathrm{d}V(\boldsymbol{x},t)/\mathrm{d}t$ 是半负定的，则系统在平衡状态处是稳定的。

(4) 定理 4.2.1 既适合于线性系统、非线性系统，也适合于定常系统、时变系统。

定理 4.2.1 中关于 $\mathrm{d}V(\boldsymbol{x},t)/\mathrm{d}t$ 必须是负定的条件还是比较苛刻的，因为它要求对所有非零的 $\boldsymbol{x}$，$\mathrm{d}V(\boldsymbol{x},t)/\mathrm{d}t$ 都小于零。而事实上，只需要在系统的状态轨迹上 $V(\boldsymbol{x},t)$ 是减少的，即在系统状态轨迹上，$\mathrm{d}V(\boldsymbol{x},t)/\mathrm{d}t$ 小于零就可以了。以下定理证明了这样的想法是合理的，即定理 4.2.1 中 $\mathrm{d}V(\boldsymbol{x},t)/\mathrm{d}t$ 负定的条件可以进一步降低。

定理 4.2.2 考虑系统

$$\dot{\boldsymbol{x}}(t)=\boldsymbol{f}(\boldsymbol{x}(t),t)$$

原点是系统的平衡状态。若存在具有连续一阶偏导数的标量函数 $V(\boldsymbol{x},t)$，满足以下条件：

(1) $V(\boldsymbol{x},t)$是正定的；

(2) 沿系统的任意轨迹，$V(\boldsymbol{x},t)$关于时间 t 的导数 $\mathrm{d}V(\boldsymbol{x},t)/\mathrm{d}t$ 是半负定的；

(3) 在系统的任意轨迹上，$\mathrm{d}V(\boldsymbol{x},t)/\mathrm{d}t$ 不恒等于零；

(4) 当$\|\boldsymbol{x}\|\to\infty$时，$V(\boldsymbol{x},t)\to\infty$。

则系统在原点处的平衡状态是大范围渐近稳定的。

例 4.2.2 给定连续时间的时不变系统

$$\dot{x}_1=x_2$$

$$\dot{x}_2=-x_1-(1+x_2)^2x_2$$

分析其平衡状态的稳定性。

解 系统的平衡状态为 $x_1=0,x_2=0$。选取 $V(\boldsymbol{x})=x_1^2+x_2^2$，则

(1) $V(\boldsymbol{x})=x_1^2+x_2^2$是正定的。

(2) $\mathrm{d}V(\boldsymbol{x})/\mathrm{d}t=\begin{bmatrix}\dfrac{\partial V}{\partial x_1} & \dfrac{\partial V}{\partial x_2}\end{bmatrix}\begin{bmatrix}\dot{x}_1\\ \dot{x}_2\end{bmatrix}=[2x_1\quad 2x_2]\begin{bmatrix}x_2\\ -x_1-(1+x_2)^2x_2\end{bmatrix}=-2x_2^2(1+x_2)^2$

显然，$\mathrm{d}V(\boldsymbol{x})/\mathrm{d}t$ 是半负定的，故系统在原点处是稳定的。进而，系统在原点处是否渐近稳定呢？为此，需要分析 $\mathrm{d}V(\boldsymbol{x})/\mathrm{d}t$ 在系统任意状态轨迹上是否不恒等于零。

(3) 若 $\mathrm{d}V(\boldsymbol{x})/\mathrm{d}t\equiv0$，即对所有的 $t\geqslant0$，$-2x_2^2(1+x_2)^2\equiv0$，则必须有 $x_2\equiv0$ 或 $x_2\equiv-1$。而根据系统的状态方程，在系统的任意轨迹上，若 $x_2\equiv0$，则由状态方程中的第二个

方程可得 $x_1\equiv 0$；若 $x_2\equiv -1$，则也可由状态方程中的第二个方程可得 $x_1\equiv 0$，然而 $x_1\equiv 0, x_2\equiv -1$ 却不能满足第一个方程，这说明 $x_2\equiv -1$ 不可能是系统轨迹。因此，除了原点以外，在系统的任意轨迹上，$\mathrm{d}V(\boldsymbol{x})/\mathrm{d}t$ 均不可能恒等于零。

(4) 当 $\|\boldsymbol{x}\|=\sqrt{x_1^2+x_2^2}\to\infty$，显然有 $V(\boldsymbol{x})\to\infty$。

根据定理 4.2.2，系统在原点这个平衡状态处是大范围渐近稳定的。

另一方面，也可以考虑函数

$$V(\boldsymbol{x})=\frac{1}{2}[(x_1+x_2)^2+2x_1^2+2x_2^2]$$

显然，以上定义的 $V(\boldsymbol{x})$ 是正定的。而沿例 4.2.2 中系统的任意轨迹，$V(\boldsymbol{x})$ 关于时间的导数为

$$\begin{aligned}\mathrm{d}V(\boldsymbol{x})/\mathrm{d}t&=(x_1+x_2)(\dot{x}_1+\dot{x}_2)+2x_1\dot{x}_1+2x_2\dot{x}_2\\&=-(x_1^2+x_2^2)<0\end{aligned}$$

即 $\mathrm{d}V(\boldsymbol{x})/\mathrm{d}t$ 是负定的。根据定理 4.2.1，所考虑的系统在原点处是渐近稳定的。

这个结果也从一个侧面验证了定理 4.2.2 是正确的。同时，这个结果也说明了对一个给定的系统，判定系统渐近稳定的李雅普诺夫函数不是惟一的。

关于系统的不稳定性，给出如下结论：

定理 4.2.3　考虑系统

$$\dot{\boldsymbol{x}}(t)=\boldsymbol{f}(\boldsymbol{x}(t),t)$$

原点是系统的平衡状态。若存在一个标量函数 $V(\boldsymbol{x},t)$，具有连续的一阶偏导数，且满足以下条件：

(1) $V(\boldsymbol{x},t)$ 在原点附近的某一邻域内是正定的；

(2) $\mathrm{d}V(\boldsymbol{x},t)/\mathrm{d}t$ 在同样的邻域内也是正定的。

则系统在原点处的平衡状态是不稳定的。

显然，当 $\mathrm{d}V(\boldsymbol{x},t)/\mathrm{d}t$ 正定时，表示系统的能量在不断增大，故系统的状态必将发散，远离原点。所以，系统是不稳定的。

例 4.2.3　设系统的状态方程为

$$\dot{\boldsymbol{x}}=\begin{bmatrix}1&1\\-1&1\end{bmatrix}\boldsymbol{x}$$

分析该系统在原点处的稳定性。

解　选取 $V(\boldsymbol{x})=x_1^2+x_2^2$，则 $V(\boldsymbol{x})$ 是正定的。沿系统的任意轨迹，$V(\boldsymbol{x})$ 关于时间的导数为

$$\begin{aligned}\mathrm{d}V(\boldsymbol{x})/\mathrm{d}t&=2x_1\dot{x}_1+2x_2\dot{x}_2\\&=2x_1(x_1+x_2)+2x_2(-x_1+x_2)\\&=2(x_1^2+x_2^2)>0\end{aligned}$$

根据定理 4.2.3，系统在原点处是不稳定的。另一方面，由系统的特征方程

$$\det(\lambda\boldsymbol{I}-\boldsymbol{A})=\det\left(\begin{bmatrix}\lambda-1&-1\\-1&\lambda-1\end{bmatrix}\right)=\lambda^2-2\lambda+2=0$$

可知，方程中的系数不同号，从而其根不可能都在左半开复平面中。因此，系统是不稳定的。

从以上的分析可以看出：运用李雅普诺夫稳定性分析第二方法的关键在于寻找一个满足判别条件的李雅普诺夫函数。但李雅普诺夫稳定性定理本身并没有给出构造这样的李雅普诺夫函数的一般方法。实际上，对一般的系统，目前还没有一种构造李雅普诺夫函数的统一和有效的方法。因此，尽管李雅普诺夫稳定性定理在原理上很简单，但要应用李雅普诺夫方法来分析一般系统的稳定性，还需要依靠分析人员的技巧和经验。

那么，在构造李雅普诺夫函数时是否有可遵循的一些原则呢？以下通过分析李雅普诺夫函数的一些特性来为构造李雅普诺夫函数提供一些指导。

(1) 满足李雅普诺夫稳定性判别条件的李雅普诺夫函数是一个正定的标量函数，且对 $\boldsymbol{x}$ 应具有连续的一阶偏导数；

(2) 对一个给定的系统，李雅普诺夫函数通常不是惟一的；

(3) 李雅普诺夫函数的最简单形式是二次型函数 $V(\boldsymbol{x})=\boldsymbol{x}^{\mathrm{T}}\boldsymbol{P}\boldsymbol{x}$，其中的 $\boldsymbol{P}$ 是实对称矩阵，但二次型函数未必能成为某个给定系统的李雅普诺夫函数；

(4) 若一个特殊的二次型函数

$$V(\boldsymbol{x}) = x_1^2 + x_2^2 + \cdots + x_n^2$$

能成为某个给定系统的李雅普诺夫函数，则 $V(\boldsymbol{x})=C_k=$常值，$C_k>C_{k+1}$，$k=1,2,\cdots$，在几何上表示在状态空间中以原点为中心，以 C_k 为半径的超球面，且 $V(\boldsymbol{x})=C_{k+1}$ 的超球面必位于 $V(\boldsymbol{x})=C_k$ 的超球面之内。$V(\boldsymbol{x})$表示了 $\boldsymbol{x}$ 到原点的距离，$\mathrm{d}V(\boldsymbol{x})/\mathrm{d}t$表示了状态 $\boldsymbol{x}$ 相对原点运动的速度。

若 $\mathrm{d}V(\boldsymbol{x})/\mathrm{d}t<0$，即状态 $\boldsymbol{x}$ 到原点的距离随时间的推移而减小，则 $\boldsymbol{x}$ 必将收敛于原点，因此，系统在原点处是渐近稳定的；

若 $\mathrm{d}V(\boldsymbol{x})/\mathrm{d}t\leqslant 0$，即状态 $\boldsymbol{x}$ 到原点的距离随时间的推移而非增，故 $\boldsymbol{x}$ 总在原点的小邻域内，因此，系统在原点处是稳定的；

若 $\mathrm{d}V(\boldsymbol{x})/\mathrm{d}t>0$，即状态 $\boldsymbol{x}$ 到原点的距离随时间的推移而增加，则 $\boldsymbol{x}$ 会远离原点而去，因此，系统在原点处是不稳定的。

4.3 线性系统的稳定性分析

上一节给出了一般系统的李雅普诺夫稳定性定理，从定理的分析知道：李雅普诺夫稳定性定理的条件仅仅是充分的，定理的关键是寻找到一个李雅普诺夫函数。但对如何寻找这样的李雅普诺夫函数却没有提供有效的方法。然而，对线性时不变系统这一类特殊的系统，李雅普诺夫稳定性定理是否有更好的结论呢？经过研究，人们发现，对线性时不变系统这一类特殊系统的稳定性分析问题，李雅普诺夫稳定性定理提供的稳定性判据不仅是充分的，而且也是必要的，并且存在具有二次型形式的李雅普诺夫函数，从而提供了构造李雅普诺夫函数的有效方法。本节就来介绍这些结果。

考虑线性时不变自治系统

$$\dot{\boldsymbol{x}} = \boldsymbol{A}\boldsymbol{x} \tag{4.3.1}$$

其中，$\boldsymbol{x}$ 是系统的 n 维状态向量，$\boldsymbol{A}$ 是 $n\times n$ 维状态矩阵。显然，$\boldsymbol{x}_{\mathrm{e}}=\boldsymbol{0}$ 是系统(4.3.1)的平衡状态。以下通过李雅普诺夫第二方法来分析系统在该平衡状态处的稳定性。

对于系统(4.3.1),选取二次型函数

$$V(\boldsymbol{x}) = \boldsymbol{x}^{\mathrm{T}}\boldsymbol{P}\boldsymbol{x}$$

其中,$\boldsymbol{P}$是一个待定的对称正定矩阵,因此,二次型函数$V(\boldsymbol{x})$是正定的。

沿系统任意轨迹,$V(\boldsymbol{x})$关于时间的导数为

$$\begin{aligned} L(\boldsymbol{x}) &= \mathrm{d}V(\boldsymbol{x})/\mathrm{d}t = \dot{\boldsymbol{x}}^{\mathrm{T}}\boldsymbol{P}\boldsymbol{x} + \boldsymbol{x}^{\mathrm{T}}\boldsymbol{P}\dot{\boldsymbol{x}} \\ &= (\boldsymbol{A}\boldsymbol{x})^{\mathrm{T}}\boldsymbol{P}\boldsymbol{x} + \boldsymbol{x}^{\mathrm{T}}\boldsymbol{P}\boldsymbol{A}\boldsymbol{x} \\ &= \boldsymbol{x}^{\mathrm{T}}\boldsymbol{A}^{\mathrm{T}}\boldsymbol{P}\boldsymbol{x} + \boldsymbol{x}^{\mathrm{T}}\boldsymbol{P}\boldsymbol{A}\boldsymbol{x} \\ &= \boldsymbol{x}^{\mathrm{T}}(\boldsymbol{A}^{\mathrm{T}}\boldsymbol{P} + \boldsymbol{P}\boldsymbol{A})\boldsymbol{x} \end{aligned}$$

根据李雅普诺夫稳定性理论,系统(4.3.1)是渐近稳定的一个充分条件是：$L(\boldsymbol{x})$是负定的,即

$$L(\boldsymbol{x}) < \boldsymbol{0}$$

这等价于

$$\boldsymbol{A}^{\mathrm{T}}\boldsymbol{P} + \boldsymbol{P}\boldsymbol{A} < \boldsymbol{0} \tag{4.3.2}$$

因此,系统(4.3.1)渐近稳定的一个充分条件是存在一个对称正定矩阵$\boldsymbol{P}$,使得矩阵不等式(4.3.2)成立。理论上可进一步证明这个条件也是必要的,即：若系统(4.3.1)是渐近稳定的,则一定存在一个对称正定矩阵$\boldsymbol{P}$,使得矩阵不等式(4.3.2)成立。结合以上两方面讨论,得到以下的定理。

定理 4.3.1　线性时不变系统(4.3.1)在平衡点$\boldsymbol{x}_e=\boldsymbol{0}$处渐近稳定的充分必要条件是：存在一个对称正定矩阵$\boldsymbol{P}$,使得矩阵不等式(4.3.2)成立。

定理4.3.1指出：尽管对一般的系统,李雅普诺夫函数的存在只是系统稳定的一个充分条件,但对线性时不变系统却是充分必要的。而且只要系统是渐近稳定的,则必定存在一个二次型的李雅普诺夫函数,并给出了构造这个二次型函数的一般方法,那就是从矩阵不等式(4.3.2)中求取二次型表示矩阵$\boldsymbol{P}$。

根据定理4.3.1,线性时不变系统(4.3.1)的渐近稳定性分析问题转化成了一个矩阵不等式(4.3.2)是否存在一个对称正定矩阵解$\boldsymbol{P}$的可解性问题。目前,对后者有两种解决方法。以下分别来介绍这两种方法。

4.3.1　李雅普诺夫方程处理方法

我们的目的是检验是否存在一个对称正定矩阵$\boldsymbol{P}$,使得矩阵不等式(4.3.2)成立。若一个不等式是可行的,则满足不等式的解有无穷多个,往往难以确定,而满足一个方程的解往往只有有限多个,甚至只有惟一一个,相对容易确定。现在为了判别系统的稳定性,只需确定满足矩阵不等式(4.3.2)的一个对称正定解矩阵$\boldsymbol{P}$。考虑到在矩阵不等式(4.3.2)中的未知变量$\boldsymbol{P}$是以线性形式出现在其中,那么,是否可以通过将矩阵不等式(4.3.2)转化为一个矩阵方程,从而通过线性方程组的求解方法来求得矩阵不等式(4.3.2)的一个解呢?这就是李雅普诺夫方程处理方法的思想。

选取一个对称正定矩阵$\boldsymbol{Q}$,若矩阵方程

$$\boldsymbol{A}^{\mathrm{T}}\boldsymbol{P} + \boldsymbol{P}\boldsymbol{A} = -\boldsymbol{Q} \tag{4.3.3}$$

有一个对称正定解矩阵$\boldsymbol{P}$,则该对称正定矩阵$\boldsymbol{P}$就满足矩阵不等式(4.3.2)。而对于给定

的对称正定矩阵 $\boldsymbol{Q}$，式(4.3.3)是关于矩阵 $\boldsymbol{P}$ 的元素的一个线性方程组，从而可以应用求解线性方程组的方法从矩阵方程(4.3.3)中求取解矩阵 $\boldsymbol{P}$。

在求解矩阵方程(4.3.3)时，需要首先给定一个对称正定矩阵 $\boldsymbol{Q}$。那么是否会出现对某个给定的矩阵 $\boldsymbol{Q}$，方程(4.3.3)无解，而对另一个给定的矩阵 $\boldsymbol{Q}$，方程(4.3.3)又有解呢？理论上可以证明，矩阵方程(4.3.3)的可解性不依赖矩阵 $\boldsymbol{Q}$ 的选取，即，若对某一个矩阵 $\boldsymbol{Q}$，方程(4.3.3)是可解的，则对所有的对称正定矩阵 $\boldsymbol{Q}$，方程(4.3.3)也是可解的，尽管在计算上会有一定的差异。正是由于这一事实，为了方便起见，在具体系统的稳定性分析中，常常将矩阵 $\boldsymbol{Q}$ 选为单位矩阵，即 $\boldsymbol{Q}=\boldsymbol{I}$。

以上分析表明了可以通过求解一个线性方程组(4.3.3)，并检验由此得到的矩阵 $\boldsymbol{P}$ 的正定性来判别系统(4.3.1)是否是渐近稳定的。这样一个结论可以归纳成定理4.3.2。

定理 4.3.2 线性时不变系统(4.3.1)在平衡点 $\boldsymbol{x}_e=\boldsymbol{0}$ 处渐近稳定的充分必要条件是：对任意给定的对称正定矩阵 $\boldsymbol{Q}$，存在一个对称正定矩阵 $\boldsymbol{P}$，使得矩阵方程(4.3.3)成立。

矩阵方程(4.3.3)在检验线性时不变系统稳定性中起着重要的作用，因此给它一个特定的名字——李雅普诺夫矩阵方程，或简称李雅普诺夫方程，而不等式(4.3.2)则称为系统(4.3.1)的李雅普诺夫矩阵不等式，相应的矩阵 $\boldsymbol{P}$ 称为系统(4.3.1)的一个李雅普诺夫矩阵，由矩阵 $\boldsymbol{P}$ 可以确定系统的一个李雅普诺夫函数 $V(\boldsymbol{x})=\boldsymbol{x}^{\mathrm{T}}\boldsymbol{P}\boldsymbol{x}$，同时也可以得到 $\mathrm{d}V(\boldsymbol{x})/\mathrm{d}t=-\boldsymbol{x}^{\mathrm{T}}\boldsymbol{Q}\boldsymbol{x}$。通过求解李雅普诺夫方程(4.3.3)来判别系统稳定性的方法称为是稳定性分析的李雅普诺夫方程处理方法。

例 4.3.1 设二阶线性时不变系统的状态方程为

$$\begin{bmatrix}\dot{x}_1\\ \dot{x}_2\end{bmatrix}=\begin{bmatrix}0 & 1\\ -1 & -1\end{bmatrix}\begin{bmatrix}x_1\\ x_2\end{bmatrix}$$

试分析系统平衡状态的稳定性。

解 原点是系统的惟一平衡状态。求解李雅普诺夫方程

$$\boldsymbol{A}^{\mathrm{T}}\boldsymbol{P}+\boldsymbol{P}\boldsymbol{A}=-\boldsymbol{I}$$

其中的未知对称矩阵

$$\boldsymbol{P}=\begin{bmatrix}p_{11} & p_{12}\\ p_{12} & p_{22}\end{bmatrix}$$

将矩阵 $\boldsymbol{A}$ 和 $\boldsymbol{P}$ 的表示式代入李雅普诺夫方程中，可得

$$\begin{bmatrix}0 & -1\\ 1 & -1\end{bmatrix}\begin{bmatrix}p_{11} & p_{12}\\ p_{12} & p_{22}\end{bmatrix}+\begin{bmatrix}p_{11} & p_{12}\\ p_{12} & p_{22}\end{bmatrix}\begin{bmatrix}0 & 1\\ -1 & -1\end{bmatrix}=\begin{bmatrix}-1 & 0\\ 0 & -1\end{bmatrix}$$

进一步将以上矩阵方程展开，可得联立方程组

$$-2p_{12}=-1$$

$$p_{11}-p_{12}-p_{22}=0$$

$$2p_{12}-2p_{22}=-1$$

应用线性方程组的求解方法，可从上式解出 p_{11}、p_{12} 和 p_{22}，从而得矩阵 $\boldsymbol{P}$：

$$\begin{bmatrix}p_{11} & p_{12}\\ p_{12} & p_{22}\end{bmatrix}=\begin{bmatrix}\dfrac{3}{2} & \dfrac{1}{2}\\ \dfrac{1}{2} & 1\end{bmatrix}$$

根据矩阵正定性判别的塞尔维斯特方法，可得

$$\Delta_1 = \frac{3}{2} > 0, \quad \Delta_2 = \det\left(\begin{bmatrix} \frac{3}{2} & \frac{1}{2} \\ \frac{1}{2} & 1 \end{bmatrix}\right) > 0$$

故矩阵 $\boldsymbol{P}$ 是正定的。因此，系统在原点处的平衡状态是大范围渐近稳定的。

进一步，利用矩阵 $\boldsymbol{P}$ 可得系统的一个李雅普诺夫函数

$$V(\boldsymbol{x}) = \boldsymbol{x}^{\mathrm{T}}\boldsymbol{P}\boldsymbol{x} = \frac{1}{2}(3x_1^2 + 2x_1x_2 + 2x_2^2)$$

该李雅普诺夫函数沿系统任意轨迹关于时间的导数为

$$\mathrm{d}V(\boldsymbol{x})/\mathrm{d}t = \boldsymbol{x}^{\mathrm{T}}(-\boldsymbol{I})\boldsymbol{x} = -(x_1^2 + x_2^2)$$

MATLAB 软件给出了求解李雅普诺夫方程(4.3.3)的函数，它的一般形式为

```
P = lyap(A',Q)
```

注意，为了求解形如(4.3.3)的李雅普诺夫方程，在函数 lyap 的输入量中用的是 A'。特别的，

```
P = lyap(A,B,Q)
```

给出了矩阵方程

$$\boldsymbol{AP} + \boldsymbol{PB} = -\boldsymbol{Q}$$

的解。求解李雅普诺夫方程的函数还有 lyap2。

若要应用 MATLAB 软件来判断例 4.3.1 中系统的稳定性，可执行以下 m-文件：

```
A = [0 1; -1 -1];
P = lyap(A',eye(2))
```

得到

```
P =
    1.5000    0.5000
    0.5000    1.0000
```

进一步，由

```
eig(P)
```

给出矩阵 $\boldsymbol{P}$ 的特征值

```
ans =
    1.8090
    0.6910
```

由于矩阵 $\boldsymbol{P}$ 的所有特征值都是正的，故矩阵 $\boldsymbol{P}$ 是正定的。从而可以得到系统是渐近稳定的结论。

在一些实际控制系统中，操作员往往需要在线调整一些控制参数以改善系统的特性。然而这些参数的改变不应导致系统的不稳定，为此，需要确定这些参数可允许调节的范围，以确保系统始终是稳定的。以下例子说明了这方面的问题。

例 4.3.2 试确定如图 4.3.1 所示系统的增益 K 的范围，以使得系统是渐近稳定的。

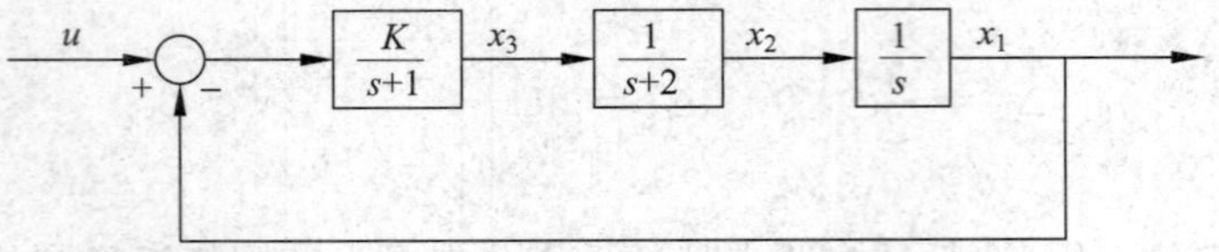

图 4.3.1 控制系统框图

解 由图 4.3.1 可得系统的状态方程为

$$\begin{bmatrix}\dot{x}_1\\\dot{x}_2\\\dot{x}_3\end{bmatrix}=\begin{bmatrix}0&1&0\\0&-2&1\\-K&0&-1\end{bmatrix}\begin{bmatrix}x_1\\x_2\\x_3\end{bmatrix}+\begin{bmatrix}0\\0\\K\end{bmatrix}u$$

在确定 K 的允许变化范围时，假设外部输入 u 为零。所考虑的自治系统为

$$\dot{x}_1=x_2 \tag{4.3.4a}$$

$$\dot{x}_2=-2x_2+x_3 \tag{4.3.4b}$$

$$\dot{x}_3=-Kx_1-x_3 \tag{4.3.4c}$$

容易验证系统(4.3.4)中状态矩阵的行列式不等于零，故原点是系统(4.3.4)惟一的平衡状态。选取实对称矩阵 $\boldsymbol{Q}$ 为

$$\boldsymbol{Q}=\begin{bmatrix}0&0&0\\0&0&0\\0&0&1\end{bmatrix} \tag{4.3.5}$$

显然，矩阵 $\boldsymbol{Q}$ 是半正定的。若对这样的矩阵 $\boldsymbol{Q}$，李雅普诺夫矩阵方程(4.3.3)有一个对称正定解矩阵 $\boldsymbol{P}$，则标量函数 $V(\boldsymbol{x})=\boldsymbol{x}^{\mathrm{T}}\boldsymbol{P}\boldsymbol{x}$ 是正定的，且沿所考虑系统的任意轨迹，$\mathrm{d}V(\boldsymbol{x})/\mathrm{d}t=-\boldsymbol{x}^{\mathrm{T}}\boldsymbol{Q}\boldsymbol{x}=-x_3^2$ 是半负定的。因此，系统(4.3.4)是稳定的。

为了判定系统是渐近稳定的，尚需证明在系统(4.3.4)的任意状态轨迹上，$\mathrm{d}V(\boldsymbol{x})/\mathrm{d}t$ 不恒等于零。为此，若 $\mathrm{d}V(\boldsymbol{x})/\mathrm{d}t=-x_3^2$ 恒等于零，则 x_3 一定恒等于零。而由 x_3 恒等于零，从式(4.3.4c)可得

$$0=-Kx_1-0$$

故 x_1 恒等于零。进一步，从式(4.3.4a)可得 x_2 也恒等于零。因此，使得 $\mathrm{d}V(\boldsymbol{x})/\mathrm{d}t$ 恒等于零的系统轨迹只能是原点这个平衡状态，从而对系统的任意非零轨迹，$\mathrm{d}V(\boldsymbol{x})/\mathrm{d}t$ 均不恒等于零。根据李雅普诺夫稳定性定理 4.2.2，系统是渐近稳定的。

以上分析说明：在用李雅普诺夫方程处理方法来判别线性时不变系统渐近稳定性时，李雅普诺夫方程(4.3.3)右边的矩阵 $\boldsymbol{Q}$ 有时也可允许是半正定的。这样做的好处是可使数学运算得到简化。

针对式(4.3.5)给出的矩阵 $\boldsymbol{Q}$，对应的李雅普诺夫方程(4.3.3)为

$$\begin{bmatrix}0&0&-K\\1&-2&0\\0&1&-1\end{bmatrix}\begin{bmatrix}p_{11}&p_{12}&p_{13}\\p_{12}&p_{22}&p_{23}\\p_{13}&p_{23}&p_{33}\end{bmatrix}+\begin{bmatrix}p_{11}&p_{12}&p_{13}\\p_{12}&p_{22}&p_{23}\\p_{13}&p_{23}&p_{33}\end{bmatrix}\begin{bmatrix}0&1&0\\0&-2&1\\-K&0&-1\end{bmatrix}=\begin{bmatrix}0&0&0\\0&0&0\\0&0&-1\end{bmatrix}$$

求解相应的线性方程组，可得

$$
P=\begin{bmatrix} \dfrac{K^2+12K}{12-2K} & \dfrac{6K}{12-2K} & 0 \\ \dfrac{6K}{12-2K} & \dfrac{3K}{12-2K} & \dfrac{K}{12-2K} \\ 0 & \dfrac{K}{12-2K} & \dfrac{6K}{12-2K} \end{bmatrix}
$$

以上矩阵 $\boldsymbol{P}$ 是正定的充分必要条件为

$$12-2K>0 \quad 和 \quad K>0$$

或

$$0<K<6$$

因此，当 $0<K<6$ 时，系统在原点处是大范围渐近稳定的。

4.3.2 线性矩阵不等式处理方法

线性矩阵不等式其实出现得很早，但被人们重视并在控制和信号处理中广泛应用却是近十年的事。目前，线性矩阵不等式处理方法已成为控制界常用和有效的一种方法，MATLAB 软件推出了线性矩阵不等式的工具箱 LMI Toolbox，为人们应用线性矩阵不等式来解决控制系统分析和综合中的一些问题提供了极大的方便。本小节首先介绍线性矩阵不等式的一些基本概念，进而，应用线性矩阵不等式处理方法来分析线性时不变系统的稳定性问题。

一个线性矩阵不等式就是具有以下一般形式的一个关系式：

$$\boldsymbol{L}_0+x_1\boldsymbol{L}_1+\cdots+x_N\boldsymbol{L}_N<\boldsymbol{0} \tag{4.3.6}$$

其中，$\boldsymbol{L}_0,\boldsymbol{L}_1,\cdots,\boldsymbol{L}_N$ 是给定的对称矩阵，$\boldsymbol{x}=[x_1,\cdots,x_N]^{\mathrm{T}}$ 是由不等式中的变量组成的向量。称 $x_1,\cdots,x_N$ 为决策变量，$\boldsymbol{x}$ 为由决策变量构成的向量，称为决策向量，式中的不等号表示左边的对称矩阵是负定的。

尽管表达式(4.3.6)是相当一般的，但在自动控制中的线性矩阵不等式却很少以这样的形式出现。例如，李雅普诺夫矩阵不等式

$$\boldsymbol{A}^{\mathrm{T}}\boldsymbol{X}+\boldsymbol{X}\boldsymbol{A}<\boldsymbol{0} \tag{4.3.7}$$

其中，矩阵 $\boldsymbol{A}=\begin{bmatrix}-1 & 2\\ 0 & -2\end{bmatrix}$，变量 $\boldsymbol{X}=\begin{bmatrix}x_1 & x_2\\ x_2 & x_3\end{bmatrix}$是一个对称矩阵。不等式(4.3.7)中的决策变量是矩阵 $\boldsymbol{X}$ 中的独立元 x_1、x_2、x_3，将矩阵 $\boldsymbol{A}$ 和 $\boldsymbol{X}$ 的表示式代入不等式(4.3.7)，经整理后可得

$$x_1\begin{bmatrix}-2 & 2\\ 2 & 0\end{bmatrix}+x_2\begin{bmatrix}0 & -3\\ -3 & 4\end{bmatrix}+x_3\begin{bmatrix}0 & 0\\ 0 & -4\end{bmatrix}<0 \tag{4.3.8}$$

这就写成了线性矩阵不等式的一般形式。显然，与李雅普诺夫矩阵不等式(4.3.7)相比，这样的表示式缺少了许多控制中的直观意义，如系统状态矩阵、李雅普诺夫矩阵等。另外，式(4.3.8)涉及到的矩阵也比式(4.3.7)中的多。如果矩阵 $\boldsymbol{A}$ 是 n 阶的，则式(4.3.6)中的系数矩阵一般有$n(n+1)/2$个，因此这样的表达式在计算机中将占用更多的存储空间。由于这样的一些原因，MATLAB 软件中的 LMI 工具箱将采用线性矩阵不等式的结构表示形式来描述所考虑的线性矩阵不等式，如线性矩阵不等式(4.3.7)就用矩阵变量 $\boldsymbol{X}$

来表示，而不是采用其一般形式(即不等式(4.3.8))来描述。

线性矩阵不等式是关于决策变量的一个凸约束，它的所有解的全体构成了一个凸集。上个世纪 80 年代提出的解决凸优化问题的内点法为线性矩阵不等式问题的求解提供了有效的方法。基于这一方法，LMI 工具箱开发并提供直接求解线性矩阵不等式问题的一些求解器，从而极大地方便了线性矩阵不等式在各个领域中的应用。

下面通过例 4.3.1 来具体说明如何用线性矩阵不等式处理方法来判别系统的稳定性。

为了分析例 4.3.1 中系统的稳定性，根据李雅普诺夫稳定性理论，就是要检验是否存在一个 2×2 维的对称矩阵 $\boldsymbol{P}$，使得线性矩阵不等式系统

$$\begin{cases}\boldsymbol{PA}+\boldsymbol{A}^{\mathrm{T}}\boldsymbol{P}<\boldsymbol{0}\\ \boldsymbol{P}>\boldsymbol{0}\end{cases} \tag{4.3.9}$$

是可行的，即存在一个解，其中的 $\boldsymbol{A}=\begin{bmatrix}0 & 1\\ -1 & -1\end{bmatrix}$。如果线性矩阵不等式系统(4.3.9)是可行的，则所考虑的系统是渐近稳定的。为此，这里应用 LMI 工具箱提供的相关命令和函数来检验系统(4.3.9)的可行性。

编制并执行以下的 m-文件：

```
% 输入系统状态矩阵
A = [0 1; -1 -1];

% 以命令 setlmis 开始描述一个线性矩阵不等式
setlmis([])
% 定义线性矩阵不等式中的决策变量 P
P = lmivar(1,[2 1]);

% 依次描述所涉及的线性矩阵不等式
% 1st LMI
lmiterm([1 1 1 P],A',1,'s');

% 2nd LMI
lmiterm([2 1 1 P],-1,1);

% 以命令 getlmis 结束线性矩阵不等式系统的描述，并命名为 lmis
lmis = getlmis;
% 调用线性矩阵不等式系统可行性问题的求解器 feasp
[tmin,xfeas] = feasp(lmis);
% 将得到的决策变量值转化为矩阵形式
PP = dec2mat(lmis,xfeas,P)
```

可得相应的线性矩阵不等式系统(4.3.9)是可行的，且该系统的一个可行解为

```
PP =
    93.7314   27.4336
    27.4336   70.8701
```

进一步，由

```
eig(P)
```

可得

```
ans =
   112.0205
    52.5810
```

因此，得到的解矩阵 $\boldsymbol{P}$ 是正定的。根据定理 4.3.2，所考虑的系统是渐近稳定的。

和李雅普诺夫方程处理方法不同，在线性矩阵不等式处理方法中，无需设计者预先选定问题的一些参数(例如李雅普诺夫方程处理方法中，需要设计者预先选定对称正定矩阵 $\boldsymbol{Q}$)，从而避免了由于一些参数的选择不当而导致问题的无解及结果的保守性或计算的复杂性。另一方面，李雅普诺夫方程处理方法给出的只是问题的一个解，而线性矩阵不等式处理方法则给出了问题的一组凸约束，确定了一个凸解集，从而可以结合系统的其他性能要求，和这组凸约束联立，从原来的凸解集中确定满足系统多个性能要求的解(以后会进一步说明这个事实)。

4.4 李雅普诺夫稳定性方法在控制系统分析中的应用

李雅普诺夫稳定性方法在系统分析和设计中有着广泛的应用。它不仅可以用来判别一个系统的稳定性，或者确定系统中某些参数的取值范围，以使得系统保持稳定，还可用于设计使得闭环系统稳定的控制器，即稳定化控制器的设计；线性系统时间常数的估计；确定系统的最优化参数等。

本节将介绍李雅普诺夫稳定性方法在控制系统分析和设计中的一些应用。

4.4.1 渐近稳定线性系统时间常数的估计

李雅普诺夫稳定性方法可用来估计渐近稳定系统的响应速度。若系统的初始状态由于某种扰动而偏离平衡状态，我们不仅希望系统是渐近稳定的，从而偏离平衡状态的系统状态能逐渐回到平衡状态，而且还希望能够估计出状态将以多快的速度，或者说用多长时间重新回到平衡状态。

李雅普诺夫函数 $V(\boldsymbol{x})$ 的物理意义是系统的能量，其值随状态 $\boldsymbol{x}$ 的位置而变化。从几何意义上看，李雅普诺夫函数 $V(\boldsymbol{x})$ 又可看成是度量状态 $\boldsymbol{x}$ 到系统平衡状态之间距离的尺度。对一个二阶线性系统，取李雅普诺夫函数

$$V(\boldsymbol{x}) = x_1^2 + x_2^2$$

$V(\boldsymbol{x})$ 的值恰好是状态 $\boldsymbol{x}$ 到原点距离的平方。负定的 $\mathrm{d}V(\boldsymbol{x})/\mathrm{d}t$ 表明 $V(\boldsymbol{x})$ 随时间增加而逐渐减小，从而状态 $\boldsymbol{x}$ 到原点的距离随时间增加也不断减小。因此，$\mathrm{d}V(\boldsymbol{x})/\mathrm{d}t$ 可以度量状态 $\boldsymbol{x}$ 趋向原点的速度。

定义 4.4.1 设原点是系统的平衡状态，并假定系统在该平衡状态处是渐近稳定

的，则

$$\eta=-\frac{\dot{V}(\boldsymbol{x})}{V(\boldsymbol{x})} \tag{4.4.1}$$

称为系统状态趋向于平衡状态的快速性指标，其中$\dot{V}(\boldsymbol{x})=\mathrm{d}V(\boldsymbol{x})/\mathrm{d}t$。

对一个渐近稳定的系统，由于 $V(\boldsymbol{x})$是正定的，$\dot{V}(\boldsymbol{x})$是负定的，故 η 总是正的。由式(4.4.1)可得

$$V(\boldsymbol{x})=V(\boldsymbol{x}_0)\mathrm{e}^{-\int_{t_0}^{t}\eta\mathrm{d}t} \tag{4.4.2}$$

其中的 t_0 和 $\boldsymbol{x}_0$ 分别是系统的初始时刻和初始状态。由上式可以看出：η 越大，$V(\boldsymbol{x})$衰减到零的速度就越快，从而系统状态趋于平衡状态的速度也就越快。

一般的，η 是时变的，故要从式(4.4.2)估计状态的衰减率还是很困难的。为了方便，可以取 η 的最小值来分析，定义

$$\eta_{\min}=\min\left[-\frac{\dot{V}(\boldsymbol{x})}{V(\boldsymbol{x})}\right]=\text{常数} \tag{4.4.3}$$

该值表示状态的最小衰减率。根据式(4.4.1)和式(4.4.3)，可得

$$V(\boldsymbol{x})\leqslant V(\boldsymbol{x}_0)\mathrm{e}^{-\int_{t_0}^{t}\eta_{\min}\mathrm{d}t}=V(\boldsymbol{x}_0)\mathrm{e}^{-\eta_{\min}t} \tag{4.4.4}$$

$\eta_{\min}$给出了 $V(\boldsymbol{x})$趋于零的速度的估计。由于 $V(\boldsymbol{x})$常常取成状态 $\boldsymbol{x}$ 的二次型，故 $\eta_{\min}$ 也可以作为状态 $\boldsymbol{x}$ 趋于原点的速度的估计。$1/\eta_{\min}$可以解释为李雅普诺夫函数 $V(\boldsymbol{x})$衰减到零的最大时间常数，它约为系统自由响应时间常数的一半(即 $T=2/\eta_{\min}$)。

$\eta_{\min}$依赖于李雅普诺夫函数的选取，选择对应于不同李雅普诺夫函数的各 $\eta_{\min}$ 中最大的一个作为系统自由响应函数收敛快慢的估计更为合理。

对于一般的系统，$\eta_{\min}$的求取还是很困难的。但对于线性系统，$\eta_{\min}$的求取会方便一些。因为，总可以取 $V(\boldsymbol{x})=\boldsymbol{x}^{\mathrm{T}}\boldsymbol{P}\boldsymbol{x}$ 作为系统的一个李雅普诺夫函数，而$\dot{V}(\boldsymbol{x})=-\boldsymbol{x}^{\mathrm{T}}\boldsymbol{Q}\boldsymbol{x}$，其中的矩阵 $\boldsymbol{Q}$ 是任意给定的对称正定矩阵，$\boldsymbol{P}$ 是李雅普诺夫方程

$$\boldsymbol{A}^{\mathrm{T}}\boldsymbol{P}+\boldsymbol{P}\boldsymbol{A}=-\boldsymbol{Q}$$

的解矩阵。进一步，由于

$$\begin{aligned}\eta_{\min}&=\min_{\boldsymbol{x}}\left[-\frac{\dot{V}(\boldsymbol{x})}{V(\boldsymbol{x})}\right]\\&=\min_{\boldsymbol{x}}\left[\frac{\boldsymbol{x}^{\mathrm{T}}\boldsymbol{Q}\boldsymbol{x}}{\boldsymbol{x}^{\mathrm{T}}\boldsymbol{P}\boldsymbol{x}}\right]\\&=\min_{\boldsymbol{x}}\{\boldsymbol{x}^{\mathrm{T}}\boldsymbol{Q}\boldsymbol{x},\quad \boldsymbol{x}^{\mathrm{T}}\boldsymbol{P}\boldsymbol{x}=1\}\end{aligned} \tag{4.4.5}$$

可以通过求解条件极值问题的方法，得到

$$\eta_{\min}=\lambda_{\min}(\boldsymbol{Q}\boldsymbol{P}^{-1}) \tag{4.4.6}$$

其中的 $\lambda_{\min}(\cdot)$表示矩阵$(\cdot)$的最小特征值。

例 4.4.1 估计系统

$$\dot{\boldsymbol{x}}=\begin{bmatrix}0 & 1\\ -3 & -4\end{bmatrix}\boldsymbol{x}$$

的最大时间常数。

解 取 $\boldsymbol{Q}=\boldsymbol{I}$，则

$$\begin{aligned}\boldsymbol{A}^{\mathrm{T}}\boldsymbol{P}+\boldsymbol{P}\boldsymbol{A}&=\begin{bmatrix}0&-3\\1&-4\end{bmatrix}\begin{bmatrix}p_{11}&p_{12}\\p_{12}&p_{22}\end{bmatrix}+\begin{bmatrix}p_{11}&p_{12}\\p_{12}&p_{22}\end{bmatrix}\begin{bmatrix}0&1\\-3&-4\end{bmatrix}\\&=\begin{bmatrix}-6p_{12}&p_{11}-4p_{12}-3p_{22}\\p_{11}-4p_{12}-3p_{22}&2p_{12}-8p_{22}\end{bmatrix}\\&=\begin{bmatrix}-1&0\\0&-1\end{bmatrix}\end{aligned}$$

由此可解出

$$\boldsymbol{P}=\frac{1}{6}\begin{bmatrix}7&1\\1&1\end{bmatrix}$$

从

$$\boldsymbol{Q}\boldsymbol{P}^{-1}=\begin{bmatrix}1&-1\\-1&7\end{bmatrix}$$

可得

$$\eta_{\min}=\lambda_{\min}(\boldsymbol{Q}\boldsymbol{P}^{-1})=0.838$$

因此，$V(\boldsymbol{x})$收敛到零的时间常数上界为 $1/\eta_{\min}=1.1933\mathrm{s}$，系统自由响应时间常数的上界是 $T_M=2/\eta_{\min}=2.3866\mathrm{s}$。

4.4.2 参数优化问题

考虑系统

$$\dot{\boldsymbol{x}}=\boldsymbol{A}(\alpha)\boldsymbol{x},\quad \boldsymbol{x}(0)=\boldsymbol{x}_0 \tag{4.4.7}$$

其中，$\boldsymbol{x}$ 是系统的 n 维状态向量，系统矩阵中含有可调参数 α。一般的，参数 α 不仅可以影响到系统的稳定性，而且还可以影响到系统的动态特性。希望选择最优参数 α，使得系统是渐近稳定的，同时使得性能指标

$$J=\int_0^{\infty}\boldsymbol{x}^{\mathrm{T}}\boldsymbol{Q}\boldsymbol{x}\,\mathrm{d}t \tag{4.4.8}$$

最小化，其中的 $\boldsymbol{Q}$ 是对称正定加权矩阵。这样一个问题称为是参数优化问题，其目的在于在保证系统稳定的前提下，使得系统具有一些其他的性能，例如好的过渡过程特性等。

特别的，若取 $n=1,Q=1$，则相应的性能指标(4.4.8)变为

$$J=\int_0^{\infty}x^2\,\mathrm{d}t \tag{4.4.9}$$

由式(4.4.9)确定的性能指标值 J 就是曲线 x^2 所包围图形的面积，如图 4.4.1 所示。

因此，性能指标值 J 越小，系统状态衰减到零的速度就越快，调节时间越短，振荡幅度也越小，故动态性能就越好。

若首先求解系统(4.4.7)，然后将得到的系统状态解析表达式代入积分性能指标(4.4.8)得到一个 α 的函数，再利用极值问题的求解方法求该函数的最小值。显然，这样的求解参数优化问题方法并不可取。首先，这个过程很繁琐，要求出带有未知参数的状态方程(4.4.7)的解析解并非易事；其次，无法保证所得到的最优值 α 能使系统(4.4.7)是

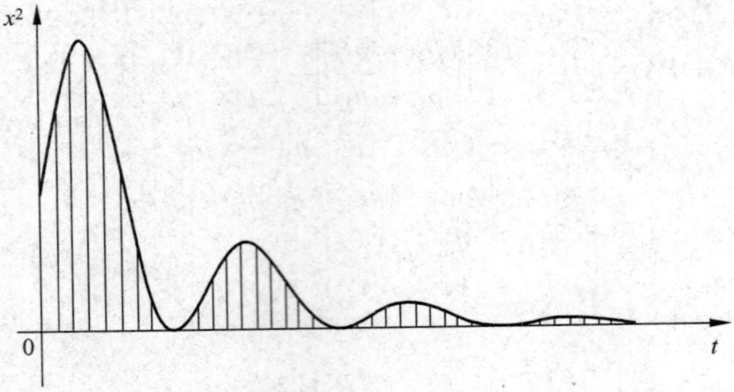

图 4.4.1 曲线 x^2 所包围图形的面积

渐近稳定的。然而,利用李雅普诺夫稳定性分析方法可以有效解决这个问题,这种方法不仅能保证所得到的参数使系统(4.4.7)渐近稳定,而且可以避免求解微分方程(4.4.7)和积分式(4.4.8)。以下就来介绍这一方法。

由于选择的参数 α 要保证系统是渐近稳定的,根据李雅普诺夫稳定性定理,须对任意给定的对称正定矩阵 $\boldsymbol{R}$,李雅普诺夫方程

$$\boldsymbol{A}^{\mathrm{T}}(\alpha)\boldsymbol{P}+\boldsymbol{PA}(\alpha)=-\boldsymbol{R} \tag{4.4.10}$$

存在惟一对称正定解矩阵 $\boldsymbol{P}$。此时,$V(\boldsymbol{x})=\boldsymbol{x}^{\mathrm{T}}\boldsymbol{Px}$ 是系统(4.4.7)的一个李雅普诺夫函数,且沿该系统的任意轨迹,

$$\mathrm{d}V(\boldsymbol{x})/\mathrm{d}t=-\boldsymbol{x}^{\mathrm{T}}\boldsymbol{Rx}$$

在上式两边分别对时间 t 从 0 到∞积分,并利用系统的渐近稳定性,可得

$$-\int_0^\infty \boldsymbol{x}^{\mathrm{T}}\boldsymbol{Rx}\,\mathrm{d}t=\int_0^\infty \frac{\mathrm{d}V(\boldsymbol{x})}{\mathrm{d}t}\mathrm{d}t=-V(x(0))=-\boldsymbol{x}_0^{\mathrm{T}}\boldsymbol{Px}_0$$

因此

$$\int_0^\infty \boldsymbol{x}^{\mathrm{T}}\boldsymbol{Rx}\,\mathrm{d}t=\boldsymbol{x}_0^{\mathrm{T}}\boldsymbol{Px}_0$$

由于李雅普诺夫方程(4.4.10)中的矩阵 $\boldsymbol{R}$ 是任意的对称正定矩阵,故若选 $\boldsymbol{R}=\boldsymbol{Q}$,则可得

$$\int_0^\infty \boldsymbol{x}^{\mathrm{T}}\boldsymbol{Qx}\,\mathrm{d}t=\boldsymbol{x}_0^{\mathrm{T}}\boldsymbol{Px}_0 \tag{4.4.11}$$

其中的矩阵 $\boldsymbol{P}$ 是李雅普诺夫方程

$$\boldsymbol{A}^{\mathrm{T}}(\alpha)\boldsymbol{P}+\boldsymbol{PA}(\alpha)=-\boldsymbol{Q} \tag{4.4.12}$$

的对称正定解。式(4.4.11)表明了系统的性能指标值可以通过求解一个静态的李雅普诺夫矩阵方程来计算,显然,这要比求解一个微分方程和积分式简单得多。从李雅普诺夫方程(4.4.12)可以看出,由该方程得到的李雅普诺夫矩阵 $\boldsymbol{P}$ 依赖参数 α。因此,

$$J=\boldsymbol{x}_0^{\mathrm{T}}\boldsymbol{P}(\alpha)\boldsymbol{x}_0$$

从而,原来的参数优化问题转化为选择参数 α,使得上式的 J 最小化。这是一个函数极值问题,可通过求稳定点的方法来求解,即由

$$\frac{\partial J}{\partial \alpha}=0$$

求出 α。一般情况下，参数 α 的最优值与初始状态 $\boldsymbol{x}_0$ 有关。

例 4.4.2 研究如图 4.4.2 所示的系统，确定阻尼比 $\alpha>0$ 的值，使得系统在单位阶跃输入 $r(t)=1(t)$ 作用下，性能指标

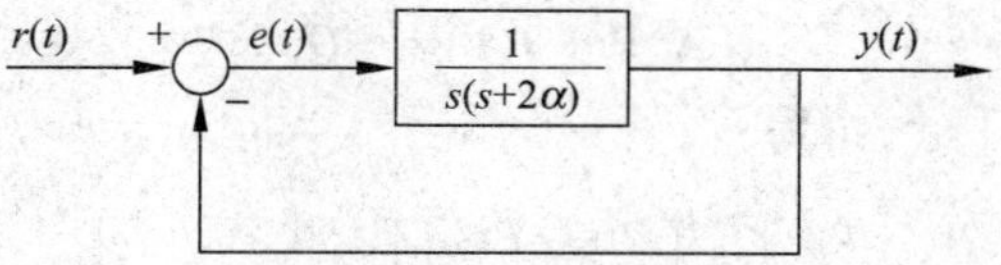

图 4.4.2　具有可调参数的反馈系统

$$J=\int_0^{\infty}(e^2+\mu\dot{e}^2)\mathrm{d}t$$

达到极小。式中的 e 为误差信号，$e=r-y$，$\mu>0$ 是一个常数。假设系统开始时是静止的。

解　由图 4.4.2 可得

$$\frac{Y(s)}{R(s)}=\frac{1}{s^2+2\alpha s+1}$$

或

$$\ddot{y}+2\alpha\dot{y}+y=r$$

依据误差信号 e 的形式 $e=r-y$，可得

$$\ddot{e}+2\alpha\dot{e}+e=\ddot{r}+2\alpha\dot{r}$$

由于输入 $r(t)$ 是单位阶跃函数，所以 $\dot{r}(0^+)=0,\ddot{r}(0^+)=0$。故对 $t\geqslant 0$

$$\ddot{e}+2\alpha\dot{e}+e=0,\quad e(0^+)=1,\quad \dot{e}(0^+)=0$$

定义状态变量

$$x_1=e,\quad x_2=\dot{e}$$

则状态方程为

$$\dot{\boldsymbol{x}}=\begin{bmatrix}0 & 1\\ -1 & -2\alpha\end{bmatrix}\boldsymbol{x}\tag{4.4.13}$$

性能指标 J 可写为

$$\begin{aligned}J&=\int_{0+}^{\infty}(e^2+\mu\dot{e}^2)\mathrm{d}t=\int_{0+}^{\infty}(x_1^2+\mu x_2^2)\mathrm{d}t\\&=\int_{0+}^{\infty}\begin{bmatrix}x_1 & x_2\end{bmatrix}\begin{bmatrix}1 & 0\\ 0 & \mu\end{bmatrix}\begin{bmatrix}x_1\\ x_2\end{bmatrix}\mathrm{d}t\\&=\int_{0+}^{\infty}\boldsymbol{x}^{\mathrm{T}}\boldsymbol{Q}\boldsymbol{x}\,\mathrm{d}t\end{aligned}$$

其中，

$$\boldsymbol{x}=\begin{bmatrix}x_1\\ x_2\end{bmatrix}=\begin{bmatrix}e\\ \dot{e}\end{bmatrix},\quad \boldsymbol{Q}=\begin{bmatrix}1 & 0\\ 0 & \mu\end{bmatrix}$$

系统(4.4.14)的初始状态为

$$\begin{bmatrix}x_1(0^+)\\ x_2(0^+)\end{bmatrix}=\begin{bmatrix}1\\ 0\end{bmatrix}$$

当 $\alpha>0$ 时，系统(4.4.14)是渐近稳定的，故根据前面的讨论，J 的最小值为

$$J=\boldsymbol{x}^{\mathrm{T}}(0^{+})\boldsymbol{P}\boldsymbol{x}(0^{+})$$

式中的 $\boldsymbol{P}$ 由下式确定：

$$\boldsymbol{A}^{\mathrm{T}}\boldsymbol{P}+\boldsymbol{P}\boldsymbol{A}=-\boldsymbol{Q}$$

将各矩阵的表示式代入上式，可得

$$\begin{bmatrix}0 & -1\\ 1 & -2\alpha\end{bmatrix}\begin{bmatrix}p_{11} & p_{12}\\ p_{12} & p_{22}\end{bmatrix}+\begin{bmatrix}p_{11} & p_{12}\\ p_{12} & p_{22}\end{bmatrix}\begin{bmatrix}0 & 1\\ -1 & -2\alpha\end{bmatrix}=\begin{bmatrix}-1 & 0\\ 0 & -\mu\end{bmatrix}$$

进一步可得到关于矩阵 $\boldsymbol{P}$ 中元素的一个线性方程组

$$-2p_{12}=-1$$

$$p_{11}-2\alpha p_{12}-p_{22}=0$$

$$2p_{12}-4\alpha p_{22}=-\mu$$

求解以上线性方程组，可得

$$\boldsymbol{P}=\begin{bmatrix}\alpha+\dfrac{1+\mu}{\alpha} & \dfrac{1}{2}\\ \dfrac{1}{2} & \dfrac{1+\mu}{4\alpha}\end{bmatrix}$$

性能指标

$$J=\boldsymbol{x}^{\mathrm{T}}(0^{+})\boldsymbol{P}\boldsymbol{x}(0^{+})=\alpha+\frac{1+\mu}{4\alpha}$$

为了求得使 J 极小的 α，可令 $\partial J/\partial\alpha=0$，即

$$\frac{\partial J}{\partial\alpha}=1-\frac{1+\mu}{4\alpha^{2}}=0$$

从上式可得

$$\alpha=\sqrt{1+\mu}/2$$

因此，α 的最优值是 $\sqrt{1+\mu}/2$。若 $\mu=1$，则 $\alpha=0.707$。即当 $\alpha=0.707$ 时，系统的闭环传递函数

$$G(s)=\frac{1}{s^{2}+\sqrt{2}s+1}$$

在输出信号 $y(t)$ 跟踪单位阶跃输入信号 $r(t)=1(t)$ 的整个过程中，误差信号 $e(t)$ 和误差信号的变化率 $\dot{e}(t)$ 所消耗的能量之和最小，且

$$J_{\min}=\int_{0}^{\infty}[e^{2}(t)+\dot{e}^{2}(t)]\mathrm{d}t=\sqrt{2}$$

进一步，若减小加权矩阵 $\boldsymbol{Q}$ 中的参数 μ，则表示更加强调误差信号 $e(t)$ 的能量消耗。特别是当 $\mu=0$ 时，性能指标转化为误差平方积分指标，即

$$J=\int_{0}^{\infty}e^{2}(t)\mathrm{d}t$$

此时，使得该性能指标最小化的参数 α 的最优值是 $\alpha=0.5$。

4.4.3　基于李雅普诺夫稳定性理论的控制器设计

李雅普诺夫稳定性理论不仅可以用来分析各种系统的稳定性，更重要的是可以用来设计使得闭环系统稳定的控制器，这是经典控制理论中的一些稳定性分析方法所不能及的。正是这一特性使得李雅普诺夫稳定性理论成为现代控制中诸多分支的重要理论基础和分析工具。

例 4.4.3　验证如图 4.4.3 所示的系统不是渐近稳定的，并构造一个控制律，使其成为一个渐近稳定的系统。

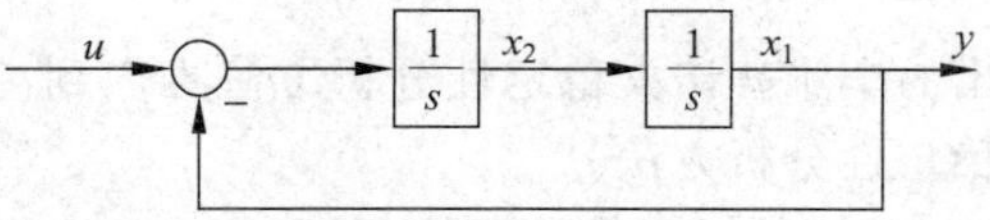

图 4.4.3　例 4.4.3 的系统结构图

解　根据图 4.4.3，可以得到系统的状态方程为

$$\begin{bmatrix}\dot{x}_1\\ \dot{x}_2\end{bmatrix}=\begin{bmatrix}0 & 1\\ -1 & 0\end{bmatrix}\begin{bmatrix}x_1\\ x_2\end{bmatrix}+\begin{bmatrix}0\\ 1\end{bmatrix}u$$

容易验证

$$\mathrm{e}^{\boldsymbol{A}t}=\begin{bmatrix}\cos t & \sin t\\ -\sin t & \cos t\end{bmatrix}$$

其中的 $\boldsymbol{A}=\begin{bmatrix}0 & 1\\ -1 & 0\end{bmatrix}$。系统自由运动的状态轨迹为

$$\begin{bmatrix}x_1(t)\\ x_2(t)\end{bmatrix}=\begin{bmatrix}\cos t & \sin t\\ -\sin t & \cos t\end{bmatrix}\begin{bmatrix}x_{10}\\ x_{20}\end{bmatrix}$$

其中的 $[x_{10}\quad x_{20}]^{\mathrm{T}}$ 是系统在 $t=0$ 时刻的初始状态。从以上状态轨迹可以知道：它们是有界的，且不会随时间的推移而渐近趋向于零，因此系统是稳定的，但非渐近稳定的。

以下应用李雅普诺夫稳定性理论来确定一个控制律，使得相应的闭环系统是渐近稳定的。为此，考虑一个候选的李雅普诺夫函数

$$V(\boldsymbol{x})=x_1^2+x_2^2$$

显然，该函数是正定的。若能找到一个适当的控制律 u，使得沿该控制律导出的闭环系统任意状态轨迹，$V(\boldsymbol{x})$ 关于时间的导数

$$\begin{aligned}\mathrm{d}V(\boldsymbol{x})/\mathrm{d}t &= 2x_1\dot{x}_1+2x_2\dot{x}_2\\ &= 2x_1x_2+2x_2(-x_1+u)\\ &= 2x_2u\end{aligned}$$

是负定的，或者是半负定的，但在闭环系统的任意轨迹上不恒为零，则闭环系统就是渐近稳定的。显然，满足这样要求的 u 是很多的，特别地，若选取 $u=-kx_2(k>0)$，则 $\mathrm{d}V(\boldsymbol{x})/$

$\mathrm{d}t=-kx_2^2$ 是半负定的，然而可以验证在相应闭环系统的任意非零轨迹上，$\mathrm{d}V(\boldsymbol{x})/\mathrm{d}t$ 不恒为零。因此，具有控制律 $u=-kx_2(k>0)$ 的闭环系统是渐近稳定的。

$u=-kx_2$ 就是速度负反馈补偿措施，它能增加系统的阻尼，有利于系统的稳定。

例 4.4.3 中控制律的设计过程也揭示了利用李雅普诺夫稳定性理论来设计稳定化控制律的一般方法：首先选取一个正定的标量函数 $V(\boldsymbol{x})$，然后，通过使得 $\mathrm{d}V(\boldsymbol{x})/\mathrm{d}t<0$ 来确定稳定化控制律。特别是对线性时不变系统，$V(\boldsymbol{x})$可以选为二次型。

4.5 离散时间系统稳定性分析

这一节将把前面提出的李雅普诺夫稳定性分析方法推广到离散时间系统，提出离散时间系统的李雅普诺夫稳定性分析方法。

若 $V(\boldsymbol{x}(k))$是离散时间系统的一个能量函数，则用 $V(\boldsymbol{x}(k))$的前向差分 $\Delta V(\boldsymbol{x}(k))=V(\boldsymbol{x}(k+1))-V(\boldsymbol{x}(k))$来描述系统能量的变化情况。

考虑时不变离散时间系统

$$\boldsymbol{x}(k+1)=\boldsymbol{f}(\boldsymbol{x}(k)) \tag{4.5.1}$$

定理 4.5.1 对离散系统(4.5.1)，如果存在一个标量函数 $V(\boldsymbol{x}(k))$，满足以下条件：

(1) $V(\boldsymbol{x}(k))$是正定的；

(2) 沿系统(4.5.1)的任意轨迹，差分 $\Delta V(\boldsymbol{x}(k))=V(\boldsymbol{x}(k+1))-V(\boldsymbol{x}(k))$是负定的；

(3) 当 $\|\boldsymbol{x}(k)\|\to\infty$时，$V(\boldsymbol{x}(k))\to\infty$。

则系统在原点这个平衡状态处是大范围渐近稳定的。

在实际运用定理 4.5.1 时，由于条件(2)偏于苛刻，以致对许多系统都难以找到满足条件(2)的标量函数 $V(\boldsymbol{x}(k))$。类似于连续系统的情况，可相应放宽其条件，得到具有较小保守性的李雅普诺夫稳定性定理。

定理 4.5.2 对离散时间系统(4.5.1)，如果存在一个标量函数 $V(\boldsymbol{x}(k))$，满足以下条件：

(1) $V(\boldsymbol{x}(k))$是正定的；

(2) 沿系统(4.5.1)的任意轨迹，差分 $\Delta V(\boldsymbol{x}(k))$是半负定的；

(3) 对系统(4.5.1)的任意轨迹 $\boldsymbol{x}(k)$，$\Delta V(\boldsymbol{x}(k))$不恒为零；

(4) 当 $\|\boldsymbol{x}(k)\|\to\infty$时，有 $V(\boldsymbol{x}(k))\to\infty$。

则系统在原点这个平衡状态处是大范围渐近稳定的。

满足定理 4.5.1 和定理 4.5.2 中条件的标量函数 $V(\boldsymbol{x}(k))$称为是系统(4.5.1)的李雅普诺夫函数。

类似于连续系统，定理 4.5.1 和定理 4.5.2 的条件也仅仅是充分的。因此，要判断系统(4.5.1)是否是渐近稳定的，关键在于是否能找到满足定理 4.5.1 和定理 4.5.2 的标量函数 $V(\boldsymbol{x}(k))$。然而，对一般的离散时间系统，定理也没有给出构造李雅普诺夫函数 $V(\boldsymbol{x}(k))$的有效方法。同样，对线性时不变离散时间系统，和连续系统的情况一样，这些不足都将不存在。

考虑线性时不变离散系统

$$x(k+1)=Ax(k) \tag{4.5.2}$$

显然,状态空间的原点是系统的平衡状态。选取一个二次型函数 $V(k)=\boldsymbol{x}^{\mathrm{T}}(k)\boldsymbol{P}\boldsymbol{x}(k)$,其中 $\boldsymbol{P}$ 是一个待定的对称正定矩阵。沿系统的任意状态轨迹,函数 $V(k)$的前向差分

$$\begin{aligned}\Delta V(k) &= V(k+1)-V(k)\\ &= \boldsymbol{x}^{\mathrm{T}}(k+1)\boldsymbol{P}\boldsymbol{x}(k+1)-\boldsymbol{x}^{\mathrm{T}}(k)\boldsymbol{P}\boldsymbol{x}(k)\\ &= [\boldsymbol{A}\boldsymbol{x}(k)]^{\mathrm{T}}\boldsymbol{P}\boldsymbol{A}\boldsymbol{x}(k)-\boldsymbol{x}^{\mathrm{T}}(k)\boldsymbol{P}\boldsymbol{x}(k)\\ &= \boldsymbol{x}^{\mathrm{T}}(k)(\boldsymbol{A}^{\mathrm{T}}\boldsymbol{P}\boldsymbol{A}-\boldsymbol{P})\boldsymbol{x}(k)\end{aligned}$$

若能找到一个对称正定矩阵 $\boldsymbol{P}$,使得

$$\boldsymbol{A}^{\mathrm{T}}\boldsymbol{P}\boldsymbol{A}-\boldsymbol{P}<\boldsymbol{0} \tag{4.5.3}$$

则 $V(k)$是正定的,且沿系统的任意状态轨迹,$\Delta V(k)$是负定的。因此,$V(k)$是系统(4.5.2)的一个李雅普诺夫函数,故系统(4.5.2)在原点处是渐近稳定的。理论上可以证明:以上结论的逆也是成立的,即:若系统(4.5.2)是渐近稳定的,则一定存在一个对称正定矩阵 $\boldsymbol{P}$,使得矩阵不等式(4.5.3)成立。

以上分析说明了线性时不变离散系统(4.5.2)的渐近稳定性等价于矩阵不等式(4.5.3)存在一个对称正定解矩阵。类似于连续系统的情形,对后一个问题的求解也有李雅普诺夫方程处理方法和线性矩阵不等式处理方法。以下主要介绍李雅普诺夫方程处理方法。

定理 4.5.3 线性时不变离散系统(4.5.2)在原点处渐近稳定的充分必要条件是:对任意给定的对称正定矩阵 $\boldsymbol{Q}$,矩阵方程

$$\boldsymbol{A}^{\mathrm{T}}\boldsymbol{P}\boldsymbol{A}-\boldsymbol{P}=-\boldsymbol{Q} \tag{4.5.4}$$

存在对称正定解矩阵 $\boldsymbol{P}$。

矩阵方程(4.5.4)称为是离散李雅普诺夫矩阵方程,方程(4.5.4)的解矩阵 $\boldsymbol{P}$ 称为是系统(4.5.2)的李雅普诺夫矩阵。对于给定的矩阵 $\boldsymbol{Q}$,方程(4.5.4)是关于矩阵 $\boldsymbol{P}$ 中元素的一个线性方程组,因此,可以通过求解线性方程组的方法来求解离散李雅普诺夫方程。

离散李雅普诺夫矩阵方程(4.5.4)的可解性并不依赖于矩阵 $\boldsymbol{Q}$ 的选取,因此,在具体应用定理 4.5.3 时,可选取 $\boldsymbol{Q}=\boldsymbol{I}$,然后求解方程

$$\boldsymbol{A}^{\mathrm{T}}\boldsymbol{P}\boldsymbol{A}-\boldsymbol{P}=-\boldsymbol{I}$$

进而检验所得到的解矩阵 $\boldsymbol{P}$ 是否正定,从而确定系统的稳定性。

例 4.5.1 设线性时不变离散系统的状态方程为

$$\boldsymbol{x}(k+1)=\begin{bmatrix}\lambda_1 & 0\\ 0 & \lambda_2\end{bmatrix}\boldsymbol{x}(k) \tag{4.5.5}$$

确定系统在原点处渐近稳定的条件。

解 选取 $\boldsymbol{Q}=\boldsymbol{I}$,则离散李雅普诺夫矩阵方程为

$$\begin{bmatrix}\lambda_1 & 0\\ 0 & \lambda_2\end{bmatrix}\begin{bmatrix}p_{11} & p_{12}\\ p_{12} & p_{22}\end{bmatrix}\begin{bmatrix}\lambda_1 & 0\\ 0 & \lambda_2\end{bmatrix}-\begin{bmatrix}p_{11} & p_{12}\\ p_{12} & p_{22}\end{bmatrix}=\begin{bmatrix}-1 & 0\\ 0 & -1\end{bmatrix}$$

展开后可得

$$p_{11}(1-\lambda_1^2)=1$$

$$p_{12}(1-\lambda_1\lambda_2)=0$$

$$p_{22}(1-\lambda_2^2)=1$$

从上式可解出

$$\boldsymbol{P}=\begin{bmatrix}\dfrac{1}{1-\lambda_1^2} & 0\\ 0 & \dfrac{1}{1-\lambda_2^2}\end{bmatrix}$$

矩阵 $\boldsymbol{P}$ 是正定的充分必要条件是 $|\lambda_1|<1$ 和 $|\lambda_2|<1$。因此，系统(4.5.5)渐近稳定的充分必要条件是 $|\lambda_1|<1$ 和 $|\lambda_2|<1$，即系统的极点均在复平面上的单位圆内。

MATLAB 软件也提供了求解离散李雅普诺夫矩阵方程(4.5.4)的函数

```
P = dlyap(A',Q)
```

习　题

4.1　古典控制理论中的系统稳定性与李雅普诺夫意义下的稳定性有什么区别？

4.2　请说出李雅普诺夫意义下稳定、渐近稳定、大范围渐近稳定的区别和联系，并说明它们的几何意义。

4.3　李雅普诺夫稳定性的定义是什么？它适用于哪些系统？

4.4　怎样判别二次型函数的正定、负定、半正定、半负定？

4.5　确定下列二次型是否为正定：

(1) $V(\boldsymbol{x})=x_1^2+4x_2^2+x_3^2+2x_1x_2-6x_2x_3-2x_1x_3$；

(2) $V(\boldsymbol{x})=-x_1^2-10x_2^2-4x_3^2+6x_1x_2+2x_3x_2$；

(3) $V(\boldsymbol{x})=10x_1^2+4x_2^2+x_3^2+2x_1x_2-2x_3x_2-4x_1x_3$。

4.6　确定下列二次型是否为负定：

$$V(\boldsymbol{x})=-x_1^2-3x_2^2-11x_3^2+2x_1x_2-4x_2x_3-2x_1x_3$$

4.7　李雅普诺夫稳定性定理的物理意义是什么？

4.8　如果一个系统的李雅普诺夫函数确实不存在，那么是否能断定此系统不稳定？为什么？

4.9　确定下列非线性系统在原点处的稳定性：

$$\dot{x}_1=-x_1+x_2+x_1(x_1^2+x_2^2)$$

$$\dot{x}_2=x_1-x_2+x_2(x_1^2+x_2^2)$$

考虑下列二次型函数是否可以作为一个可能的李雅普诺夫函数：

$$V(\boldsymbol{x})=x_1^2+x_2^2$$

4.10　写出下列系统的至少两个李雅普诺夫函数：

$$\begin{bmatrix}\dot{x}_1\\ \dot{x}_2\end{bmatrix}=\begin{bmatrix}-1 & 1\\ 2 & -3\end{bmatrix}\begin{bmatrix}x_1\\ x_2\end{bmatrix}$$

并确定该系统在原点处的稳定性。

4.11　确定下列线性系统平衡状态的稳定性：

$$\dot{x}_1 = -x_1 - 2x_2 + 2$$

$$\dot{x}_2 = x_1 - 4x_2 - 1$$

4.12　系统的状态方程为

$$\dot{\boldsymbol{x}} = \begin{bmatrix} -1 & 0 \\ -1 & -1 \end{bmatrix} \boldsymbol{x}$$

计算状态轨迹从 $\boldsymbol{x}(0) = [1 \quad 0]^{\mathrm{T}}$ 出发到达 $x_1^2 + x_2^2 = (0.1)^2$ 区域内所需要的时间。

4.13　设线性时不变离散系统的状态方程为

$$\boldsymbol{x}(k+1) = \begin{bmatrix} 0 & 1 \\ 0.5 & 0 \end{bmatrix} \boldsymbol{x}(k)$$

分析该系统在原点处的稳定性。

第5章

状态反馈控制器设计

前面几章分别介绍了控制系统的状态空间模型和基于状态空间模型的系统分析。本章将针对线性时不变系统，基于状态空间模型并根据系统的性能要求来设计控制系统。

一个系统的控制方式有开环控制和闭环控制。开环控制是把一个确定的信号(时间的函数)加到系统的输入端，使得系统具有某种期望的性能，如稳定、跟踪某个参考输入、使系统的状态达到某个特定值，等等。第3章中的能控性就是利用开环控制，使得在有限时间内，系统的状态从初始状态转移到零状态。然而，由于建模中的不确定性或误差、系统运行过程中的扰动等因素使得系统产生一些意想不到的情况，若不针对这些情况来及时修改系统的行为，就很难使系统按原来期望的方式运行，具有所期望的性能。因此，必须根据系统的运行状况来确定控制信号，这就是反馈控制。如倒立摆系统，为了使得摆杆保持在平衡位置，必须根据摆杆的偏移状况来确定小车往哪个方向运动、以多大的速度运动等，以使得摆杆始终处于垂直位置。

在经典控制理论中，我们是依据描述对象输入输出行为的传递函数模型来设计控制器，因此只能用系统的输出作为反馈信号。然而，现代控制理论则是用刻画系统内部特征的状态空间模型来描述对象，除了输出信号外，还可以用系统的内部状态来作为反馈信号。根据利用的信息是系统的输出还是状态，相应的反馈控制可分为输出反馈和状态反馈。

本章以状态空间模型描述的线性时不变系统为研究对象，介绍状态反馈控制器的一些设计方法。首先介绍反馈控制的种类、结构及其对系统性能的影响。进而介绍改善系统动态性能的极点配置方法，提出极点配置状态反馈控制律的设计算法。针对极点配置方法可能影响系统稳态性能的问题，介绍了实现精确跟踪的控制系统设计方法。最后，通过一些具体实例说明了这些方法的应用。

5.1　线性反馈控制系统

5.1.1　控制系统结构

控制系统由被控对象和控制器两部分组成。状态刻画了对象内部的全部动态信息，输出仅仅是状态的一部分，从而用比输出更加丰富的状态信息来构造反馈控制时，可望使系统获得更为优异的性能。然而，要获得系统的状态信息，需要更多的传感器，从而增加控制系统的成本。另一方面，一个系统的状态变量未必都是物理量，有时即使是系统的物理量，但限于技术手段，在实际中仍难以精确测量到这些物理量，这使得状态反馈控制在实际中往往难以实现。因此，在实际应用中，究竟是采用状态反馈还是输出反馈要视具体情况而定。

考虑由以下状态空间模型描述的线性系统：

$$\begin{cases}\dot{\boldsymbol{x}} = \boldsymbol{A}\boldsymbol{x} + \boldsymbol{B}\boldsymbol{u} \\ \boldsymbol{y} = \boldsymbol{C}\boldsymbol{x}\end{cases} \tag{5.1.1}$$

其中，$\boldsymbol{x}$ 是系统的 n 维状态向量，$\boldsymbol{u}$ 是系统的 m 维控制输入，$\boldsymbol{y}$ 是系统的 p 维测量输出，$\boldsymbol{A}$、$\boldsymbol{B}$ 和 $\boldsymbol{C}$ 分别是适当维数的已知常数矩阵。

一般的反馈控制系统具有图 5.1.1 所示的结构。

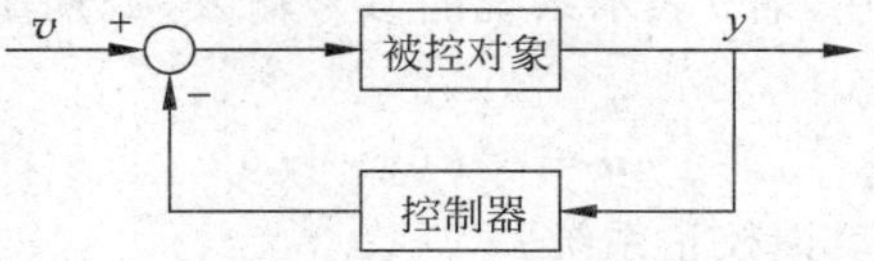

图 5.1.1　反馈控制系统

其中的 v 为 m 维的外部输入。控制器可以是一个动态补偿器，也可以是一个静态反馈控制器。控制器的输入信号可以是系统的状态，也可以是系统的输出。若系统的状态是可以直接测量得到的，则结构最简单、包含对象信息量最多的反馈控制方式是线性时不变的静态状态反馈控制(简称状态反馈)

$$\boldsymbol{u} = -\boldsymbol{K}\boldsymbol{x} + \boldsymbol{v} \tag{5.1.2}$$

其中的 $\boldsymbol{K}$ 为 $m \times n$ 维的常数矩阵，称为状态反馈增益矩阵。将式(5.1.2)代入状态空间模型(5.1.1)中，可得闭环系统状态空间模型

$$\begin{cases}\dot{\boldsymbol{x}} = (\boldsymbol{A} - \boldsymbol{B}\boldsymbol{K})\boldsymbol{x} + \boldsymbol{B}\boldsymbol{v} \\ \boldsymbol{y} = \boldsymbol{C}\boldsymbol{x}\end{cases} \tag{5.1.3}$$

相应的反馈控制系统结构如图 5.1.2 所示。

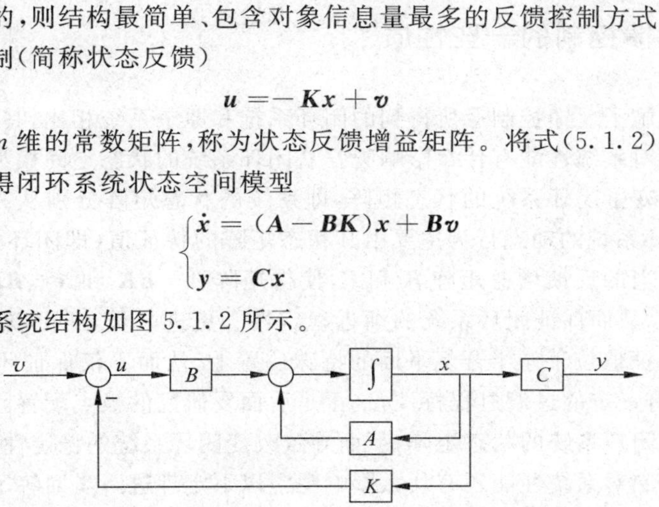

图 5.1.2　具有状态反馈 $\boldsymbol{u} = -\boldsymbol{K}\boldsymbol{x} + \boldsymbol{v}$ 的反馈控制系统

闭环系统的传递函数为

$$G_K(s) = \boldsymbol{C}[s\boldsymbol{I} - (\boldsymbol{A} - \boldsymbol{BK})]^{-1}\boldsymbol{B} \tag{5.1.4}$$

若系统的状态不能直接测量得到，则只能采用系统的测量输出 $\boldsymbol{y}$ 来构造反馈控制，这类控制最简单的结构形式就是静态线性输出反馈控制（简称为输出反馈控制）

$$\boldsymbol{u} = -\boldsymbol{F}\boldsymbol{y} + \boldsymbol{v} \tag{5.1.5}$$

其中的 $\boldsymbol{F}$ 是一个 $m \times p$ 维的常数矩阵，称为输出反馈增益矩阵。将式(5.1.5)代入状态空间模型(5.1.1)中，可得闭环系统状态空间模型

$$\begin{cases} \dot{\boldsymbol{x}} = (\boldsymbol{A} - \boldsymbol{BFC})\boldsymbol{x} + \boldsymbol{B}\boldsymbol{v} \\ \boldsymbol{y} = \boldsymbol{C}\boldsymbol{x} \end{cases} \tag{5.1.6}$$

相应的反馈控制系统结构如图 5.1.3 所示。

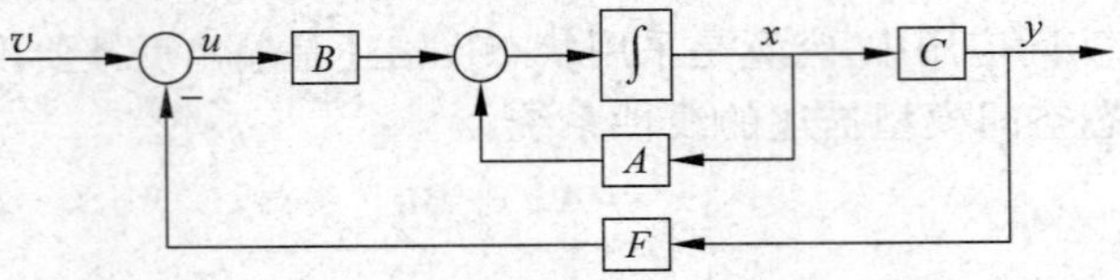

图 5.1.3　具有输出反馈 $\boldsymbol{u} = -\boldsymbol{F}\boldsymbol{y} + \boldsymbol{v}$ 的反馈控制系统

闭环系统的传递函数为

$$G_K(s) = \boldsymbol{C}[s\boldsymbol{I} - (\boldsymbol{A} - \boldsymbol{BFC})]^{-1}\boldsymbol{B} \tag{5.1.7}$$

在输出反馈控制系统中，若 $\boldsymbol{v}$ 表示系统的参考输入（或期望输出）$\boldsymbol{y}_r$，则取 $\boldsymbol{v} = \boldsymbol{F}\boldsymbol{y}_r$，从式(5.1.5)可得

$$\boldsymbol{u} = -\boldsymbol{F}(\boldsymbol{y} - \boldsymbol{y}_r) \tag{5.1.8}$$

这表明用输出误差信号来反馈校正系统。

特别是当 $\boldsymbol{K} = \boldsymbol{FC}$ 时，状态反馈(5.1.2)就退化为输出反馈(5.1.5)，即输出反馈只是状态反馈的一种特例。因此，输出反馈能达到的系统性能，状态反馈也一定能达到，反之则不然。

5.1.2　反馈控制的一些性质

一个系统实施了反馈控制后所得到的闭环系统和原来系统相比，其性能有何差异呢，或者说反馈控制对系统性能有什么影响呢？从闭环系统的状态空间模型可以看出：状态和输出反馈均改变了闭环系统的状态矩阵，即系统的状态矩阵分别从 $\boldsymbol{A}$ 变为 $\boldsymbol{A} - \boldsymbol{BK}$ 和 $\boldsymbol{A} - \boldsymbol{BFC}$。而闭环系统的动态行为主要由其状态矩阵的特征值（即闭环极点）决定，因此，可以通过选择适当的反馈增益矩阵 $\boldsymbol{K}$ 和 $\boldsymbol{F}$，使得矩阵 $\boldsymbol{A} - \boldsymbol{BK}$ 和 $\boldsymbol{A} - \boldsymbol{BFC}$ 的特征值都在左半开复平面中，从而保证闭环系统的渐近稳定性。更进一步，还可以使得矩阵 $\boldsymbol{A} - \boldsymbol{BK}$ 和 $\boldsymbol{A} - \boldsymbol{BFC}$ 的特征值位于左半开复平面的特殊位置上，从而不仅保证闭环系统是渐近稳定的，而且还具有一定的过渡过程特性，这正是后面要研究的极点配置问题。

除了能改变闭环系统的状态矩阵，从而导致改变闭环系统的稳定性和瞬态性能外，状态和输出反馈控制对系统性能还有什么影响呢？以下定理进一步回答了这个问题。

定理 5.1.1　状态反馈不改变被控系统的能控性。

证明　定理是要证明：若系统(5.1.1)是能控的，则在状态反馈(5.1.2)下，闭环系统(5.1.3)也是能控的。

对系统(5.1.1)的任意能控状态$\bar{\boldsymbol{x}}$，根据能控性定义，在$0<t\leqslant T$内存在一个控制作用$\bar{\boldsymbol{u}}(t)$，使得在该控制作用下，以$\bar{\boldsymbol{x}}(0)=\bar{\boldsymbol{x}}$为初始状态的状态轨迹$\bar{\boldsymbol{x}}(t)$满足$\bar{\boldsymbol{x}}(T)=\boldsymbol{0}$。对系统(5.1.1)加了状态反馈控制律(5.1.2)后，需要证明$\bar{\boldsymbol{x}}$仍然是闭环系统(5.1.3)的能控状态。事实上，在时间段$0<t\leqslant T$上，取

$$\bar{\boldsymbol{v}}(t)=\bar{\boldsymbol{u}}(t)+\boldsymbol{K}\bar{\boldsymbol{x}}(t) \tag{5.1.9}$$

则由于

$$\begin{aligned}\dot{\bar{\boldsymbol{x}}}(t)&=(\boldsymbol{A}-\boldsymbol{BK})\bar{\boldsymbol{x}}(t)+\boldsymbol{B}[\bar{\boldsymbol{u}}(t)+\boldsymbol{K}\bar{\boldsymbol{x}}(t)]\\&=\boldsymbol{A}\bar{\boldsymbol{x}}(t)+\boldsymbol{B}\bar{\boldsymbol{u}}(t)\end{aligned}$$

故$\bar{\boldsymbol{x}}(t)$也是系统(5.1.3)在输入(5.1.9)下的轨迹，从而满足$\bar{\boldsymbol{x}}(T)=\boldsymbol{0}$。因此，$\bar{\boldsymbol{x}}$也是系统(5.1.3)的能控状态。由状态$\bar{x}$的任意性，得证定理结论。

定理5.1.1的证明方法同样适用于时变系统和非线性系统，因此特别有用。也可以通过检验能控性矩阵是否满秩的方法来证明定理5.1.1(见习题5.4)。

状态反馈对系统能观性有什么影响呢？

例5.1.1　分析系统

$$\dot{\boldsymbol{x}}=\begin{bmatrix}0&1\\1&0\end{bmatrix}\boldsymbol{x}+\begin{bmatrix}0\\1\end{bmatrix}u$$

$$y=[0\quad 1]\boldsymbol{x}$$

在状态反馈$u=-[1\quad 0]\boldsymbol{x}$下的闭环系统能控性与能观性。

解　容易验证所考虑的系统是能控能观的。在状态反馈$u=-[1\quad 0]\boldsymbol{x}+v$下，闭环系统的状态矩阵为

$$\boldsymbol{A}-\boldsymbol{BK}=\begin{bmatrix}0&1\\1&0\end{bmatrix}-\begin{bmatrix}0\\1\end{bmatrix}[1\quad 0]=\begin{bmatrix}0&1\\0&0\end{bmatrix}$$

故

$$[\boldsymbol{B}\quad(\boldsymbol{A}-\boldsymbol{BK})\boldsymbol{B}]=\begin{bmatrix}0&1\\1&0\end{bmatrix}$$

以上的能控性矩阵是满秩的，故状态反馈所导出的闭环系统仍然是能控的，这也验证了定理5.1.1的正确性。而闭环系统的能观性检验矩阵

$$\begin{bmatrix}\boldsymbol{C}\\\boldsymbol{C}(\boldsymbol{A}-\boldsymbol{BK})\end{bmatrix}=\begin{bmatrix}0&1\\0&0\end{bmatrix}$$

不是行满秩的，故闭环系统不是能观的。这一事实表明：尽管系统本身是能观的，但采用状态反馈后得到的闭环系统却是不能观的。因此，状态反馈不能保持原系统的能观性。

状态反馈破坏系统能观性的原因是状态反馈在改变系统极点的同时，可能使得闭环系统出现零极相消的现象。事实上，对例5.1.1，状态反馈前后的传递函数分别为

$$\boldsymbol{C}(s\boldsymbol{I}-\boldsymbol{A})^{-1}\boldsymbol{B}=[0\quad 1]\begin{bmatrix}s&-1\\-1&s\end{bmatrix}^{-1}\begin{bmatrix}0\\1\end{bmatrix}=\frac{s}{s^2-1}$$

$$\boldsymbol{C}[s\boldsymbol{I}-(\boldsymbol{A}-\boldsymbol{BK})]^{-1}\boldsymbol{B}=[0\quad 1]\begin{bmatrix}s&-1\\0&s\end{bmatrix}^{-1}\begin{bmatrix}0\\1\end{bmatrix}=\frac{s}{s^2}=\frac{1}{s}$$

消去了在原点处的零点和极点。零极相消导致系统的能控性，或能观性，或能控能观性的破坏，由于闭环系统仍然是能控的，故它不再可能是能观的。

关于输出反馈对系统能控性和能观性的影响问题，有以下结论：

定理 5.1.2 输出反馈不改变系统的能控性和能观性。

可以应用能控和能观性检验矩阵来证明，具体过程留给读者完成。

定理 5.1.3 对能控的单输入单输出系统(5.1.1)，状态反馈不能移动系统的零点。

证明 对由状态空间模型(5.1.1)描述的系统，其传递函数为

$$G(s)=\boldsymbol{C}(s\boldsymbol{I}-\boldsymbol{A})^{-1}\boldsymbol{B}$$

由系统的能控性可得，状态空间模型等价于能控标准形$(\widetilde{\boldsymbol{A}},\widetilde{\boldsymbol{B}},\widetilde{\boldsymbol{C}})$，其中，

$$\widetilde{\boldsymbol{A}}=\begin{bmatrix}0 & 1 & \cdots & 0\\ \vdots & \vdots & \ddots & \vdots\\ 0 & 0 & \cdots & 1\\ -a_0 & -a_1 & \cdots & -a_{n-1}\end{bmatrix},\quad \widetilde{\boldsymbol{B}}=\begin{bmatrix}0\\ \vdots\\ 0\\ 1\end{bmatrix}$$

从关系式

$$(s\boldsymbol{I}-\widetilde{\boldsymbol{A}})\begin{bmatrix}1\\ s\\ \vdots\\ s^{n-1}\end{bmatrix}=\begin{bmatrix}s & -1 & \cdots & 0\\ \vdots & \vdots & \ddots & \vdots\\ 0 & 0 & \cdots & -1\\ a_0 & a_1 & \cdots & s+a_{n-1}\end{bmatrix}\begin{bmatrix}1\\ s\\ \vdots\\ s^{n-1}\end{bmatrix}=\begin{bmatrix}0\\ \vdots\\ 0\\ s^n+a_{n-1}s^{n-1}+\cdots+a_0\end{bmatrix}$$

$$=\widetilde{\boldsymbol{B}}(s^n+a_{n-1}s^{n-1}+\cdots+a_0)$$

可得

$$\frac{1}{s^n+a_{n-1}s^{n-1}+\cdots+a_0}\begin{bmatrix}1\\ s\\ \vdots\\ s^{n-1}\end{bmatrix}=(s\boldsymbol{I}-\widetilde{\boldsymbol{A}})^{-1}\widetilde{\boldsymbol{B}}$$

由于等价的状态空间模型具有相同的传递函数，故

$$\widetilde{\boldsymbol{C}}(s\boldsymbol{I}-\widetilde{\boldsymbol{A}})^{-1}\widetilde{\boldsymbol{B}}=[\tilde{c}_0\quad \tilde{c}_1\quad \cdots\quad \tilde{c}_{n-1}]\frac{1}{s^n+a_{n-1}s^{n-1}+\cdots+a_0}\begin{bmatrix}1\\ s\\ \vdots\\ s^{n-1}\end{bmatrix}$$

$$=\frac{\tilde{c}_{n-1}s^{n-1}+\cdots+\tilde{c}_0}{s^n+a_{n-1}s^{n-1}+\cdots+a_0}$$

$$=\boldsymbol{C}(s\boldsymbol{I}-\boldsymbol{A})^{-1}\boldsymbol{B} \tag{5.1.10}$$

采用状态反馈 $u=-\widetilde{\boldsymbol{K}}\tilde{\boldsymbol{x}}+v$ 后，同理可得闭环系统的传递函数

$$\widetilde{\boldsymbol{C}}[s\boldsymbol{I}-(\widetilde{\boldsymbol{A}}-\widetilde{\boldsymbol{B}}\widetilde{\boldsymbol{K}})]^{-1}\widetilde{\boldsymbol{B}}=\frac{\tilde{c}_{n-1}s^{n-1}+\cdots+\tilde{c}_0}{s^n+(a_{n-1}+k_{n+1})s^{n-1}+\cdots+(a_0+k_0)} \tag{5.1.11}$$

其中，$\widetilde{\boldsymbol{K}}=[k_0\quad k_1\quad \cdots\quad k_{n-1}]$。由式(5.1.10)和式(5.1.11)可知，状态反馈仅改变传递函数分母多项式的系数，而不会改变分子多项式的系数。此时，只要不发生零极点相消的现象，状态反馈就不能改变零点。

5.1.3 两种反馈形式的讨论

1. 在状态和输出这两种反馈形式中，反馈的引入并没有增加新的状态变量，即闭环系统和开环系统具有相同的阶数。

2. 两种反馈形式所导致的闭环系统均能保持开环系统的能控性，但能观性则不然。具体地说，状态反馈未必能保持能观性，而输出反馈则既能保持系统的能控性，也能保持系统的能观性。

3. 采用状态反馈的一个前提是系统的状态 $\boldsymbol{x}$ 必须是可以直接量测的。当状态不能直接量测时，需要设法通过系统的输入输出信息来重构系统的状态，即由状态观测器来获得状态的估计量，以实现状态反馈。然而，这种基于观测器的状态反馈由于采用的仅是系统的输出信息，因此，演化成了输出反馈，这是一种带有动态补偿器的输出反馈，而不是静态输出反馈。更一般的带有动态补偿器的输出反馈控制系统具有图 5.1.4 所示的结构。

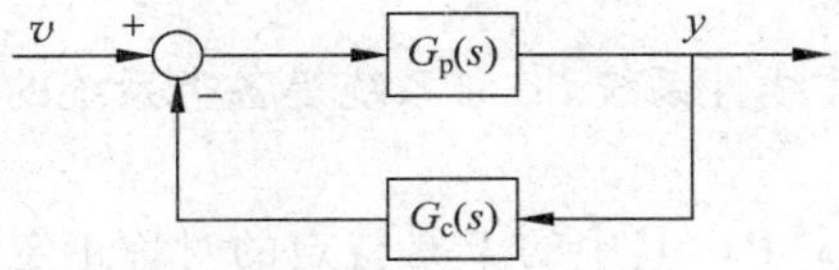

图 5.1.4 具有动态补偿器的反馈控制系统

其中的 $\boldsymbol{G}_p(s)$ 是被控系统的传递函数矩阵，$\boldsymbol{G}_c(s)$ 是动态补偿器的传递函数矩阵。

静态输出反馈尽管结构简单，信息上的获取也没有任何困难，但可以证明：这种形式的输出反馈所能达到的系统性能是有限的，有时甚至都不能保证闭环系统的稳定性。

4. 输出反馈的一个突出优点就是实现方便，但状态反馈能获得更好的系统性能。而且随着观测器理论的发展，状态反馈物理实现中的一些困难逐步得到解决。因此，状态反馈具有更广的应用前景。

5.2 稳定化状态反馈控制器设计

稳定是一个系统正常运行的首要条件。第 4 章分析了一个系统的稳定性，给出了系统稳定的李雅普诺夫判别方法。若一个系统不稳定，则必须运用外部控制手段来设法让其稳定，这就是系统的镇定(stabilization)问题，使得系统稳定的控制器称为是稳定化控制器(stabilizing controllers)。

控制手段往往是反馈控制。上一节介绍了反馈控制的结构，其中最简单、包含对象信息最多的控制结构就是静态线性状态反馈控制。本节将介绍基于李雅普诺夫稳定性理论的稳定化状态反馈控制器设计方法。

考虑由以下状态方程描述的系统：

$$\dot{\boldsymbol{x}} = \boldsymbol{A}\boldsymbol{x} + \boldsymbol{B}\boldsymbol{u} \tag{5.2.1}$$

其中，$\boldsymbol{x}$ 是系统的 n 维状态向量，$\boldsymbol{u}$ 是 m 维控制输入，$\boldsymbol{A}$ 和 $\boldsymbol{B}$ 分别是适当维数的已知常数

矩阵。要设计的状态反馈控制器为

$$\boldsymbol{u}=-\boldsymbol{K}\boldsymbol{x} \tag{5.2.2}$$

其中的 $\boldsymbol{K}$ 是 $m\times n$ 维的状态反馈增益矩阵。导出的闭环系统为

$$\dot{\boldsymbol{x}}=(\boldsymbol{A}-\boldsymbol{B}\boldsymbol{K})\boldsymbol{x} \tag{5.2.3}$$

本节的目的是给出确定增益矩阵 $\boldsymbol{K}$ 的方法，使得闭环系统(5.2.3)是渐近稳定的。

由于系统(5.2.3)是一个线性时不变系统，根据李雅普诺夫稳定性定理，系统(5.2.3)是渐近稳定的充分必要条件是存在一个二次型的李雅普诺夫函数 $V(\boldsymbol{x})=\boldsymbol{x}^{\mathrm{T}}\boldsymbol{P}\boldsymbol{x}$，其中的 $\boldsymbol{P}$ 是待定的对称正定矩阵。因此，可以通过沿闭环系统(5.2.3)的任意轨迹，使得标量函数 $V(\boldsymbol{x})=\boldsymbol{x}^{\mathrm{T}}\boldsymbol{P}\boldsymbol{x}$ 关于时间的导数是负定的来确定对称正定矩阵 $\boldsymbol{P}$ 和增益矩阵 $\boldsymbol{K}$，从而得到所要的稳定化状态反馈控制器(5.2.2)。以下沿这一思路，介绍两种方法来确定对称正定矩阵 $\boldsymbol{P}$ 和增益矩阵 $\boldsymbol{K}$。

5.2.1 黎卡提方程处理方法

这种方法可用来处理非线性系统、时滞系统等各类系统的镇定问题，也可用于鲁棒控制器的设计。

考虑标量函数 $V(\boldsymbol{x})=\boldsymbol{x}^{\mathrm{T}}\boldsymbol{P}\boldsymbol{x}$，其中的 $\boldsymbol{P}$ 是待定的对称正定矩阵。沿闭环系统(5.2.3)的任意轨迹，$V(\boldsymbol{x})=\boldsymbol{x}^{\mathrm{T}}\boldsymbol{P}\boldsymbol{x}$ 关于时间的导数为

$$\begin{aligned}\mathrm{d}V(\boldsymbol{x})/\mathrm{d}t&=\dot{\boldsymbol{x}}^{\mathrm{T}}\boldsymbol{P}\boldsymbol{x}+\boldsymbol{x}^{\mathrm{T}}\boldsymbol{P}\dot{\boldsymbol{x}}\\&=(\boldsymbol{A}\boldsymbol{x}+\boldsymbol{B}\boldsymbol{u})^{\mathrm{T}}\boldsymbol{P}\boldsymbol{x}+\boldsymbol{x}^{\mathrm{T}}\boldsymbol{P}(\boldsymbol{A}\boldsymbol{x}+\boldsymbol{B}\boldsymbol{u})\\&=\boldsymbol{x}^{\mathrm{T}}\boldsymbol{A}^{\mathrm{T}}\boldsymbol{P}\boldsymbol{x}+(\boldsymbol{B}\boldsymbol{u})^{\mathrm{T}}\boldsymbol{P}\boldsymbol{x}+\boldsymbol{x}^{\mathrm{T}}\boldsymbol{P}\boldsymbol{A}\boldsymbol{x}+\boldsymbol{x}^{\mathrm{T}}\boldsymbol{P}\boldsymbol{B}\boldsymbol{u}\\&=\boldsymbol{x}^{\mathrm{T}}(\boldsymbol{A}^{\mathrm{T}}\boldsymbol{P}+\boldsymbol{P}\boldsymbol{A})\boldsymbol{x}+\boldsymbol{u}^{\mathrm{T}}\boldsymbol{B}^{\mathrm{T}}\boldsymbol{P}\boldsymbol{x}+\boldsymbol{x}^{\mathrm{T}}\boldsymbol{P}\boldsymbol{B}\boldsymbol{u}\end{aligned}$$

由 $\boldsymbol{P}^{\mathrm{T}}=\boldsymbol{P}$，可得

$$\boldsymbol{x}^{\mathrm{T}}\boldsymbol{P}\boldsymbol{B}\boldsymbol{u}=\boldsymbol{u}^{\mathrm{T}}\boldsymbol{B}^{\mathrm{T}}\boldsymbol{P}\boldsymbol{x}$$

故

$$\mathrm{d}V(\boldsymbol{x})/\mathrm{d}t=\boldsymbol{x}^{\mathrm{T}}(\boldsymbol{A}^{\mathrm{T}}\boldsymbol{P}+\boldsymbol{P}\boldsymbol{A})\boldsymbol{x}+2\boldsymbol{x}^{\mathrm{T}}\boldsymbol{P}\boldsymbol{B}\boldsymbol{u} \tag{5.2.4}$$

若选取控制 $\boldsymbol{u}$ 具有以下结构形式：

$$\boldsymbol{u}=-k\boldsymbol{B}^{\mathrm{T}}\boldsymbol{P}\boldsymbol{x},\quad k>0 \tag{5.2.5}$$

则从式(5.2.4)可得

$$\begin{aligned}\mathrm{d}V(\boldsymbol{x})/\mathrm{d}t&=\boldsymbol{x}^{\mathrm{T}}(\boldsymbol{A}^{\mathrm{T}}\boldsymbol{P}+\boldsymbol{P}\boldsymbol{A})\boldsymbol{x}-2k\boldsymbol{x}^{\mathrm{T}}\boldsymbol{P}\boldsymbol{B}\boldsymbol{B}^{\mathrm{T}}\boldsymbol{P}\boldsymbol{x}\\&=\boldsymbol{x}^{\mathrm{T}}(\boldsymbol{A}^{\mathrm{T}}\boldsymbol{P}+\boldsymbol{P}\boldsymbol{A}-2k\boldsymbol{P}\boldsymbol{B}\boldsymbol{B}^{\mathrm{T}}\boldsymbol{P})\boldsymbol{x}\end{aligned}$$

进一步，若选取矩阵 $\boldsymbol{P}$ 使得

$$\boldsymbol{A}^{\mathrm{T}}\boldsymbol{P}+\boldsymbol{P}\boldsymbol{A}-2k\boldsymbol{P}\boldsymbol{B}\boldsymbol{B}^{\mathrm{T}}\boldsymbol{P}=-\boldsymbol{I}$$

则 $\mathrm{d}V(\boldsymbol{x})/\mathrm{d}t=-\boldsymbol{x}^{\mathrm{T}}\boldsymbol{x}<0$。根据李雅普诺夫稳定性定理，标量函数 $V(\boldsymbol{x})=\boldsymbol{x}^{\mathrm{T}}\boldsymbol{P}\boldsymbol{x}$ 是闭环系统(5.2.3)的一个李雅普诺夫函数。因此，闭环系统(5.2.3)是渐近稳定的，式(5.2.5)就是系统(5.2.1)的一个稳定化状态反馈控制器。

根据以上分析，稳定化控制器的设计问题转化成了矩阵方程

$$\boldsymbol{A}^{\mathrm{T}}\boldsymbol{P}+\boldsymbol{P}\boldsymbol{A}-2k\boldsymbol{P}\boldsymbol{B}\boldsymbol{B}^{\mathrm{T}}\boldsymbol{P}+\boldsymbol{I}=\boldsymbol{0} \tag{5.2.6}$$

是否存在一个对称正定解矩阵 $\boldsymbol{P}$ 的问题。若矩阵方程(5.2.6)有一个对称正定解 $\boldsymbol{P}$，则可

以根据式(5.2.5)构造出系统(5.2.1)的一个稳定化状态反馈控制器。矩阵方程(5.2.6)称为系统(5.2.1)的黎卡提(Riccati)矩阵方程,这类矩阵方程在自动控制中起着很重要的作用,在第7章的二次型最优控制中还将遇到这类方程。这种基于求解黎卡提矩阵方程(5.2.6)的稳定化控制器设计方法称为是稳定化控制器设计的黎卡提方程处理方法。

若对给定的 k_0,黎卡提矩阵方程(5.2.6)有一个对称正定解矩阵 $\boldsymbol{P}$,则对任意的 $k \geqslant k_0$,

$$\begin{aligned}\mathrm{d}V(\boldsymbol{x})/\mathrm{d}t &= \boldsymbol{x}^{\mathrm{T}}(\boldsymbol{A}^{\mathrm{T}}\boldsymbol{P}+\boldsymbol{P}\boldsymbol{A}-2k\boldsymbol{P}\boldsymbol{B}\boldsymbol{B}^{\mathrm{T}}\boldsymbol{P})\boldsymbol{x} \\ &\leqslant \boldsymbol{x}^{\mathrm{T}}(\boldsymbol{A}^{\mathrm{T}}\boldsymbol{P}+\boldsymbol{P}\boldsymbol{A}-2k_0\boldsymbol{P}\boldsymbol{B}\boldsymbol{B}^{\mathrm{T}}\boldsymbol{P})\boldsymbol{x} \\ &= -\boldsymbol{x}^{\mathrm{T}}\boldsymbol{x} < 0\end{aligned}$$

因此,对任意的 $k \geqslant k_0$,$\boldsymbol{u}=-k\boldsymbol{B}^{\mathrm{T}}\boldsymbol{P}\boldsymbol{x}$ 都是系统(5.3.1)的稳定化控制律。由此可知,稳定化控制律 $\boldsymbol{u}=-k\boldsymbol{B}^{\mathrm{T}}\boldsymbol{P}\boldsymbol{x}$ 具有正无穷大的稳定增益裕度,这在实际应用中是非常有用的。因为,操作人员可以根据实际情况,在不破坏系统稳定性的前提下,调节控制器的增益参数,使系统满足其他的性能要求。

例 5.2.1　考虑例 4.4.3 中的系统,其状态方程为

$$\begin{bmatrix}\dot{x}_1\\ \dot{x}_2\end{bmatrix}=\begin{bmatrix}0 & 1\\ -1 & 0\end{bmatrix}\begin{bmatrix}x_1\\ x_2\end{bmatrix}+\begin{bmatrix}0\\ 1\end{bmatrix}u$$

试设计一个稳定化状态反馈控制器。

解　由系统的状态方程可以看出,系统不是渐近稳定的。取 $k=1$,则黎卡提方程(5.2.6)为

$$\begin{aligned}&\begin{bmatrix}0 & -1\\ 1 & 0\end{bmatrix}\begin{bmatrix}p_1 & p_2\\ p_2 & p_3\end{bmatrix}+\begin{bmatrix}p_1 & p_2\\ p_2 & p_3\end{bmatrix}\begin{bmatrix}0 & 1\\ -1 & 0\end{bmatrix}\\ &-2\begin{bmatrix}p_1 & p_2\\ p_2 & p_3\end{bmatrix}\begin{bmatrix}0\\ 1\end{bmatrix}\begin{bmatrix}0 & 1\end{bmatrix}\begin{bmatrix}p_1 & p_2\\ p_2 & p_3\end{bmatrix}+\begin{bmatrix}1 & 0\\ 0 & 1\end{bmatrix}=\boldsymbol{0}\end{aligned}$$

展开以上的矩阵方程,可得

$$\begin{aligned}&-2p_2-2p_2^2+1=0\\ &2p_2-2p_3^2+1=0\\ &p_1-p_3-2p_2p_3=0\end{aligned}$$

求解以上的线性方程组,可得

$$p_1=\sqrt{3\sqrt{3}/2},\quad p_2=(-1+\sqrt{3})/2,\quad p_3=\sqrt{\sqrt{3}/2}$$

容易验证矩阵 $\boldsymbol{P}=\begin{bmatrix}p_1 & p_2\\ p_2 & p_3\end{bmatrix}$ 是正定的。因此,对任意的 $k \geqslant 1$,

$$\begin{aligned}u &= -k\boldsymbol{B}^{\mathrm{T}}\boldsymbol{P}\boldsymbol{x}=-k[p_2\quad p_3]\boldsymbol{x}\\ &= -\frac{k}{2}\left[-1+\sqrt{3}\quad \sqrt{2\sqrt{3}}\right]\boldsymbol{x}\end{aligned}$$

都是所考虑系统的稳定化状态反馈控制器。

5.2.2　线性矩阵不等式处理方法

根据线性时不变系统稳定性的定理 4.3.1,闭环系统(5.2.3)渐近稳定的充分必要条件是存在一个对称正定矩阵 $\boldsymbol{P}$,使得

$$(\boldsymbol{A}-\boldsymbol{B}\boldsymbol{K})^{\mathrm{T}}\boldsymbol{P}+\boldsymbol{P}(\boldsymbol{A}-\boldsymbol{B}\boldsymbol{K})<\boldsymbol{0} \tag{5.2.7}$$

因此，稳定化控制器的设计问题归结为寻找一个矩阵 $\boldsymbol{K}$ 和一个对称正定矩阵 $\boldsymbol{P}$，使得矩阵不等式(5.2.7)成立，即以矩阵 $\boldsymbol{K}$ 和 $\boldsymbol{P}$ 为变量的矩阵不等式(5.2.7)的求解问题。

在矩阵不等式(5.2.7)中，矩阵变量 $\boldsymbol{K}$ 和 $\boldsymbol{P}$ 以非线性的形式耦合在一起。因此，要直接求解这样一个矩阵不等式是不容易的。以下通过引进一个适当的变量替换，将非线性矩阵不等式(5.2.7)转换成一个等价的关于新变量的线性矩阵不等式，从而可以应用求解线性矩阵不等式的方法求解所导出的线性矩阵不等式。为此，首先将矩阵不等式(5.2.7)进行整理，并写为

$$\boldsymbol{P}\boldsymbol{A}+\boldsymbol{A}^{\mathrm{T}}\boldsymbol{P}-\boldsymbol{K}^{\mathrm{T}}\boldsymbol{B}^{\mathrm{T}}\boldsymbol{P}-\boldsymbol{P}\boldsymbol{B}\boldsymbol{K}<\boldsymbol{0}$$

由于矩阵 $\boldsymbol{P}^{-1}$ 是对称的，故在上式两边分别左乘和右乘矩阵 $\boldsymbol{P}^{-1}$，可得

$$\begin{aligned}\boldsymbol{0}>&\boldsymbol{P}^{-1}(\boldsymbol{P}\boldsymbol{A}+\boldsymbol{A}^{\mathrm{T}}\boldsymbol{P}-\boldsymbol{K}^{\mathrm{T}}\boldsymbol{B}^{\mathrm{T}}\boldsymbol{P}-\boldsymbol{P}\boldsymbol{B}\boldsymbol{K})\boldsymbol{P}^{-1}\\=&\boldsymbol{A}\boldsymbol{P}^{-1}+\boldsymbol{P}^{-1}\boldsymbol{A}^{\mathrm{T}}-(\boldsymbol{P}^{-1}\boldsymbol{K}^{\mathrm{T}})\boldsymbol{B}^{\mathrm{T}}-\boldsymbol{B}(\boldsymbol{K}\boldsymbol{P}^{-1})\end{aligned}$$

记 $\boldsymbol{X}=\boldsymbol{P}^{-1}$，$Y=\boldsymbol{K}\boldsymbol{P}^{-1}$，则从上式进一步可得

$$\boldsymbol{A}\boldsymbol{X}+\boldsymbol{X}\boldsymbol{A}^{\mathrm{T}}-\boldsymbol{Y}^{\mathrm{T}}\boldsymbol{B}^{\mathrm{T}}-\boldsymbol{B}\boldsymbol{Y}<\boldsymbol{0} \tag{5.2.8}$$

显然，不等式(5.2.8)是一个关于矩阵变量 $\boldsymbol{X}$ 和 $\boldsymbol{Y}$ 的线性矩阵不等式。由于矩阵 $\boldsymbol{P}$ 的正定性等价于矩阵 $\boldsymbol{X}$ 是正定的。因此，若线性矩阵不等式系统

$$\begin{cases}\boldsymbol{A}\boldsymbol{X}+\boldsymbol{X}\boldsymbol{A}^{\mathrm{T}}-\boldsymbol{Y}^{\mathrm{T}}\boldsymbol{B}^{\mathrm{T}}-\boldsymbol{B}\boldsymbol{Y}<\boldsymbol{0}\\\boldsymbol{X}>\boldsymbol{0}\end{cases} \tag{5.2.9}$$

是可行的，则系统(5.2.1)存在稳定化控制器(5.2.2)。进一步，若 $\boldsymbol{X}$ 和 $\boldsymbol{Y}$ 是线性矩阵不等式系统(5.2.9)的一个可行解，则 $\boldsymbol{K}=\boldsymbol{Y}\boldsymbol{X}^{-1}$ 是系统(5.2.1)的一个稳定化状态反馈增益矩阵，$\boldsymbol{X}^{-1}$ 是相应闭环系统的一个李雅普诺夫矩阵。

以上用线性矩阵不等式系统(5.2.9)的可行性给出了系统(5.2.1)的稳定化状态反馈控制器存在条件，在线性矩阵不等式系统(5.2.9)可行的情况下，用其可行解给出了稳定化控制器的构造设计方法。这种处理方法已在各类控制系统的设计中得到了广泛应用，和黎卡提方程处理方法相比，线性矩阵不等式处理方法具有保守性低、处理方便、易于结合其他性能要求设计多目标控制器等优点。

例 5.2.2 针对例 5.2.1 中的系统

$$\begin{bmatrix}\dot{x}_1\\\dot{x}_2\end{bmatrix}=\begin{bmatrix}0&1\\-1&0\end{bmatrix}\begin{bmatrix}x_1\\x_2\end{bmatrix}+\begin{bmatrix}0\\1\end{bmatrix}u$$

试采用线性矩阵不等式处理方法，设计一个稳定化状态反馈控制器。

解 编制并执行以下的 m-文件：

```
% 输入状态方程系数矩阵
A = [0 1; -1 0];
B = [0; 1];

% 以命令 setlmis 开始描述一个线性矩阵不等式
setlmis([])
% 定义线性矩阵不等式中的决策变量
X = lmivar(1,[2 1]);
```

```
Y = lmivar(2,[1 2]);

% 依次描述所涉及的线性矩阵不等式
% 1st LMI
% 描述线性矩阵不等式中的项 AX + XA'
lmiterm([1 1 1 X],A,1,'s');
% 描述线性矩阵不等式中的项 - BY - Y'B'
lmiterm([1 1 1 Y],B, - 1,'s');

% 2nd LMI
lmiterm([2 1 1 X], - 1,1);

% 以命令 getlmis 结束线性矩阵不等式系统的描述,并命名为 lmis
lmis = getlmis;
% 调用线性矩阵不等式系统可行性问题的求解器 feasp
[tmin,xfeas] = feasp(lmis);
% 将得到的决策变量值转化为矩阵形式
XX = dec2mat(lmis,xfeas,X);
YY = dec2mat(lmis,xfeas,Y);
K = YY * inv(XX)
```

可得

```
K =
    0.3125    0.9375
```

因此,要设计的稳定化状态反馈控制器为

$$u = -[0.3125 \quad 0.9375]\boldsymbol{x}$$

导出的闭环系统为

$$\begin{bmatrix} \dot{x}_1 \\ \dot{x}_2 \end{bmatrix} = \begin{bmatrix} 0 & 1 \\ -1.3125 & -0.9375 \end{bmatrix} \begin{bmatrix} x_1 \\ x_2 \end{bmatrix}$$

由于该闭环系统状态矩阵具有伴随矩阵的结构特点,故从其最后一行元素均为负数可以看出:闭环特征多项式的系数都是正的,从而闭环极点均在左半开复平面中。事实上,闭环系统的一对极点是$-0.4687 \pm j1.0454$。因此,系统是渐近稳定的。

5.3 极点配置

上一节介绍了基于李雅普诺夫稳定性理论设计稳定化状态反馈控制器的两种方法。然而,在实际控制系统设计中,仅仅保证闭环系统的稳定性还是不够的,通常还需要使得闭环系统具有一定的过渡过程性能,如较快的响应速度,较短的调节时间,较小的超调,等等。如何设计一个状态反馈控制器,使得闭环系统同时具有期望的稳态和动态性能呢?本节将讨论这个问题。

5.3.1 问题的提出

考虑线性系统

$$\dot{\boldsymbol{x}} = \boldsymbol{A}\boldsymbol{x} + \boldsymbol{B}\boldsymbol{u} \tag{5.3.1}$$

其中,$\boldsymbol{x}$ 是系统的 n 维状态向量,$\boldsymbol{u}$ 是 m 维控制输入,$\boldsymbol{A}$ 和 $\boldsymbol{B}$ 分别是适当维数的已知常数矩阵。在状态反馈

$$\boldsymbol{u} = -\boldsymbol{K}\boldsymbol{x} \tag{5.3.2}$$

作用下,闭环系统的状态方程为

$$\dot{\boldsymbol{x}} = (\boldsymbol{A} - \boldsymbol{B}\boldsymbol{K})\boldsymbol{x} \tag{5.3.3}$$

由第 2 章的结论可知,该闭环系统的状态轨迹为

$$\boldsymbol{x}(t) = \mathrm{e}^{(\boldsymbol{A}-\boldsymbol{B}\boldsymbol{K})t}\boldsymbol{x}(0) \tag{5.3.4}$$

其中的 $\boldsymbol{x}(0)$是系统的初始状态。

由线性时不变系统的稳定性分析可知,闭环系统(5.3.3)的稳定性由闭环系统矩阵 $\boldsymbol{A}-\boldsymbol{B}\boldsymbol{K}$ 的特征值决定,即闭环系统(5.3.3)渐近稳定的充分必要条件是矩阵 $\boldsymbol{A}-\boldsymbol{B}\boldsymbol{K}$ 的所有特征值都具有负实部。而由经典控制理论知道,矩阵 $\boldsymbol{A}-\boldsymbol{B}\boldsymbol{K}$ 的特征值也将影响诸如衰减速度、振荡、超调等过渡过程特性。因此,若能找到一个适当的矩阵 $\boldsymbol{K}$,使得矩阵 $\boldsymbol{A}-\boldsymbol{B}\boldsymbol{K}$ 的特征值位于复平面上预先给定的特定位置,则以矩阵 $\boldsymbol{K}$ 为增益矩阵的状态反馈控制器(5.3.2)就能保证闭环系统(5.3.3)是渐近稳定的,且具有所期望的动态响应特性。这种通过寻找适当的状态反馈增益矩阵 $\boldsymbol{K}$,使得闭环系统极点(即矩阵 $\boldsymbol{A}-\boldsymbol{B}\boldsymbol{K}$ 的特征值)位于预先给定位置的状态反馈控制器设计问题称为是状态反馈极点配置问题,简称为极点配置问题。

极点配置问题:对系统(5.3.1)和 n 个任意给定的数 $\lambda_1,\lambda_2,\cdots,\lambda_n$,其中若有复数,则以共轭对的形式出现,要求确定状态反馈增益矩阵 $\boldsymbol{K}$,使得 $\sigma(\boldsymbol{A}-\boldsymbol{B}\boldsymbol{K}) = \{\lambda_1,\lambda_2,\cdots,\lambda_n\}$。其中的 $\sigma(\cdot)$表示矩阵$(\cdot)$的谱集,即矩阵$(\cdot)$的所有特征值全体。

对给定的系统,要解决其极点配置问题,需要回答以下两个问题:

(1) 在什么条件下,或者说对什么样的系统,极点配置问题可解,即使得闭环系统具有给定极点的状态反馈控制器存在性;

(2) 如何设计使闭环系统具有给定极点的状态反馈控制器(5.3.2)。

5.3.2 极点配置问题可解的条件和方法

这一小节将来回答上一小节最后提出的两个问题。还是采用从特殊到一般、从简单到复杂的处理思想,通过导出极点配置状态反馈控制器的具体设计算法来解决这两个问题。

实际系统是各种各样的,要所有的系统都能任意配置闭环系统的极点显然是不可能的。那么,什么样的系统可以任意配置闭环极点呢?系统的能控性告诉我们,若系统是能控的,则对任意给定的初始状态,一定存在一个适当的控制作用,使得系统状态从该初始状态转移到零状态。因而可以从能控性系统开始来研究状态反馈极点配置问题。对于给

定的一个能控系统，其状态空间模型可能是比较复杂的，然而，其能控标准形模型却具有特殊的结构，有可能为极点配置问题的求解带来便利。为此，从能控标准形状态空间模型描述的能控系统入手。特别是为了简单起见，考虑以下由状态空间模型的能控标准形描述的3阶单输入系统：

$$\dot{\boldsymbol{x}}=\begin{bmatrix}0&1&0\\0&0&1\\-a_0&-a_1&-a_2\end{bmatrix}\boldsymbol{x}+\begin{bmatrix}0\\0\\1\end{bmatrix}u \tag{5.3.5}$$

对应的状态反馈控制器(5.3.2)为

$$u=-[k_0\quad k_1\quad k_2]\boldsymbol{x} \tag{5.3.6}$$

将式(5.3.6)代入状态方程(5.3.5)，得到闭环系统状态方程

$$\dot{\boldsymbol{x}}=\begin{bmatrix}0&1&0\\0&0&1\\-a_0-k_0&-a_1-k_1&-a_2-k_2\end{bmatrix}\boldsymbol{x}=\boldsymbol{A}_c\boldsymbol{x}$$

其特征多项式为

$$\det(\lambda\boldsymbol{I}-\boldsymbol{A}_c)=\lambda^3+(a_2+k_2)\lambda^2+(a_1+k_1)\lambda+a_0+k_0$$

如果要配置的闭环极点是λ_1,λ_2和λ_3，则期望的闭环系统特征多项式为

$$(\lambda-\lambda_1)(\lambda-\lambda_2)(\lambda-\lambda_3)=\lambda^3+b_2\lambda^2+b_1\lambda+b_0$$

为了使得状态反馈控制器(5.3.6)实现闭环系统的极点配置，必须让闭环系统的特征多项式等于期望的特征多项式，即

$$\lambda^3+(a_2+k_2)\lambda^2+(a_1+k_1)\lambda+a_0+k_0=\lambda^3+b_2\lambda^2+b_1\lambda+b_0$$

由于两个多项式相等的充分必要条件是相同次数幂的系数相等，从而得到

$$a_0+k_0=b_0$$

$$a_1+k_1=b_1$$

$$a_2+k_2=b_2$$

从这组方程可以解出

$$\begin{cases}k_0=b_0-a_0\\k_1=b_1-a_1\\k_2=b_2-a_2\end{cases} \tag{5.3.7}$$

总结以上的讨论，可以得出结论：对3阶能控标准形状态空间模型(5.3.5)描述的系统和任意给定的闭环极点λ_1,λ_2和λ_3，必存在状态反馈控制器(5.3.6)，使得闭环系统的极点恰好是λ_1,λ_2和λ_3。这个结论包含了以下3层意思：

(1) 对系统(5.3.5)，其极点配置问题是可解的；

(2) 给出了极点配置状态反馈控制器的具体设计方法；

(3) 从控制器的设计过程还可以看出，使得闭环系统具有给定极点的状态反馈控制器是惟一的。

因此，这里用构造性的方法给出了极点配置问题的解。

以上针对由3阶能控标准形模型描述的单输入系统，导出了状态反馈极点配置问题的解，这种方法很容易推广到由n阶能控标准形状态空间模型描述的单输入系统。

例 5.3.1 考虑系统

$$\dot{x} = \begin{bmatrix} 0 & 1 \\ 2 & -3 \end{bmatrix} x + \begin{bmatrix} 0 \\ 1 \end{bmatrix} u$$

设计一个状态反馈控制器，使得闭环系统的极点是－2 和－3。

解　从状态矩阵的最后一行可以看出开环系统是不稳定的(二阶系统的极点都具有负实部的充分必要条件是其特征多项式的系数都是正的)。由于所考虑的状态空间模型具有能控标准形结构，因此该系统是可以进行任意极点配置的，相应的状态反馈控制器可以应用前面得到的方程组(5.3.7)来确定，也可以通过直接设计的方法来确定。以下介绍极点配置状态反馈控制器的直接设计方法。

将控制器 $u=-[k_0 \quad k_1]x$ 代入到所考虑系统的状态方程中，得到闭环系统状态方程

$$\dot{x} = \begin{bmatrix} 0 & 1 \\ 2-k_0 & -3-k_1 \end{bmatrix} x$$

该闭环系统的特征方程为

$$\det(\lambda I - A_c) = \lambda^2 + (3+k_1)\lambda - 2 + k_0$$

由于期望的闭环极点是－2 和－3，故期望的闭环特征方程为

$$(\lambda+2)(\lambda+3) = \lambda^2 + 5\lambda + 6$$

通过

$$\lambda^2 + (3+k_1)\lambda - 2 + k_0 = \lambda^2 + 5\lambda + 6$$

可得

$$3 + k_1 = 5$$
$$-2 + k_0 = 6$$

从上式可解出

$$k_1 = 2$$
$$k_0 = 8$$

因此，要设计的极点配置状态反馈控制器为

$$u = -[8 \quad 2]\begin{bmatrix} x_1 \\ x_2 \end{bmatrix}$$

相应的闭环控制系统状态变量图如图 5.3.1 所示。

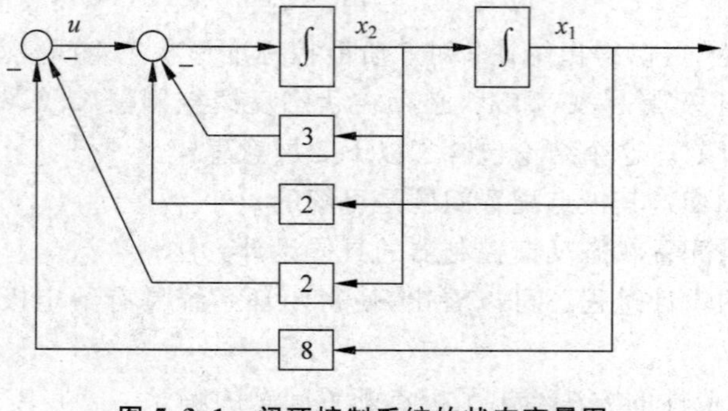

图 5.3.1　闭环控制系统的状态变量图

以上解决了由能控标准形状态空间模型描述的能控系统极点配置问题。进一步，对由一般状态空间模型描述的单输入能控系统，又该如何来解决其极点配置问题呢？

从第 3 章知道，如果一个能控系统的状态空间模型不是能控标准形，则总存在一个适当的状态变换，将其变换成等价的能控标准形状态空间模型。对后者，应用前面提出的方法可得到极点配置状态反馈控制器。那么是否可以据此得出原系统极点配置问题可解的结论呢？进一步，如何得到需要的极点配置状态反馈控制器呢？以下来具体分析这些问题。

对一般的状态方程(5.3.1)，如果它是能控的，则根据第 3 章的知识，状态方程(5.3.1)可以等价变换成能控标准形，即存在线性变换$\tilde{x}=\boldsymbol{T}\boldsymbol{x}$，使得

$$\boldsymbol{T}\boldsymbol{A}\boldsymbol{T}^{-1}=\tilde{\boldsymbol{A}},\quad \boldsymbol{T}\boldsymbol{B}=\tilde{\boldsymbol{B}} \tag{5.3.8}$$

其中，

$$\tilde{\boldsymbol{A}}=\begin{bmatrix}0 & 1 & 0 & \cdots & 0\\ 0 & 0 & 1 & \cdots & 0\\ \vdots & \vdots & \vdots & \ddots & \vdots\\ 0 & 0 & 0 & \cdots & 1\\ -a_0 & -a_1 & -a_2 & \cdots & -a_{n-1}\end{bmatrix},\quad \tilde{\boldsymbol{B}}=\begin{bmatrix}0\\ 0\\ \vdots\\ 0\\ 1\end{bmatrix} \tag{5.3.9}$$

$$\boldsymbol{T}=\Gamma_c[\tilde{\boldsymbol{A}},\tilde{\boldsymbol{B}}](\Gamma_c[\boldsymbol{A},\boldsymbol{B}])^{-1} \tag{5.3.10}$$

$a_0,a_1,\cdots,a_{n-1}$是矩阵$\boldsymbol{A}$的特征多项式系数，即

$$\det(\lambda\boldsymbol{I}-\boldsymbol{A})=\lambda^n+a_{n-1}\lambda^{n-1}+\cdots+a_1\lambda+a_0$$

由于式(5.3.9)给出的是能控标准形矩阵对，故对任意给定的一组期望闭环极点$\Omega=\{\lambda_1,\lambda_2,\cdots,\lambda_n\}$，存在一个状态反馈增益矩阵$\tilde{\boldsymbol{K}}$，使得

$$\sigma(\tilde{\boldsymbol{A}}-\tilde{\boldsymbol{B}}\tilde{\boldsymbol{K}})=\Omega$$

将式(5.3.8)给出的矩阵$\tilde{\boldsymbol{A}}$和$\tilde{\boldsymbol{B}}$的表达式代入上式，并利用矩阵的运算性质，可得

$$\begin{aligned}\sigma(\boldsymbol{T}\boldsymbol{A}\boldsymbol{T}^{-1}-\boldsymbol{T}\boldsymbol{B}\tilde{\boldsymbol{K}})&=\sigma[\boldsymbol{T}(\boldsymbol{A}-\boldsymbol{B}\tilde{\boldsymbol{K}}\boldsymbol{T})\boldsymbol{T}^{-1}]\\ &=\sigma(\boldsymbol{A}-\boldsymbol{B}\tilde{\boldsymbol{K}}\boldsymbol{T})=\Omega\end{aligned}$$

记$\boldsymbol{K}=\tilde{\boldsymbol{K}}\boldsymbol{T}$，则从上式可得

$$\sigma(\boldsymbol{A}-\boldsymbol{B}\boldsymbol{K})=\Omega$$

这表明了矩阵$\boldsymbol{K}$是使得能控系统(5.3.1)具有给定闭环极点Ω的状态反馈增益矩阵。

总结以上讨论，可得：

定理 5.3.1　若系统(5.3.1)是能控的，则对任意给定的期望闭环极点Ω，存在状态反馈控制器(5.3.2)，使得闭环系统(5.3.3)的极点是Ω。

定理 5.3.1 说明了只要系统(5.3.1)是能控的，则其极点配置问题一定可解，即系统能控性是极点配置问题可解的一个充分条件。理论上能够证明：系统能控性也是极点配置问题可解的一个必要条件，即若系统(5.3.1)能通过状态反馈任意配置闭环极点，则该系统一定是能控的。因此，一个系统(5.3.1)能通过状态反馈任意配置闭环极点的充分必要条件是该系统能控。

定理 5.3.1 尽管是对单输入系统导出的，但对多输入系统也是成立的。

5.3.3 极点配置状态反馈控制器的设计算法

总结 5.3.2 节的分析过程，可以得到单输入系统极点配置状态反馈控制器的设计算法。

对给定的线性定常系统(5.3.1)和一组给定的期望闭环极点 $\Omega=\{\lambda_1,\lambda_2,\cdots,\lambda_n\}$，按以下步骤可以设计出使得闭环系统(5.3.3)具有给定极点 $\Omega=\{\lambda_1,\lambda_2,\cdots,\lambda_n\}$ 的状态反馈控制器(5.3.2)。

第 1 步：检验系统的能控性。如果系统是能控的，则继续第 2 步。

第 2 步：利用系统矩阵 $\boldsymbol{A}$ 的特征多项式

$$\det(\lambda \boldsymbol{I}-\boldsymbol{A})=\lambda^n+a_{n-1}\lambda^{n-1}+\cdots+a_1\lambda+a_0$$

确定 $a_0,a_1,\cdots,a_{n-1}$ 的值。

第 3 步：确定将系统状态方程变换为能控标准形的变换矩阵 $\boldsymbol{T}$。若给定的状态方程已是能控标准形，那么 $\boldsymbol{T}=\boldsymbol{I}$。非奇异线性变换矩阵 $\boldsymbol{T}$ 可由下式确定：

$$\boldsymbol{T}=\Gamma_c[\widetilde{\boldsymbol{A}},\widetilde{\boldsymbol{B}}](\Gamma_c[\boldsymbol{A},\boldsymbol{B}])^{-1}$$

第 4 步：利用给定的期望闭环极点，可得期望的闭环特征多项式为

$$(\lambda-\lambda_1)(\lambda-\lambda_2)\cdots(\lambda-\lambda_n)=\lambda^n+b_{n-1}\lambda^{n-1}+\cdots+b_1\lambda+b_0$$

并确定 $b_0,b_1,\cdots,b_{n-1}$ 的值。

第 5 步：确定极点配置状态反馈增益矩阵

$$\boldsymbol{K}=[b_0-a_0 \quad b_1-a_1 \quad \cdots \quad b_{n-2}-a_{n-2} \quad b_{n-1}-a_{n-1}]\boldsymbol{T}$$

也可以通过待定系数的方法来确定极点配置状态反馈增益矩阵 $\boldsymbol{K}$。根据

$$\det[\lambda \boldsymbol{I}-(\boldsymbol{A}-\boldsymbol{BK})]=(\lambda-\lambda_1)(\lambda-\lambda_2)\cdots(\lambda-\lambda_n)$$

利用两个多项式相等的充分必要条件是等号两边 λ 同次幂的系数相等，导出关于 $\boldsymbol{K}$ 的分量 $k_1,\cdots,k_n$ 的一个线性方程组，求解该线性方程组可得要求的增益矩阵 $\boldsymbol{K}$。这种方法称为极点配置状态反馈控制器设计的直接法。而前面通过能控标准形的设计方法称为极点配置状态反馈控制器设计的变换法。

由于计算机不能处理含有未知参数 $k_1,\cdots,k_n$ 的特征方程，故直接法只适用于手工计算，因此系统的阶数不能太高，一般只适合于不超过 3 阶的系统。

以下通过一些例子来进一步说明极点配置状态反馈控制器的设计方法。

例 5.3.2 已知被控系统的传递函数为

$$G(s)=\frac{10}{s(s+1)(s+2)}$$

设计一个状态反馈控制器，使得闭环系统的极点为 -2 和 $-1\pm \mathrm{j}$。

解 写出被控对象的状态空间模型，这里可以选用传递函数的能控标准形实现。

$$\dot{\boldsymbol{x}}=\begin{bmatrix}0 & 1 & 0\\ 0 & 0 & 1\\ 0 & -2 & -3\end{bmatrix}\boldsymbol{x}+\begin{bmatrix}0\\0\\1\end{bmatrix}u$$

$$y=[10 \quad 0 \quad 0]\boldsymbol{x}$$

由于系统是能控的，故可以采用状态反馈来任意配置闭环系统的极点。对给定的闭环系

统极点 -2 和 $-1\pm j$，设状态反馈控制器为 $u=-\boldsymbol{K}\boldsymbol{x}$，其中 $\boldsymbol{K}=[k_1\quad k_2\quad k_3]$，则闭环系统的特征多项式为

$$\det[\lambda\boldsymbol{I}-(\boldsymbol{A}-\boldsymbol{B}\boldsymbol{K})]=\lambda^3+(3+k_3)\lambda^2+(2+k_2)\lambda+k_1$$

根据期望的闭环极点，可得期望的闭环特征多项式为

$$(\lambda+2)(\lambda+1-j)(\lambda+1+j)=\lambda^3+4\lambda^2+6\lambda+4 \tag{5.3.11}$$

为了使要设计的闭环特征多项式等于期望的特征多项式，以上两个多项式相同次幂的系数必须相等，故

$$3+k_3=4$$
$$2+k_2=6$$
$$k_1=4$$

解此线性方程组，可得

$$k_1=4,\quad k_2=4,\quad k_3=1$$

因此，要设计的状态反馈控制器为

$$u=-[4\quad 4\quad 1]\boldsymbol{x}$$

以上的求解过程采用了被控对象传递函数的能控标准形实现，根据特征多项式系数就可直接计算状态反馈增益矩阵，从而免去了极点配置状态反馈控制律设计过程中所需要的状态变换。这样的处理表面上看似简单，但从工程应用角度看，能控标准形实现中的状态变量往往难以直接检测，因为它涉及到变量的多次微分，从而使得这种控制方案往往在实际应用中难以实现。

为了便于所设计的状态反馈控制器的实施，描述被控对象的状态空间模型应当尽可能地选择那些易于直接测量的信号作为状态变量。将传递函数作如图 5.3.2 所示的串联分解。

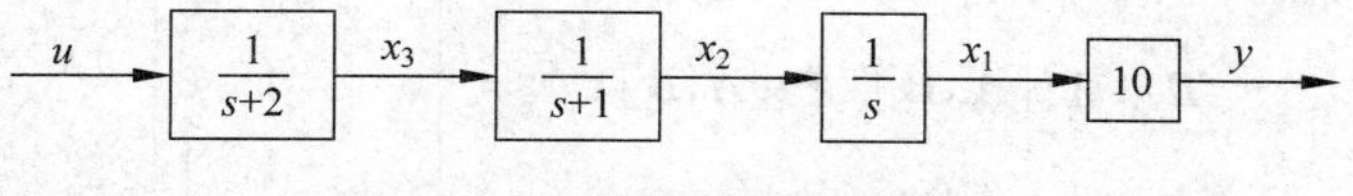

图 5.3.2　系统串联分解结构图

将串联子系统 $\frac{1}{s}$，$\frac{1}{s+1}$ 和 $\frac{1}{s+2}$ 的输出选为状态变量 x_1，x_2 和 x_3，显然，这样的状态变量容易直接测量。由此得到的状态空间模型为

$$\begin{cases}\dot{\boldsymbol{x}}=\begin{bmatrix}0&1&0\\0&-1&1\\0&0&-2\end{bmatrix}\boldsymbol{x}+\begin{bmatrix}0\\0\\1\end{bmatrix}u\\ y=[10\quad 0\quad 0]\boldsymbol{x}\end{cases} \tag{5.3.12}$$

以下基于状态空间模型(5.3.12)和给定的期望闭环极点，给出极点配置问题的两种求解方法。

(1) 直接法

设状态反馈控制器 $u=-\boldsymbol{K}\boldsymbol{x}$，其中 $\boldsymbol{K}=[k_1\quad k_2\quad k_3]$，则闭环系统状态矩阵为

$$A-BK=\begin{bmatrix}0 & 1 & 0\\ 0 & -1 & 1\\ 0 & 0 & -2\end{bmatrix}-\begin{bmatrix}0\\ 0\\ 1\end{bmatrix}[k_1 \quad k_2 \quad k_3]$$

$$=\begin{bmatrix}0 & 1 & 0\\ 0 & -1 & 1\\ -k_1 & -k_2 & -2-k_3\end{bmatrix}$$

其特征多项式为

$$\det[\lambda I-(A-BK)]=\lambda^3+(3+k_3)\lambda^2+(2+k_2+k_3)\lambda+k_1$$

通过令以上的闭环特征多项式等于期望的特征多项式，即

$$(\lambda+2)(\lambda+1-\mathrm{j})(\lambda+1+\mathrm{j})=\lambda^3+4\lambda^2+6\lambda+4$$

可得

$$k_1=4,\quad k_2=3,\quad k_3=1$$

因此，使得闭环极点是 -2 和 $-1\pm\mathrm{j}$ 的状态反馈控制器为

$$u=-[4 \quad 3 \quad 1]\boldsymbol{x}$$

(2) 变换法

通过将串联分解实现(5.3.12)转化成一个能控标准形，然后设计极点配置状态反馈控制器。为此，首先确定线性变换中的非奇异矩阵 $\boldsymbol{T}$。

由于

$$\det(\lambda I-A)=\lambda^3+3\lambda^2+2\lambda$$

系统的能控标准形矩阵对为

$$\widetilde{A}=\begin{bmatrix}0 & 1 & 0\\ 0 & 0 & 1\\ 0 & -2 & -3\end{bmatrix},\quad \widetilde{B}=\begin{bmatrix}0\\ 0\\ 1\end{bmatrix}$$

故状态变换矩阵

$$T=\Gamma_c[\widetilde{A},\widetilde{B}](\Gamma_c[A,B])^{-1}=\begin{bmatrix}1 & 0 & 0\\ 0 & 1 & 0\\ 0 & -1 & 1\end{bmatrix}$$

因此，要设计的状态反馈控制器增益矩阵为

$$K=[b_0-a_0 \quad b_1-a_1 \quad b_2-a_2]T$$

$$=[4 \quad 4 \quad 1]\begin{bmatrix}1 & 0 & 0\\ 0 & 1 & 0\\ 0 & -1 & 1\end{bmatrix}$$

$$=[4 \quad 3 \quad 1]$$

得到和方法(1)相同的结论。

通过设计一个控制器，将闭环系统极点配置在给定的位置不仅可以保证闭环系统的稳定性，而且还可以使得闭环系统具有一定过渡过程特性。以下例子说明了如何应用极点配置方法，根据闭环系统过渡过程特性要求来设计需要的极点配置状态反馈控制器。

例 5.3.3 给定图 5.3.3 所示的被控系统，设计状态反馈控制器，使得闭环系统是渐近稳定的，而且闭环系统的输出超调量 $\sigma\leqslant 5\%$，峰值时间 $t_p\leqslant 0.5\mathrm{s}$。

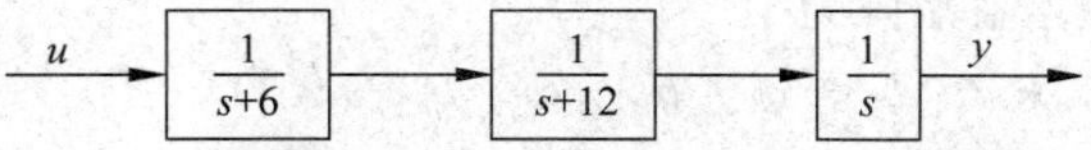

图 5.3.3　例 5.3.3 的系统结构图

解　根据系统结构图，可以得到被控系统的一个状态空间模型

$$\dot{\boldsymbol{x}} = \begin{bmatrix} 0 & 1 & 0 \\ 0 & -12 & 1 \\ 0 & 0 & -6 \end{bmatrix} \boldsymbol{x} + \begin{bmatrix} 0 \\ 0 \\ 1 \end{bmatrix} u \tag{5.3.13}$$
$$y = \begin{bmatrix} 1 & 0 & 0 \end{bmatrix} \boldsymbol{x}$$

容易检验该系统是能控的。因此，可以通过状态反馈来实现闭环系统的任意极点配置。

首先根据闭环系统的性能要求来确定闭环极点的位置。本例无开环零点，由经典控制理论的知识知道，闭环系统的动态性能完全由闭环极点所决定。由于所考虑的是一个3阶系统，故有3个闭环极点，期望的3个极点可以这样安排：选择左半开复平面上一对主导极点 λ_1 和 λ_2，另一个极点 λ_3 选择在远离 λ_1 和 λ_2 的左半开复平面上，以使得极点 λ_3 对闭环系统性能的影响很小，从而可以将闭环系统近似成只有一对主导极点的二阶系统。设主导极点为 $\lambda_{1,2}=-\zeta\omega_n \pm j\omega_n\sqrt{1-\zeta^2}$，其中的 ζ 和 ω_n 是二阶系统的阻尼比和无阻尼自振频率。利用二阶系统的阻尼比 ζ、无阻尼自振频率 ω_n 等参数和超调量 σ、峰值时间 t_p 的关系，由

$$\sigma = \exp(-\zeta\pi/\sqrt{1-\zeta^2}) \leqslant 5\%, \quad t_p = \frac{\pi}{\omega_n\sqrt{1-\zeta^2}} \leqslant 0.5$$

可得

$$\zeta \geqslant 0.707, \quad \omega_n \geqslant 9$$

为计算方便，取 $\zeta=0.707$，$\omega_n=10$，则主导极点为

$$\lambda_{1,2} = -\zeta\omega_n \pm j\omega_n\sqrt{1-\zeta^2} = -7.07 \pm j7.07$$

而第3个极点 λ_3 应选择成使其和原点距离远大于主导极点和原点的距离 $|\lambda_1|=\omega_n$。取 $|\lambda_3|=10|\lambda_1|$，则 $\lambda_3=-100$。于是期望特征多项式为

$$\begin{aligned} \Delta(\lambda) &= (\lambda+100)(\lambda^2+2\zeta\omega_n\lambda+\omega_n^2) \\ &= (\lambda+100)(\lambda^2+14.1\lambda+100) \\ &= \lambda^3+114.1\lambda^2+1510\lambda+10000 \end{aligned}$$

系统(5.3.13)等价于能控标准形

$$\dot{\bar{\boldsymbol{x}}} = \begin{bmatrix} 0 & 1 & 0 \\ 0 & 0 & 1 \\ 0 & -72 & -18 \end{bmatrix} \bar{\boldsymbol{x}} + \begin{bmatrix} 0 \\ 0 \\ 1 \end{bmatrix} u$$
$$y = \begin{bmatrix} 1 & 0 & 0 \end{bmatrix} \bar{\boldsymbol{x}}$$

相应的变换矩阵 $\boldsymbol{T}$ 为

$$\boldsymbol{T} = \begin{bmatrix} 1 & 0 & 0 \\ 0 & 1 & 0 \\ 0 & -12 & 1 \end{bmatrix}$$

因此，要求的状态反馈增益矩阵为

$$\boldsymbol{K} = [b_0 - a_0 \quad b_1 - a_1 \quad b_2 - a_2]\boldsymbol{T}$$

$$= [10000 \quad 1438 \quad 96.1]\begin{bmatrix} 1 & 0 & 0 \\ 0 & 1 & 0 \\ 0 & -12 & 1 \end{bmatrix}$$

$$= [10000 \quad 284.8 \quad 96.1]$$

导出的闭环系统为

$$\dot{\boldsymbol{x}} = \left(\begin{bmatrix} 0 & 1 & 0 \\ 0 & -12 & 1 \\ 0 & 0 & -6 \end{bmatrix} - \begin{bmatrix} 0 \\ 0 \\ 1 \end{bmatrix}[10000 \quad 284.8 \quad 96.1]\right)\boldsymbol{x}$$

$$= \begin{bmatrix} 0 & 1 & 0 \\ 0 & -12 & 1 \\ -10000 & -284.8 & -102.1 \end{bmatrix}\boldsymbol{x}$$

$$y = [1 \quad 0 \quad 0]\boldsymbol{x}$$

为了检验系统的过渡过程特性，编制和执行以下的 m-文件：

```
% 输入闭环系统状态空间模型系数矩阵
A=[0 1 0; 0 -12 1; -10000 -284.8 -102.1];
B=[0; 0; 1];
C=[1 0 0];
D=0;
% 确定单位阶跃响应
[y,x,t]=step(A,B,C,D);
plot(t,y)
grid
title('Unit Step Response')
xlabel('time(sec)')
ylabel('Output')
```

得到如图 5.3.4 所示的闭环系统输出响应曲线。

从图 5.3.4 可以看出，峰值时间在 0.4s 到 0.5s 之间。因此，峰值时间和超调满足设计要求。

例 5.3.4 考虑例 3.1.2 中的倒立摆系统，系统的线性化状态空间模型(对应于 $\theta\approx 0$)为

$$\dot{\boldsymbol{x}} = \boldsymbol{A}\boldsymbol{x} + \boldsymbol{B}u = \begin{bmatrix} 0 & 1 & 0 & 0 \\ 0 & 0 & -1 & 0 \\ 0 & 0 & 0 & 1 \\ 0 & 0 & 11 & 0 \end{bmatrix}\boldsymbol{x} + \begin{bmatrix} 0 \\ 1 \\ 0 \\ -1 \end{bmatrix}u$$

$$y = \boldsymbol{C}\boldsymbol{x} = [1 \quad 0 \quad 0 \quad 0]\boldsymbol{x}$$

其中，$\boldsymbol{x} = [y \quad \dot{y} \quad \theta \quad \dot{\theta}]^{\mathrm{T}}$ 是系统的状态向量，θ 是摆杆的偏移角，y 是小车的位移，u 是作用在小车上的力。设计一个状态反馈控制器 $u = -\boldsymbol{K}\boldsymbol{x}$，使得闭环系统极点是 -1，-2，$-1+\mathrm{j}$ 和 $-1-\mathrm{j}$。

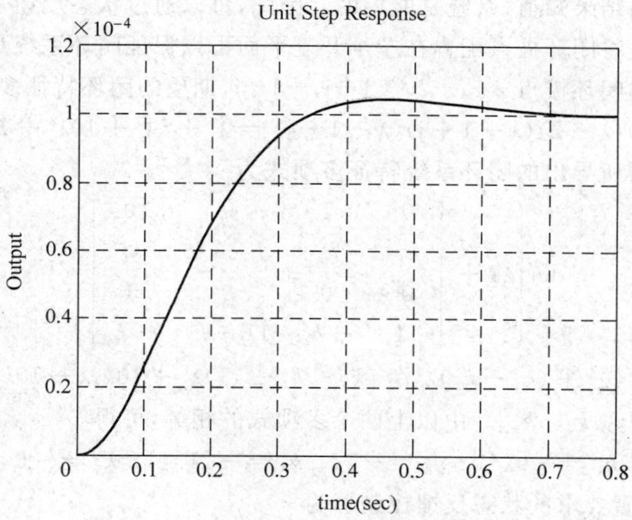

图 5.3.4 闭环系统的单位阶跃响应

解 开环系统的特征多项式为

$$\det(\lambda \boldsymbol{I}-\boldsymbol{A})=\lambda^4-11\lambda^2=\lambda^2(\lambda-\sqrt{11})(\lambda+\sqrt{11})$$

开环极点是0,0,$\sqrt{11}$和$-\sqrt{11}$。因此,开环系统是不稳定的,这和直观感受到的现象是一致的。事实上,以$\boldsymbol{x}(0)=[0.1\quad 0\quad -0.1\quad 1]^{\mathrm{T}}$为初始状态的开环系统状态轨迹图5.3.5进一步验证了这一事实。

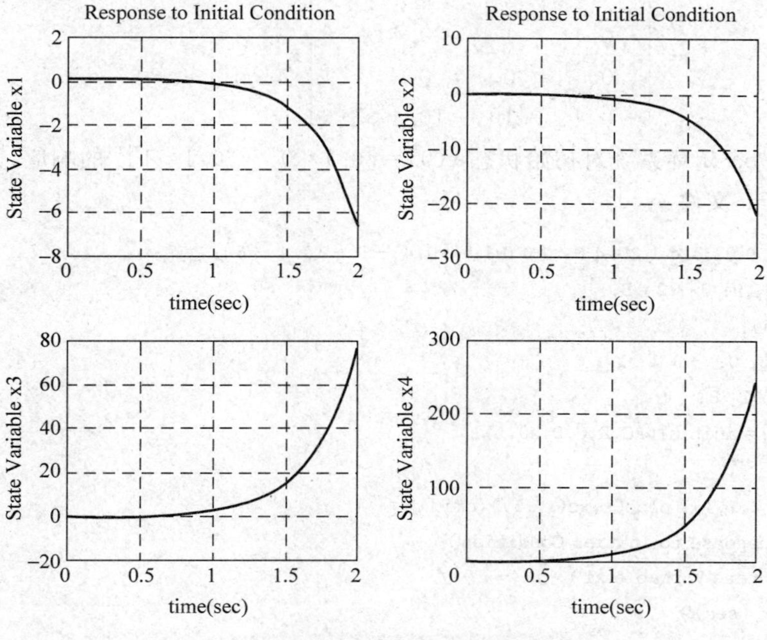

图 5.3.5 开环系统的初始状态响应

由例 3.1.2 的结果知道，系统是能控的。因此，可以通过状态反馈来任意配置闭环系统的极点。特别是将闭环极点配置在左半开复平面可以保证闭环系统是渐近稳定的。

现针对给定的闭环极点 −1，−2，−1+j，−1−j，期望的闭环特征多项式为

$$(\lambda+1)(\lambda+2)(\lambda+1+\mathrm{j})(\lambda+1-\mathrm{j})=\lambda^4+5\lambda^3+10\lambda^2+10\lambda+4$$

而状态反馈控制器所导出的闭环系统特征多项式为

$$\det\left(\lambda \boldsymbol{I}-\begin{bmatrix}0 & 1 & 0 & 0\\ k_1 & k_2 & k_3-1 & k_4\\ 0 & 0 & 0 & 1\\ -k_1 & -k_2 & 11-k_3 & -k_4\end{bmatrix}\right)$$

$$=\lambda^4+(k_4-k_2)\lambda^3+(k_3-k_1-11)\lambda^2+10k_2\lambda+10k_1$$

其中的 $\boldsymbol{K}=[k_1\quad k_2\quad k_3\quad k_4]$。由以上两个多项式的相等，可得

$$k_1=-0.4,\quad k_2=-1,\quad k_3=-21.4,\quad k_4=-6$$

因此，满足极点配置要求的状态反馈控制器为

$$u=[0.4\quad 1\quad 21.4\quad 6]\boldsymbol{x}$$

闭环系统为

$$\begin{aligned}\dot{\boldsymbol{x}}&=(\boldsymbol{A}-\boldsymbol{BK})\boldsymbol{x}\\ &=\left(\begin{bmatrix}0 & 1 & 0 & 0\\ 0 & 0 & -1 & 0\\ 0 & 0 & 0 & 1\\ 0 & 0 & 11 & 0\end{bmatrix}+\begin{bmatrix}0\\ 1\\ 0\\ -1\end{bmatrix}[0.4\quad 1\quad 21.4\quad 6]\right)\boldsymbol{x}\\ &=\begin{bmatrix}0 & 1 & 0 & 0\\ 0.4 & 1 & 20.4 & 6\\ 0 & 0 & 0 & 1\\ -0.4 & -1 & -10.4 & -6\end{bmatrix}\boldsymbol{x}\end{aligned}$$

进一步考查闭环系统对初始状态 $\boldsymbol{x}(0)=[0.1\quad 0\quad -0.1\quad 1]^{\mathrm{T}}$ 的响应，为此，编制和执行以下的 m-文件：

```
AC=[0 1 0 0; 0.4 1 20.4 6; 0 0 0 1; -0.4 -1 -10.4 -6];
B=[0; 0; 0; 0]; D=B;
C=eye(4);
x0=[0.1; 0; -0.1; 1];
t=0: 0.01: 8;
[y,xc,t]=initial(AC,B,C,D,x0,t);

subplot(2,2,1); plot(t,xc(: ,1)),grid
title('Response to Initial Condition')
ylabel('State Variable x1')
xlabel('t (sec)')

subplot(2,2,2); plot(t,xc(: ,2)),grid
title('Response to Initial Condition')
```

```
ylabel('State Variable x2')
xlabel('t (sec)')

subplot(2,2,3); plot(t,xc(:,3)),grid
ylabel('State Variable x3')
xlabel('t (sec)')

subplot(2,2,4); plot(t,xc(:,4)),grid
ylabel('State Variable x4')
xlabel('t (sec)')
```

可得图 5.3.6。

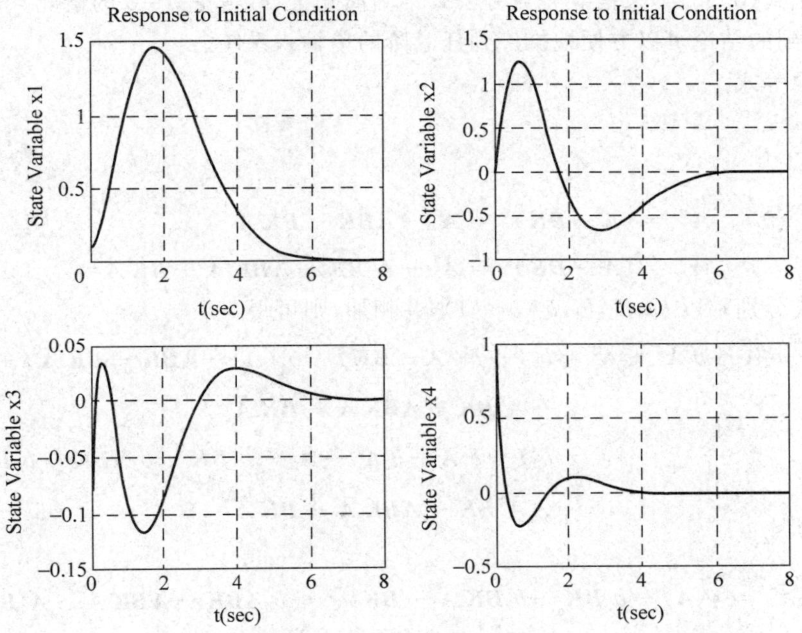

图 5.3.6　闭环系统的初始状态响应

比较图 5.3.5 后可得，极点配置状态反馈控制器使得原来不稳定的系统成为渐近稳定，且具有良好的动态性能。这表明整个状态向量 $\boldsymbol{x}$ 随时间的推移而渐近衰减到零。因此，摆杆将保持在垂直位置，而且小车也将回到它的初始位置。

5.3.4　爱克曼公式

上一小节给出了极点配置状态反馈控制器设计的两种方法：直接法和变换法。本小节再介绍一种极点配置状态反馈控制器的设计方法——爱克曼(Ackermann)公式，它给出了极点配置状态反馈控制器增益矩阵 $\boldsymbol{K}$ 的解析表示式。因此，这一方法特别适合于编程计算。

考虑由状态空间模型(5.3.1)描述的系统，假设系统是状态完全能控的，给定的期望

闭环极点为 $\lambda_1,\lambda_2,\cdots,\lambda_n$。利用线性状态反馈控制器 $\boldsymbol{u}=-\boldsymbol{K}\boldsymbol{x}$，得到的闭环系统状态方程为

$$\dot{\boldsymbol{x}}=(\boldsymbol{A}-\boldsymbol{B}\boldsymbol{K})\boldsymbol{x}$$

记 $\widetilde{\boldsymbol{A}}=\boldsymbol{A}-\boldsymbol{B}\boldsymbol{K}$，则极点配置问题要求 $\boldsymbol{K}$ 满足

$$\begin{aligned}\det[\lambda\boldsymbol{I}-(\boldsymbol{A}-\boldsymbol{B}\boldsymbol{K})]&=\det(\lambda\boldsymbol{I}-\widetilde{\boldsymbol{A}})\\&=(\lambda-\lambda_1)(\lambda-\lambda_2)\cdots(\lambda-\lambda_n)\\&=\lambda^n+b_{n-1}\lambda^{n-1}+\cdots+b_1\lambda+b_0=\phi(\lambda)\end{aligned}$$

根据凯莱-哈密尔顿定理，$\widetilde{\boldsymbol{A}}$ 应满足其自身的特征方程，即

$$\phi(\widetilde{\boldsymbol{A}})=\widetilde{\boldsymbol{A}}^n+b_{n-1}\widetilde{\boldsymbol{A}}^{n-1}+\cdots+b_1\widetilde{\boldsymbol{A}}+b_0\boldsymbol{I}=\boldsymbol{0} \tag{5.3.14}$$

下面用式(5.3.14)来推导爱克曼公式。为简化推导，考虑 $n=3$ 的情况。需要指出的是，以下得到的结论可以方便地推广到任意阶的单输入系统。

考虑恒等式

$$\begin{aligned}\boldsymbol{I}&=\boldsymbol{I}\\\widetilde{\boldsymbol{A}}&=\boldsymbol{A}-\boldsymbol{B}\boldsymbol{K}\\\widetilde{\boldsymbol{A}}^2&=(\boldsymbol{A}-\boldsymbol{B}\boldsymbol{K})^2=\boldsymbol{A}^2-\boldsymbol{A}\boldsymbol{B}\boldsymbol{K}-\boldsymbol{B}\boldsymbol{K}\widetilde{\boldsymbol{A}}\\\widetilde{\boldsymbol{A}}^3&=(\boldsymbol{A}-\boldsymbol{B}\boldsymbol{K})^3=\boldsymbol{A}^3-\boldsymbol{A}^2\boldsymbol{B}\boldsymbol{K}-\boldsymbol{A}\boldsymbol{B}\boldsymbol{K}\widetilde{\boldsymbol{A}}-\boldsymbol{B}\boldsymbol{K}\widetilde{\boldsymbol{A}}^2\end{aligned}$$

将上述等式分别乘以 $b_0,b_1,b_2,b_3(b_3=1)$，并相加，则可得

$$\begin{aligned}b_0\boldsymbol{I}+b_1\widetilde{\boldsymbol{A}}+b_2\widetilde{\boldsymbol{A}}^2+\widetilde{\boldsymbol{A}}^3&=b_0\boldsymbol{I}+b_1(\boldsymbol{A}-\boldsymbol{B}\boldsymbol{K})+b_2(\boldsymbol{A}^2-\boldsymbol{A}\boldsymbol{B}\boldsymbol{K}-\boldsymbol{B}\boldsymbol{K}\widetilde{\boldsymbol{A}})+\boldsymbol{A}^3\\&\quad-\boldsymbol{A}^2\boldsymbol{B}\boldsymbol{K}-\boldsymbol{A}\boldsymbol{B}\boldsymbol{K}\widetilde{\boldsymbol{A}}-\boldsymbol{B}\boldsymbol{K}\widetilde{\boldsymbol{A}}^2\\&=b_0\boldsymbol{I}+b_1\boldsymbol{A}+b_2\boldsymbol{A}^2+\boldsymbol{A}^3-b_1\boldsymbol{B}\boldsymbol{K}-b_2\boldsymbol{A}\boldsymbol{B}\boldsymbol{K}-b_2\boldsymbol{B}\boldsymbol{K}\widetilde{\boldsymbol{A}}\\&\quad-\boldsymbol{A}^2\boldsymbol{B}\boldsymbol{K}-\boldsymbol{A}\boldsymbol{B}\boldsymbol{K}\widetilde{\boldsymbol{A}}-\boldsymbol{B}\boldsymbol{K}\widetilde{\boldsymbol{A}}^2\end{aligned}$$

即

$$\phi(\widetilde{\boldsymbol{A}})=\phi(\boldsymbol{A})-b_1\boldsymbol{B}\boldsymbol{K}-b_2\boldsymbol{B}\boldsymbol{K}\widetilde{\boldsymbol{A}}-\boldsymbol{B}\boldsymbol{K}\widetilde{\boldsymbol{A}}^2-b_2\boldsymbol{A}\boldsymbol{B}\boldsymbol{K}-\boldsymbol{A}\boldsymbol{B}\boldsymbol{K}\widetilde{\boldsymbol{A}}-\boldsymbol{A}^2\boldsymbol{B}\boldsymbol{K} \tag{5.3.15}$$

由于

$$b_0\boldsymbol{I}+b_1\widetilde{\boldsymbol{A}}+b_2\widetilde{\boldsymbol{A}}^2+\widetilde{\boldsymbol{A}}^3=\phi(\widetilde{\boldsymbol{A}})=\boldsymbol{0}$$

故

$$\boldsymbol{0}=\phi(\boldsymbol{A})-b_1\boldsymbol{B}\boldsymbol{K}-b_2\boldsymbol{B}\boldsymbol{K}\widetilde{\boldsymbol{A}}-\boldsymbol{B}\boldsymbol{K}\widetilde{\boldsymbol{A}}^2-b_2\boldsymbol{A}\boldsymbol{B}\boldsymbol{K}-\boldsymbol{A}\boldsymbol{B}\boldsymbol{K}\widetilde{\boldsymbol{A}}-\boldsymbol{A}^2\boldsymbol{B}\boldsymbol{K}$$

整理后可得

$$\begin{aligned}\phi(\boldsymbol{A})&=\boldsymbol{B}(b_1\boldsymbol{K}+b_2\boldsymbol{K}\widetilde{\boldsymbol{A}}+\boldsymbol{K}\widetilde{\boldsymbol{A}}^2)+\boldsymbol{A}\boldsymbol{B}(b_2\boldsymbol{K}+\boldsymbol{K}\widetilde{\boldsymbol{A}})+\boldsymbol{A}^2\boldsymbol{B}\boldsymbol{K}\\&=[\boldsymbol{B}\quad\boldsymbol{A}\boldsymbol{B}\quad\boldsymbol{A}^2\boldsymbol{B}]\begin{bmatrix}b_1\boldsymbol{K}+b_2\boldsymbol{K}\widetilde{\boldsymbol{A}}+\boldsymbol{K}\widetilde{\boldsymbol{A}}^2\\b_2\boldsymbol{K}+\boldsymbol{K}\widetilde{\boldsymbol{A}}\\\boldsymbol{K}\end{bmatrix}\end{aligned} \tag{5.3.16}$$

由于系统是完全能控的，所以 3×3 维的能控性矩阵 $[\boldsymbol{B}\quad\boldsymbol{A}\boldsymbol{B}\quad\boldsymbol{A}^2\boldsymbol{B}]$ 是可逆的。在式(5.3.16)的两边分别左乘能控性矩阵的逆，可得

$$[\boldsymbol{B}\quad \boldsymbol{AB}\quad \boldsymbol{A}^2\boldsymbol{B}]^{-1}\phi(\boldsymbol{A})=\begin{bmatrix} b_1\boldsymbol{K}+b_2\boldsymbol{K}\widetilde{\boldsymbol{A}}+\boldsymbol{K}\widetilde{\boldsymbol{A}}^2 \\ b_2\boldsymbol{K}+\boldsymbol{K}\widetilde{\boldsymbol{A}} \\ \boldsymbol{K}\end{bmatrix}$$

再在上式两端分别左乘行向量[0 0 1]，可得

$$[0\quad 0\quad 1][\boldsymbol{B}\quad \boldsymbol{AB}\quad \boldsymbol{A}^2\boldsymbol{B}]^{-1}\phi(\boldsymbol{A})=[0\quad 0\quad 1]\begin{bmatrix} b_1\boldsymbol{K}+b_2\boldsymbol{K}\widetilde{\boldsymbol{A}}+\boldsymbol{K}\widetilde{\boldsymbol{A}}^2 \\ b_2\boldsymbol{K}+\boldsymbol{K}\widetilde{\boldsymbol{A}} \\ \boldsymbol{K}\end{bmatrix}=\boldsymbol{K}$$

即

$$\boldsymbol{K}=[0\quad 0\quad 1][\boldsymbol{B}\quad \boldsymbol{AB}\quad \boldsymbol{A}^2\boldsymbol{B}]^{-1}\phi(\boldsymbol{A})$$

这就是极点配置状态反馈控制器的增益矩阵 K。

将以上结论推广到 n 阶的单输入系统，可得

$$\boldsymbol{K}=[0\quad 0\quad \cdots\quad 0\quad 1][\boldsymbol{B}\quad \boldsymbol{AB}\quad \cdots\quad \boldsymbol{A}^{n-1}\boldsymbol{B}]^{-1}\phi(\boldsymbol{A}) \tag{5.3.17}$$

其中的 $\phi(\lambda)$ 是期望的闭环特征多项式。式(5.3.17)称为是确定极点配置状态反馈增益矩阵 $\boldsymbol{K}$ 的爱克曼公式。

例 5.3.5　考虑由传递函数 $G(s)=1/s^2$ 描述的 2 阶系统，确定一个状态反馈控制器，使得系统的闭环极点是 $-1\pm \mathrm{j}$。

解　利用爱克曼公式来求解该问题。

根据期望的闭环极点，可得闭环特征多项式

$$\phi(\lambda)=\lambda^2+2\lambda+2$$

被控系统的一个状态空间实现为

$$\dot{\boldsymbol{x}}=\begin{bmatrix}0 & 1\\ 0 & 0\end{bmatrix}\boldsymbol{x}+\begin{bmatrix}0\\ 1\end{bmatrix}u$$

$$y=[1\quad 0]\boldsymbol{x}$$

根据该状态空间模型，能控性矩阵

$$\Gamma_c[\boldsymbol{A},\boldsymbol{B}]=\begin{bmatrix}0 & 1\\ 1 & 0\end{bmatrix}$$

由爱克曼公式，使得闭环系统具有期望极点的状态反馈增益矩阵

$$\boldsymbol{K}=[0\quad 1]\begin{bmatrix}0 & 1\\ 1 & 0\end{bmatrix}^{-1}\phi(\boldsymbol{A}) = [2\quad 2]$$

以上对一个能控的单输入系统，给出了 3 种使得闭环系统具有给定极点的状态反馈控制器设计方法，得到的状态反馈控制器依赖于期望的闭环极点。

对极点配置问题做以下几点讨论：

(1) 根据系统的性能要求选择闭环系统的期望极点是一个复杂问题，一般应注意以下几点：

① 对一个 n 维系统，必须指定 n 个期望极点，其中若有复数极点，则一定以共轭复数对的形式出现。

② 极点位置的确定要充分考虑它们对系统性能的主导影响及其与系统零点分布状况的关系，同时还要兼顾系统的抗干扰能力和对参数漂移低敏感性的要求。对一个2阶系统，系统的动态特性可由系统的极点和零点位置来确定。但对高阶系统，较难建立起系统极点和动态性能之间的定量关系，更多的是用一对主导极点所代表的二阶系统来近似高阶系统。因此，对一个给定的系统，往往需要通过计算机仿真来检验系统在若干组期望闭环极点下的响应特性，再从中选出使系统总体性能最好的一组极点。

③ 系统的性能并不是完全能由其极点所决定的，有时零点对系统的过渡过程也会有很大的影响。如即使在没有任何振荡极点（复数极点）的情况下，一个零点也可能引起系统明显的超调，另外，非最小相位零点（即位于右半平面的零点）也是引起一些反常行为的原因。

④ 一个系统所能达到的响应速度总是有限制的。快的响应要求有大的反馈增益，而大的反馈增益会放大误差，从而增加扰动、测量噪声和参数漂移的负面影响。同时，受执行机构的物理限制，如饱和、过热和各种非线性因素，使得具有大增益参数的控制器往往难以在实际中实现。

(2) 对于单输入系统，只要系统能控，就可以通过状态反馈实现闭环极点的任意配置，而且不影响原系统零点的分布，除非故意制造零极点的对消。

(3) 对于多输入系统，其极点配置问题的求解要复杂得多。首先将系统的性能要求转化为期望极点需要凭借经验和仿真。其次，把被控系统化为能控标准形也相当复杂，而且和单输入系统的情况相反，实现多输入系统极点配置的状态反馈增益矩阵 $\boldsymbol{K}$ 是不惟一的。

(4) 求解一个极点配置问题需要大量的计算，特别对多变量系统，则更是如此。然而，有些时候并不严格要求极点位置十分精确，而只需要极点在某些特定区域中就可以了。另一方面，描述对象的模型总是近似和不精确的，从而要求精确配置极点的方法难以实现。因此，将闭环极点配置在复平面上特定区域中的区域极点配置问题就更具实际意义，这也是目前一个较活跃的研究课题。

我们用状态反馈的方式实现了闭环系统的极点配置，从而使得闭环系统具有满意的稳态和动态性能。然而，在实际应用中，状态反馈这种方法并非总是可行的。一方面，状态反馈实际上是一个PD或PID补偿器，这样的控制器具有无限带宽，而实际中的执行器件总是只有有限带宽。另一方面，在实际中，要检测所有的状态往往是困难的，甚至是不可能的，因此有必要研究只利用系统测量输出的极点配置问题，下一章将通过设计基于观测器的输出反馈控制器来解决这个问题。

5.3.5 应用 MATLAB 求解极点配置问题

MATLAB 软件提供了两个函数 acker 和 place 来确定极点配置状态反馈控制器的增益矩阵 $\boldsymbol{K}$。函数 acker 是基于求解极点配置问题的爱克曼公式，它只能应用到单输入系统，要配置的闭环极点中可以包括多重极点。

如果系统有多个输入，则使得闭环系统具有给定极点的状态反馈增益矩阵 $\boldsymbol{K}$ 是不惟一的，从而有更多的自由度去选择满足闭环极点要求的 $\boldsymbol{K}$。如何利用这些自由度，使得闭环系统具有给定的极点外，还具有一些其他附加性能是需要进一步探讨的问题，这就是多目标控制。一种方法就是在使得闭环系统具有给定极点的同时，闭环系统的稳定裕度最大化，基于这种思想进行的极点配置称为是鲁棒极点配置方法。MATLAB 软件提供的函数 place 就是基于鲁棒极点配置方法设计的。

尽管函数 place 既适用于多输入系统，也适用于单输入系统，但它要求在期望闭环极点中的相同极点个数不超过输入矩阵 $\boldsymbol{B}$ 的秩。特别是对单输入系统，函数 place 要求所配置的闭环极点中没有相同极点，即所有的闭环极点均不相同。

对单输入系统，函数 acker 和 place 给出的增益矩阵 $\boldsymbol{K}$ 是相同的。

如果一个单输入系统接近于不能控，即其能控性矩阵的行列式接近于零，则应用函数 acker 可能会出现计算上的问题。在这种情况下，函数 place 可能是更适合的，但是必须限制所期望的闭环极点都是不相同的。

函数 acker 和 place 的一般形式为

```
K = acker(A,B,J)
K = place(A,B,J)
```

其中的 J 是一个向量，$\boldsymbol{J}=[\lambda_1 \quad \lambda_2 \quad \cdots \quad \lambda_n]$，$\lambda_1,\lambda_2,\cdots,\lambda_n$ 是 n 个期望的闭环极点。得到了所要求的反馈增益矩阵后，可以用命令 eig(A－B＊K)来检验闭环极点。

例 5.3.6 考虑系统

$$\dot{\boldsymbol{x}}=\boldsymbol{A}\boldsymbol{x}+\boldsymbol{B}u$$

其中，

$$\boldsymbol{A}=\begin{bmatrix}0 & 1 & 0\\ 0 & 0 & 1\\ -1 & -5 & -6\end{bmatrix},\quad \boldsymbol{B}=\begin{bmatrix}0\\0\\1\end{bmatrix}$$

设计一个状态反馈控制器 $u=-\boldsymbol{K}\boldsymbol{x}$，使得闭环系统的极点是 $\lambda_1=-2+\mathrm{j}4$，$\lambda_2=-2-\mathrm{j}4$，$\lambda_3=-10$。进而，对给定的初始状态 $\boldsymbol{x}(0)=[1 \quad 0 \quad 0]^{\mathrm{T}}$，画出闭环系统的状态响应曲线。

解 执行以下应用函数 acker 编制的 m-文件：

```
A = [0 1 0; 0 0 1; -1 -5 -6];
B = [0; 0; 1];
J = [-2 + j * 4  -2 - j * 4  -10];
K = acker(A,B,J)
```

可得

```
K =
     199   55   8
```

若执行以下应用函数 place 编制的 m-文件：

```
A = [0 1 0; 0 0 1; -1 -5 -6];
B = [0; 0; 1];
J = [-2 + j * 4  -2 - j * 4  -10];
K = place(A,B,J)
```

则可得

```
place: ndigits = 15
K =
    199.0000  55.0000  8.0000
```

进一步，对给定的初始状态 $\boldsymbol{x}(0)$，可以应用 MATLAB 提供的函数 initial 画出闭环系统的状态响应曲线。

已知 $\boldsymbol{x}(0)=[1\quad 0\quad 0]^{\mathrm{T}}$，执行以下的 m-文件：

```
A = [0 1 0; 0 0 1; -1 -5 -6];
B = [0; 0; 1];
J = [-2+j*4 -2-j*4 -10];
K = place(A,B,J);
sys = ss(A-B*K,[0; 0; 0],eye(3),0);
t = 0: 0.01: 4;
x = initial(sys,[1; 0; 0],t);
x1 = [1 0 0] * x';
x2 = [0 1 0] * x';
x3 = [0 0 1] * x';
subplot(3,1,1); plot(t,x1),grid
title('Response to Initial Condition')
ylabel('x1')
subplot(3,1,2); plot(t,x2),grid
ylabel('x2')
subplot(3,1,3); plot(t,x3),grid
xlabel('t (sec)')
ylabel('x3')
```

可得图 5.3.7 所示响应曲线。

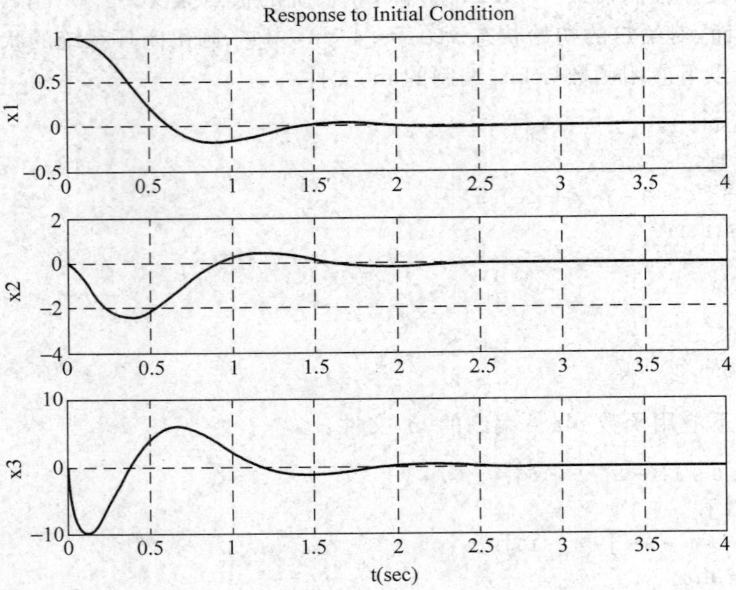

图 5.3.7　初始状态响应图

5.4 跟踪控制器设计

首先来分析一个例子：

例 5.4.1 已知被控对象的状态空间模型为

$$\dot{\boldsymbol{x}}=\begin{bmatrix}0 & 1\\ -3 & -4\end{bmatrix}\boldsymbol{x}+\begin{bmatrix}0\\ 1\end{bmatrix}u$$

$$y=[3\quad 2]\boldsymbol{x}$$

设计状态反馈控制器，使得闭环极点为−4 和−5，并讨论闭环系统的稳态性能。

解 由于给出的状态空间模型是能控标准形，因此，系统是能控的。根据所期望的闭环极点是−4 和−5，可得期望的闭环特征多项式为

$$\Delta(\lambda)=\lambda^2+9\lambda+20$$

因此，所要设计的状态反馈增益矩阵为

$$\boldsymbol{K}=[20-3\quad 9-4]=[17\quad 5]$$

相应的闭环系统状态矩阵为

$$\boldsymbol{A}-\boldsymbol{BK}=\begin{bmatrix}0 & 1\\ -20 & -9\end{bmatrix}$$

闭环传递函数为

$$G(s)=\frac{2s+3}{s^2+9s+20}$$

以下来分析闭环系统的稳态特性。

当参考输入为单位阶跃 $1(t)$时，系统的输出稳态值可由下式确定：

$$y(\infty)=\lim_{t\to\infty}y(t)=\lim_{s\to 0}sG(s)\frac{1}{s}=G(0)$$

容易看到开环系统是稳定的，且开环传递函数为

$$G_o(s)=\frac{2s+3}{s^2+4s+3}$$

开环系统的输出稳态值为

$$y_o(\infty)=G_o(0)=\frac{3}{3}=1$$

因此，开环系统是无静差的。图 5.4.1 进一步说明了这一点。

然而，闭环系统的输出稳态值为

$$y_c(\infty)=G(0)=\frac{3}{20}$$

可以看出在单位阶跃信号输入下，闭环系统存在稳态误差。从图 5.4.2 也可以看出：通过配置闭环系统极点，使得闭环系统的调节时间缩短，但产生了稳态误差。

例 5.4.1 的结果说明：通过重新配置闭环系统的极点，尽管改善了闭环系统的动态特性，但却使得闭环系统产生了稳态误差，其稳态性能变差了。或者说极点配置方法可能会使一个原来没有稳态误差的系统产生稳态误差。那么是否有办法在改善系统动态特性

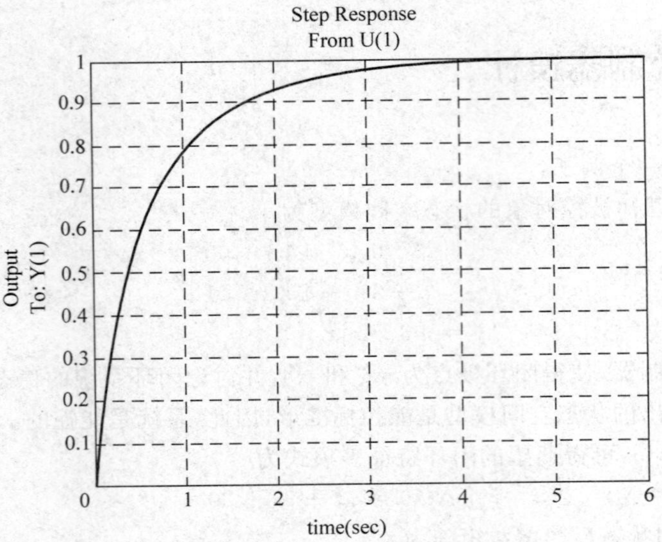

图 5.4.1　开环系统的单位阶跃响应

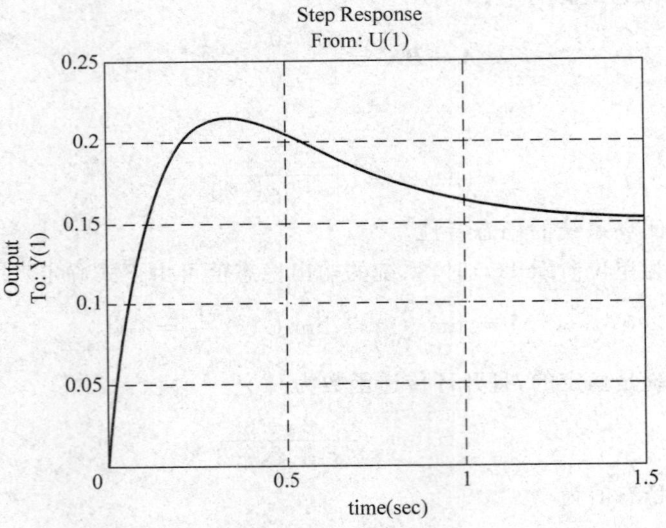

图 5.4.2　闭环系统的单位阶跃响应

的同时，系统的稳态性能又不变坏呢？

另一方面，实际系统还不可避免地存在外部扰动。外部扰动信号可分为随机性扰动和确定性扰动两大类。随机性扰动具有随机噪声特性，通常只知道它的一些统计特性，如均值、方差等。确定性扰动具有确定的函数形式，如阶跃函数、斜坡函数、正弦函数等。在实际中，许多系统都存在确定性扰动，如阵风对雷达天线的扰动，海浪对正常航行的船体构成纵摇或横摇的扰动，飞行体在大气中受到气浪的扰动等。这些扰动都具有确定的函数形式，可以通过分析或辨识的手段来获得它的函数形式。在这里仅讨论确定性扰动。扰动的存在使得系统在稳态时不能很好地跟踪参考输入，从而产生稳态误差。因此，必须对扰动进行补偿，以克服扰动对系统性能的影响。

在诸如数控机床、导弹控制等许多实际控制系统中，常常要求闭环系统的输出以给定的精度跟踪参考输入信号，实现精确的跟踪控制。然而，以上分析又说明了极点配置状态反馈和外部扰动都可能影响系统输出跟踪参考输入的效果。那么，如何设计使得闭环系统不仅具有期望的过渡过程特性，而且在存在扰动的情况下，还能实现精确的跟踪控制呢？本节将针对具有外部阶跃扰动的线性时不变系统，提出一种能实现无静差跟踪阶跃参考输入信号的渐近跟踪调节器设计方法。

考虑由以下状态空间模型描述的系统：

$$\begin{cases}\dot{\boldsymbol{x}} = \boldsymbol{A}\boldsymbol{x} + \boldsymbol{B}\boldsymbol{u} + \boldsymbol{d} \\ \boldsymbol{y} = \boldsymbol{C}\boldsymbol{x}\end{cases} \tag{5.4.1}$$

其中，$\boldsymbol{x}$ 是 n 维的状态向量，$\boldsymbol{u}$ 是 m 维的控制输入，$\boldsymbol{y}$ 是 r 维的测量输出，$\boldsymbol{d}$ 是 n 维的扰动输入，$\boldsymbol{A}$，$\boldsymbol{B}$ 和 $\boldsymbol{C}$ 是已知的适当维数常数矩阵。假定系统的参考输入是阶跃输入 $\boldsymbol{y}_r(t)=\boldsymbol{y}_{r0}\cdot 1(t)$，$\boldsymbol{d}$ 是阶跃扰动 $\boldsymbol{d}(t)=\boldsymbol{d}_0\cdot 1(t)$，其中的 $\boldsymbol{y}_{r0}$ 和 $\boldsymbol{d}_0$ 是阶跃信号的幅值向量。控制的目的是在存在阶跃扰动 $\boldsymbol{d}$ 的情况下，仍希望闭环系统的输出 $\boldsymbol{y}(t)$ 能很好地跟踪参考输入 $\boldsymbol{y}_r(t)$。

在经典控制理论中，用偏差的积分来抑制或消除单输入单输出系统的稳态误差，这样一种思想也可以推广到多输入多输出系统。为此，定义偏差向量

$$\boldsymbol{e}(t) = \boldsymbol{y}(t) - \boldsymbol{y}_r(t)$$

引入偏差向量的积分 $\boldsymbol{q}(t)$，

$$\boldsymbol{q}(t) = \int_0^t \boldsymbol{e}(\tau)\mathrm{d}\tau$$

注意到 $\boldsymbol{q}(t)$ 和输出向量有相同的维数，它由 r 个积分器生成，即

$$\boldsymbol{q}^{\mathrm{T}}(t) = [q_1(t) \quad q_2(t) \quad \cdots \quad q_r(t)] = \left[\int_0^t e_1(\tau)\mathrm{d}\tau \quad \int_0^t e_2(\tau)\mathrm{d}\tau \quad \cdots \quad \int_0^t e_r(\tau)\mathrm{d}\tau\right]$$

每个积分器的输入是偏差向量的一个分量。

$$\dot{\boldsymbol{q}}(t) = \boldsymbol{e}(t) = \boldsymbol{C}\boldsymbol{x}(t) - \boldsymbol{y}_r(t)$$

由于在控制回路中增加了 r 个积分器，增加了整个系统的动态特性，而 $\boldsymbol{q}$ 是这些积分器的输出，故可以通过将 $\boldsymbol{q}$ 作为附加状态向量，得到描述整个系统动态行为的状态空间模型

$$\begin{cases}\begin{bmatrix}\dot{\boldsymbol{x}} \\ \dot{\boldsymbol{q}}\end{bmatrix} = \begin{bmatrix}\boldsymbol{A} & \boldsymbol{0} \\ \boldsymbol{C} & \boldsymbol{0}\end{bmatrix}\begin{bmatrix}\boldsymbol{x} \\ \boldsymbol{q}\end{bmatrix} + \begin{bmatrix}\boldsymbol{B} \\ \boldsymbol{0}\end{bmatrix}\boldsymbol{u} + \begin{bmatrix}\boldsymbol{d} \\ -\boldsymbol{y}_r\end{bmatrix} \\ \boldsymbol{y} = [\boldsymbol{C} \quad \boldsymbol{0}]\begin{bmatrix}\boldsymbol{x} \\ \boldsymbol{q}\end{bmatrix}\end{cases} \tag{5.4.2}$$

新的状态向量是 $n+r$ 维的，状态空间模型(5.4.2)称为是增广系统的状态空间模型。

对系统(5.4.2)，若能设计一个状态反馈控制器

$$\boldsymbol{u} = -[\boldsymbol{K}_1 \quad \boldsymbol{K}_2]\begin{bmatrix}\boldsymbol{x} \\ \boldsymbol{q}\end{bmatrix} = -\boldsymbol{K}_1\boldsymbol{x} - \boldsymbol{K}_2\boldsymbol{q} \tag{5.4.3}$$

使得闭环系统

$$\begin{bmatrix}\dot{\boldsymbol{x}}\\ \dot{\boldsymbol{q}}\end{bmatrix}=\begin{bmatrix}\boldsymbol{A}-\boldsymbol{B}\boldsymbol{K}_1 & -\boldsymbol{B}\boldsymbol{K}_2\\ \boldsymbol{C} & \boldsymbol{0}\end{bmatrix}\begin{bmatrix}\boldsymbol{x}\\ \boldsymbol{q}\end{bmatrix}+\begin{bmatrix}\boldsymbol{d}\\ -\boldsymbol{y}_r\end{bmatrix}\tag{5.4.4}$$

是渐近稳定的，即矩阵

$$\begin{bmatrix}\boldsymbol{A}-\boldsymbol{B}\boldsymbol{K}_1 & -\boldsymbol{B}\boldsymbol{K}_2\\ \boldsymbol{C} & \boldsymbol{0}\end{bmatrix}$$

的所有特征值均在左半开复平面中，从而该矩阵也是非奇异的。则从闭环系统(5.4.4)可得

$$\begin{bmatrix}\boldsymbol{x}(s)\\ \boldsymbol{q}(s)\end{bmatrix}=\left(s\boldsymbol{I}-\begin{bmatrix}\boldsymbol{A}-\boldsymbol{B}\boldsymbol{K}_1 & -\boldsymbol{B}\boldsymbol{K}_2\\ \boldsymbol{C} & \boldsymbol{0}\end{bmatrix}\right)^{-1}\begin{bmatrix}\boldsymbol{d}(s)\\ -\boldsymbol{y}_r(s)\end{bmatrix}$$

由于参考输入和外部扰动都是阶跃信号，因此，由拉普拉斯变换的终值定理，可得

$$\begin{aligned}\lim_{t\to\infty}\begin{bmatrix}\boldsymbol{x}(t)\\ \boldsymbol{q}(t)\end{bmatrix}&=\lim_{s\to 0}s\begin{bmatrix}\boldsymbol{x}(s)\\ \boldsymbol{q}(s)\end{bmatrix}\\ &=\lim_{s\to 0}s\left(s\boldsymbol{I}-\begin{bmatrix}\boldsymbol{A}-\boldsymbol{B}\boldsymbol{K}_1 & -\boldsymbol{B}\boldsymbol{K}_2\\ \boldsymbol{C} & \boldsymbol{0}\end{bmatrix}\right)^{-1}\begin{bmatrix}\boldsymbol{d}_0/s\\ -\boldsymbol{y}_{r0}/s\end{bmatrix}\\ &=-\begin{bmatrix}\boldsymbol{A}-\boldsymbol{B}\boldsymbol{K}_1 & -\boldsymbol{B}\boldsymbol{K}_2\\ \boldsymbol{C} & \boldsymbol{0}\end{bmatrix}^{-1}\begin{bmatrix}\boldsymbol{d}_0\\ -\boldsymbol{y}_{r0}\end{bmatrix}\end{aligned}$$

即 $x(t)$和 $q(t)$趋向于常值向量，这表明$\dot{\boldsymbol{x}}(t)$和$\dot{\boldsymbol{q}}(t)$都必将趋向于零。又因$\dot{\boldsymbol{q}}(t)=\boldsymbol{y}(t)-\boldsymbol{y}_r(t)$，故

$$\lim_{t\to\infty}[\boldsymbol{y}(t)-\boldsymbol{y}_r(t)]=\boldsymbol{0}$$

从而实现精确的跟踪控制。

以上分析说明了只要对增广系统(5.4.2)设计一个稳定化状态反馈控制器，就可以保证系统的输出跟踪阶跃参考输入，而且没有稳态误差。进一步，如果还要使得闭环系统具有一定的动态特性，则可以通过适当配置增广系统的闭环极点来实现，但这要求增广系统是完全能控的。以下定理用原状态空间模型的系数矩阵给出了增广系统能控的条件。

定理 5.4.1 增广系统能控的充分必要条件为

(1) 原系统(5.4.1)是能控的；

(2) $\operatorname{rank}\left(\begin{bmatrix}\boldsymbol{A} & \boldsymbol{B}\\ \boldsymbol{C} & \boldsymbol{0}\end{bmatrix}\right)=n+r, m\geqslant r, \operatorname{rank}(\boldsymbol{C})=r$。

证明 增广系统(5.4.2)的能控性矩阵为

$$\begin{aligned}\Gamma_{zc}&=\begin{bmatrix}\boldsymbol{B} & \boldsymbol{A}\boldsymbol{B} & \boldsymbol{A}^2\boldsymbol{B} & \cdots & \boldsymbol{A}^{n+r-1}\boldsymbol{B}\\ \boldsymbol{0} & \boldsymbol{C}\boldsymbol{B} & \boldsymbol{C}\boldsymbol{A}\boldsymbol{B} & \cdots & \boldsymbol{C}\boldsymbol{A}^{n+r-2}\boldsymbol{B}\end{bmatrix}=\begin{bmatrix}\boldsymbol{B} & \boldsymbol{A}\boldsymbol{S}_1\\ \boldsymbol{0} & \boldsymbol{C}\boldsymbol{S}_1\end{bmatrix}\\ &=\begin{bmatrix}\boldsymbol{A} & \boldsymbol{B}\\ \boldsymbol{C} & \boldsymbol{0}\end{bmatrix}\begin{bmatrix}\boldsymbol{0} & \boldsymbol{S}_1\\ \boldsymbol{I} & \boldsymbol{0}\end{bmatrix}\end{aligned}$$

其中，

$$S_1 = [B \quad AB \quad \cdots \quad A^{n-1}B \quad \cdots \quad A^{n+r-2}B]$$

Γ_{zc}是一个$(n+r)\times(n+r)m$ 维的矩阵，S_1 是 $n\times(n+r-1)m$ 维的矩阵。增广系统能控的充分必要条件是 $\mathrm{rank}\Gamma_{zc}=n+r$。由于原系统(5.4.1)是能控的，故

$$\mathrm{rank}(\Gamma_c[A,B]) = \mathrm{rank}([B \quad AB \quad \cdots \quad A^{n-1}B]) = n$$

即矩阵$[B \quad AB \quad \cdots \quad A^{n-1}B]$的行向量是线性无关的，因此，通过增加一些列向量后得到的矩阵 S_1 的所有行向量也是线性无关的，故 $\mathrm{rank}(S_1)=n$。进一步，由矩阵$\begin{bmatrix} 0 & S_1 \\ I & 0 \end{bmatrix}$的特殊结构，可得矩阵$\begin{bmatrix} 0 & S_1 \\ I & 0 \end{bmatrix}$也是行满秩的。从而，由矩阵的性质，可得

$$\mathrm{rank}(\Gamma_{zc}) = \mathrm{rank}\left(\begin{bmatrix} A & B \\ C & 0 \end{bmatrix}\right) = n+r$$

上式成立的一个必要条件是 $m\geqslant r$ 和 $\mathrm{rank}(C)=r$。

$m\geqslant r$ 表明控制输入的个数不能小于输出的个数，而 $\mathrm{rank}(C)=r$ 则意味着所有的测量输出都是独立的。

从式(5.4.3)，增广系统的状态反馈控制器可以写为

$$u = -K_1 x - K_2 \int_0^t e(\tau)\mathrm{d}\tau$$

上式中的第一项 $K_1 x$ 是原系统的状态反馈，而第二项是为了改善稳态精度而加的积分控制作用。因此，这是一个由被控对象的状态反馈和偏差向量的积分所组成的复合控制，相当于一个比例积分控制器。这样一个反馈控制系统的结构如图 5.4.3 所示。

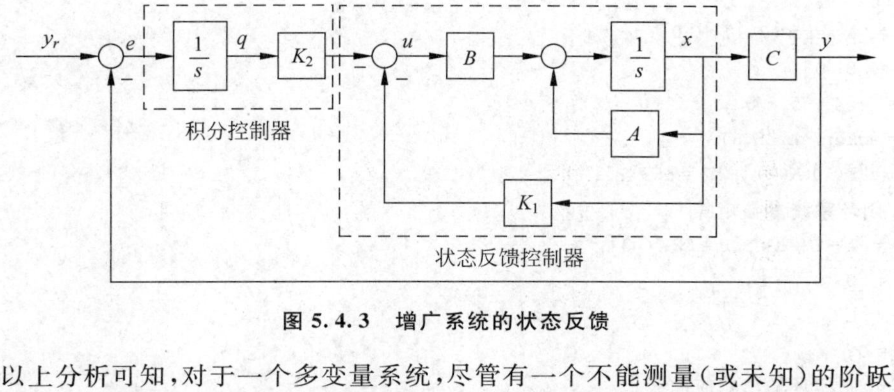

图 5.4.3 增广系统的状态反馈

由以上分析可知，对于一个多变量系统，尽管有一个不能测量(或未知)的阶跃扰动输入，但仍可以设计一个控制器，使得闭环系统的输出能无静差地跟踪阶跃参考输入。一般情况下，引入积分器会使系统响应变慢。类似于经典控制理论中通过加大反馈增益来加快系统响应速度的方法，对由状态空间模型描述的多变量系统，可根据闭环系统的过渡过程要求按极点配置方法来确定状态反馈增益矩阵。

若参考输入是一个包含 t 的多项式，则可以通过增加积分器的方法来处理。对能直接测量的外部扰动，可采用前馈控制方法来补偿。

根据以上提出的消除稳态误差的设计方法，针对例 5.4.1，可以再设计一个状态反馈

控制器，不仅使得闭环系统具有理想的过渡过程特性，而且还能无静差地跟踪阶跃参考输入。为此，构造增广系统

$$\begin{bmatrix}\dot{x}\\ \dot{q}\end{bmatrix}=\begin{bmatrix}A & 0\\ C & 0\end{bmatrix}\begin{bmatrix}x\\ q\end{bmatrix}+\begin{bmatrix}B\\ 0\end{bmatrix}u+\begin{bmatrix}0\\ -1\end{bmatrix}y_r=\left[\begin{array}{cc:c}0 & 1 & 0\\ -3 & -4 & 0\\ \hdashline 3 & 2 & 0\end{array}\right]\begin{bmatrix}x\\ q\end{bmatrix}+\begin{bmatrix}0\\ 1\\ \hdashline 0\end{bmatrix}u+\begin{bmatrix}0\\ 0\\ \hdashline -1\end{bmatrix}y_r$$

$$y=[C\quad 0]\begin{bmatrix}x\\ q\end{bmatrix}=[3\quad 2\ \vdots\ 0]\begin{bmatrix}x\\ q\end{bmatrix}$$

由于原系统是能控的，且矩阵

$$\begin{bmatrix}A & B\\ C & 0\end{bmatrix}=\left[\begin{array}{cc:c}0 & 1 & 0\\ -3 & -4 & 1\\ \hdashline 3 & 2 & 0\end{array}\right]$$

的行列式不等于零，故 $\text{rank}\left(\begin{bmatrix}A & B\\ C & 0\end{bmatrix}\right)=3=n+r$，根据定理 5.4.1，增广系统是能控的。实际上，也可以应用能控性判据来判断增广系统的能控性。从而，可以对增广系统进行任意极点配置。为了保持原系统期望的动态性能，即缩短调节时间等，应保持原闭环极点 $-4,-5$。同时为了减小增广系统所增加的动态环节对原系统性能的影响，选择增加的期望极点在要配置的闭环极点左边，故选为 -8，外部参考输入为单位阶跃信号。执行以下的 m-文件：

```
% 增广系统极点配置
A=[0 1; -3 -4];
B=[0; 1];
C=[3 2];
AA=[A zeros(2,1); C 0];
BB=[B; 0];
J=[-4 -5 -8];
K=acker(AA,BB,J)
K1=[K(1) K(2)]; K2=K(3);
% 闭环系统参数矩阵
Ac=[A-B*K1 -B*K2; C 0];
Bc=[0; 0; -1];
Cc=[C 0];
Dc=0;
% 绘制闭环输出响应曲线
t=0: 0.02: 3;
[y,x,t]=step(Ac,Bc,Cc,Dc,1,t);
plot(t,y)
grid
xlabel('time (sec)')
ylabel('Output')
```

得到控制器增益参数

```
K =
   - 17.6667    13.0000    53.3333
```

因此，控制器为

$$u = [17.6667 \quad -13]\boldsymbol{x} - 53.3333\int_0^t e(\tau)\mathrm{d}\tau$$

相应的闭环系统单位阶跃响应如图 5.4.4 所示。

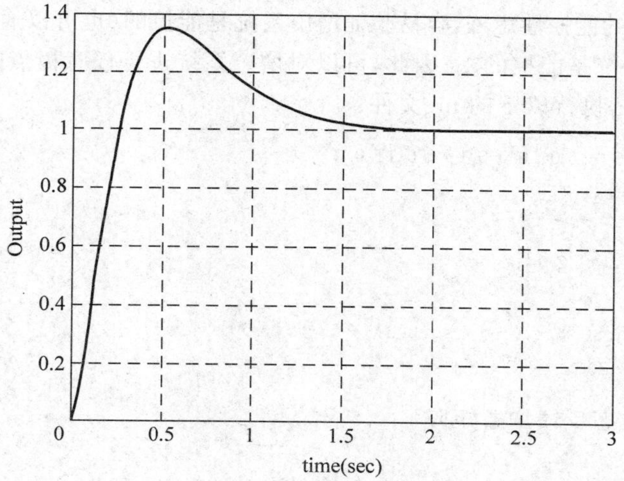

图 5.4.4 闭环系统的阶跃响应

从图 5.15 可以看出，所设计的闭环系统不仅保持了原来由极点配置方法所设计闭环系统的动态性能，而且消除了稳态误差，从而进一步改善了系统性能。

例 5.4.2 考虑例 3.1.2 中的倒立摆系统，系统的状态空间模型为

$$\dot{\boldsymbol{x}} = \boldsymbol{A}\boldsymbol{x} + \boldsymbol{B}u = \begin{bmatrix} 0 & 1 & 0 & 0 \\ 0 & 0 & -1 & 0 \\ 0 & 0 & 0 & 1 \\ 0 & 0 & 11 & 0 \end{bmatrix}\boldsymbol{x} + \begin{bmatrix} 0 \\ 1 \\ 0 \\ -1 \end{bmatrix}u$$

$$y = \boldsymbol{C}\boldsymbol{x} = [1 \quad 0 \quad 0 \quad 0]\boldsymbol{x}$$

其中，$\boldsymbol{x} = [y \quad \dot{y} \quad \theta \quad \dot{\theta}]^{\mathrm{T}}$ 是系统的状态向量，θ 是摆杆的偏移角，y 是小车的位移，u 是作用在小车上的力。

控制目标为：将倒立摆保持在垂直位置，同时要求系统输出跟踪一个阶跃输入信号，即要求小车移动一个单位距离，停在预定的位置。设计的系统要求具有合理的响应速度和阻尼（调节时间为 4～5s，最大超调为 15%）。

解 利用本节介绍的方法来设计控制系统。相应的增广系统状态空间模型为

$$\begin{bmatrix} \dot{\boldsymbol{x}} \\ \dot{q} \end{bmatrix} = \left[\begin{array}{cccc:c} 0 & 1 & 0 & 0 & 0 \\ 0 & 0 & -1 & 0 & 0 \\ 0 & 0 & 0 & 1 & 0 \\ 0 & 0 & 11 & 0 & 0 \\ \hdashline 1 & 0 & 0 & 0 & 0 \end{array}\right]\begin{bmatrix} \boldsymbol{x} \\ q \end{bmatrix} + \begin{bmatrix} 0 \\ 1 \\ 0 \\ -1 \\ \hdashline 0 \end{bmatrix}u + \begin{bmatrix} 0 \\ 0 \\ 0 \\ 0 \\ \hdashline -y_r \end{bmatrix}$$

$$y=\begin{bmatrix}1 & 0 & 0 & 0 & \vdots & 0\end{bmatrix}\begin{bmatrix}\boldsymbol{x}\\ q\end{bmatrix}$$

采用极点配置方法，基于以上模型来设计增广系统的极点配置状态反馈控制器

$$u=-\boldsymbol{K}_1\boldsymbol{x}-K_2 q$$

根据给定的性能要求，选择闭环极点为

$$\lambda_1=-1+\mathrm{j}\sqrt{3},\quad \lambda_2=-1-\mathrm{j}\sqrt{3},\quad \lambda_3=\lambda_4=\lambda_5=-5$$

通过增广系统的能控性矩阵，容易验证增广系统是能控的(也可以通过验证定理 5.4.1 的条件推出增广系统是能控的)。因此，可以对增广系统进行任意极点配置。特别是对以上给定的闭环极点，执行以下的 m-文件：

```
A = [0 1 0 0; 0 0 -1 0; 0 0 0 1; 0 0 11 0];
B = [0; 1; 0; -1];
C = [1 0 0 0];
AA = [A zeros(4,1); C 0];
BB = [B; 0];
J = [-1 + j * sqrt(3) -1 - j * sqrt(3) -5 -5 -5];
K = acker(AA,BB,J)
```

可得增广系统的状态反馈增益矩阵

```
K =
    -55.0000   -38.5000   -175.0000   -55.5000   -50.0000
```

因此，要设计的控制器为

$$u=\begin{bmatrix}55 & 38.5 & 175 & 55.5\end{bmatrix}\boldsymbol{x}+50\int_0^t\left[y(\tau)-1\right]\mathrm{d}\tau$$

若要观察在原系统中实施该反馈控制律后的效果，可以针对阶跃参考输入的情况，编制和执行以下 m-文件：

```
A = [0 1 0 0; 0 0 -1 0; 0 0 0 1; 0 0 11 0];
B = [0; 1; 0; -1];
C = [1 0 0 0];
K1 = [-55.0000 -38.5000 -175.0000 -55.5000]; K2 = -50.0000;
% 闭环增广系统状态空间模型系数矩阵
Ac = [A - B * K1 -B * K2; C 0];
Bc = [0; 0; 0; 0; -1];
Cc = [C 0];
Dc = 0;
t = 0: 0.02: 6;
[y,x,t] = step(Ac,Bc,Cc,Dc,1,t);
plot(t,y)
grid
xlabel('time (sec)')
ylabel('Output')
```

得到图 5.4.5 所示结果。从图 5.4.5 可以看出，小车的位移很好地跟踪了单位阶跃信号。

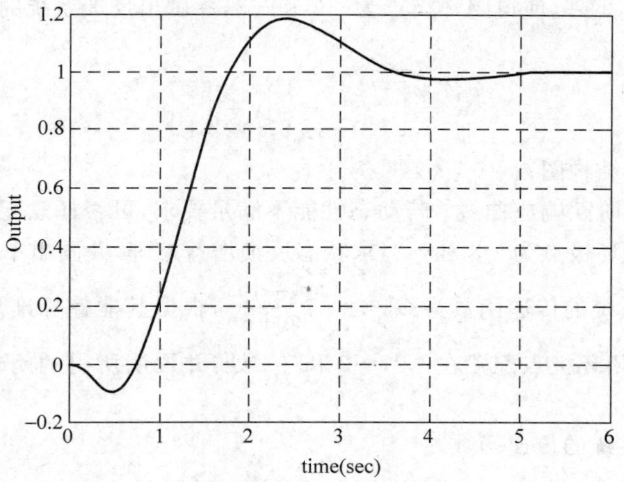

图 5.4.5　闭环系统的单位阶跃响应

习　题

5.1　已知系统的状态空间模型为$\dot{\boldsymbol{x}}=\boldsymbol{A}\boldsymbol{x}+\boldsymbol{B}\boldsymbol{u}$，$\boldsymbol{y}=\boldsymbol{C}\boldsymbol{x}$，画出加入状态反馈后的系统结构图，写出其状态空间表达式。

5.2　画出状态反馈和输出反馈的结构图，并写出状态反馈和输出反馈的闭环系统状态空间模型。

5.3　状态反馈对系统的能控性和能观性有什么影响？输出反馈对系统能控性和能观性的影响如何？

5.4　通过检验能控性矩阵是否满秩的方法证明定理 5.1.1。

5.5　状态反馈和输出反馈各有什么优缺点？

5.6　应用能控性检验矩阵的方法证明状态反馈不改变系统的能控性。然而，对系统

$$\dot{\boldsymbol{x}}=\begin{bmatrix}0 & 1\\ -2 & -3\end{bmatrix}\boldsymbol{x}+\begin{bmatrix}0\\ 1\end{bmatrix}u$$

$$y=[3\quad 1]\boldsymbol{x}$$

可以通过选择适当的状态反馈来改变闭环系统的能观性。

5.7　证明定理 5.1.2。

5.8　采用状态反馈实现闭环极点任意配置的条件是什么？

5.9　采用状态反馈实现闭环极点任意配置，其状态反馈增益矩阵 $\boldsymbol{K}$ 的行数和列数如何确定，计算方法有几种？

5.10　为什么要进行极点配置？解决系统极点配置问题的思路和步骤是什么？

5.11　已知系统状态方程

$$\dot{\boldsymbol{x}}=\begin{bmatrix}1 & 1\\ 0 & 1\end{bmatrix}\boldsymbol{x}+\begin{bmatrix}1\\ 1\end{bmatrix}u$$

计算状态反馈增益矩阵，使得闭环极点为-2和-3，并画出反馈系统的结构图。

5.12　给定系统

$$\dot{\boldsymbol{x}} = \begin{bmatrix} -2 & 1 \\ 0 & -1 \end{bmatrix}\boldsymbol{x} + \begin{bmatrix} 0 \\ 1 \end{bmatrix}u$$

(1) 画出模拟结构图；

(2) 画出单位阶跃响应曲线；若动态性能不满足要求，可否任意配置闭环系统极点？

(3) 若指定闭环极点为-3和-3，求状态反馈增益矩阵，并画出单位阶跃响应曲线。

5.13　已知系统的传递函数为$G(s)=\dfrac{(s+1)}{s^2(s+3)}$，根据其能控标准形实现设计一个状态反馈控制器，将闭环极点配置在-2，-2和-1处，并说明所得的闭环系统状态空间模型是否能观。

5.14　已知系统的传递函数

$$G(s) = \frac{(s-1)(s+2)}{(s+1)(s-2)(s+3)}$$

问能否用状态反馈将闭环系统的传递函数变为

$$G_c(s) = \frac{s-1}{(s+2)(s+3)}$$

若有可能，给出相应的状态反馈控制器，并画出控制系统结构图。

5.15　已知系统的状态空间模型

$$\dot{\boldsymbol{x}} = \begin{bmatrix} 0 & 0 & 5 \\ 1 & 0 & -1 \\ 0 & 1 & 3 \end{bmatrix}\boldsymbol{x} + \begin{bmatrix} -2 & 0 \\ 1 & -2 \\ 0 & 1 \end{bmatrix}u$$

$$y = \begin{bmatrix} 0 & 0 & 1 \end{bmatrix}\boldsymbol{x}$$

(1) 验证开环系统是不稳定的，系统是能控能观的；

(2) 证明该系统可以采用输出反馈$u=[h_1 \quad h_2]^{\mathrm{T}}y$使得闭环系统渐近稳定；

(3) 验证该系统不能采用输出反馈$u=[h_1 \quad h_2]^{\mathrm{T}}y$任意配置闭环系统极点。

5.16　极点配置可以改善系统的过渡过程性能，加快系统的响应速度。它对稳态性能有何影响？如何消除对稳态性能的负面影响？

5.17　考虑例5.4.2中的倒立摆系统，假定风以一个水平力$w(t)$作用在摆杆上，以$5w(t)$作用在小车上，此时系统的动态方程为

$$\dot{\boldsymbol{x}} = \boldsymbol{A}\boldsymbol{x} + \boldsymbol{B}u + \boldsymbol{E}w = \begin{bmatrix} 0 & 1 & 0 & 0 \\ 0 & 0 & -1 & 0 \\ 0 & 0 & 0 & 1 \\ 0 & 0 & 11 & 0 \end{bmatrix}\boldsymbol{x} + \begin{bmatrix} 0 \\ 1 \\ 0 \\ -1 \end{bmatrix}u + \begin{bmatrix} 0 \\ 4 \\ 0 \\ 6 \end{bmatrix}w$$

$$y = \boldsymbol{C}\boldsymbol{x} = \begin{bmatrix} 1 & 0 & 0 & 0 \end{bmatrix}\boldsymbol{x}$$

其中，$\boldsymbol{x}=[y \quad \dot{y} \quad \theta \quad \dot{\theta}]^{\mathrm{T}}$是系统的状态向量，$\theta$是摆杆的偏移角，$y$是小车的位移，$u$是作用在小车上的力。再按例5.4.2的要求设计控制器，并画出闭环系统的状态响应曲线，解释摆杆偏移角的稳态值非零的原因。

第6章

状态观测器设计

第5章指出，对于能控的线性时不变系统，可以通过线性状态反馈来任意配置闭环系统的极点，从而使得闭环系统具有期望的稳态和动态性能。实施状态反馈需要测量所有的状态变量，并将测量到的状态信息经过适当的放大器连接到被控对象的输入端，使得构成的闭环系统具有期望的极点，从而实现闭环极点的配置。

在实际应用中，要实现这样一个控制方案，系统内部的状态信号必须都是可以从外部直接测量得到的。然而，在许多实际系统中，系统的状态变量并非都是物理量，因此，系统的所有状态变量未必都可以直接测量得到。有时即使系统的状态变量是物理量，如在倒立摆的例子中，选取的状态变量分别是小车的位移、速度、摆杆的偏移角度和角速度，尽管这些信号都可以通过传感器测量得到，但要测量所有的信号一方面会造成系统成本的提高，另一方面，大量传感器的引入也会使得系统的可靠性降低。因此，状态反馈这种控制方式在许多实际控制问题中往往难以直接应用和实现。

系统的状态能观性说明：若一个系统是状态能观的，则系统的任意状态信息必定在系统的输出中得到反映。对这样一个能观的系统，如何用系统的外部输入输出信息来确定系统内部的状态呢？这就是系统的观测器设计问题。观测器的输出就是系统状态的估计值。进而，在系统的极点配置状态反馈控制中，用观测器得到的状态估计值来替代系统的真实状态是否还具有原来期望的系统性能呢？本章将讨论这些问题。

6.1 观测器设计

考虑线性时不变系统

$$\begin{cases}\dot{\boldsymbol{x}}=\boldsymbol{A}\boldsymbol{x}+\boldsymbol{B}\boldsymbol{u}\\ \boldsymbol{y}=\boldsymbol{C}\boldsymbol{x}\end{cases}\tag{6.1.1}$$

其中，$\boldsymbol{x}$，$\boldsymbol{u}$ 和 $\boldsymbol{y}$ 分别是系统的 n 维状态向量、m 维控制输入向量和 p 维测量输出向量，$\boldsymbol{A}$，$\boldsymbol{B}$ 和 $\boldsymbol{C}$ 是已知的适当维数常数矩阵。

本节关心的问题是：如何基于系统模型(6.1.1)，通过观测系统的输入输出信息 $\boldsymbol{u}(t)$ 和 $\boldsymbol{y}(t)$ 来确定系统的状态信息 $\boldsymbol{x}(t)$。或者说，如何根据系统模型(6.1.1)和输入输出信息来人为地构造一个系统，使得其输出 $\tilde{\boldsymbol{x}}(t)$ 随着时间的推移逼近系统的真实状态 $\boldsymbol{x}(t)$，即

$$\lim_{t\to\infty}[\tilde{\boldsymbol{x}}(t)-\boldsymbol{x}(t)]=\boldsymbol{0}$$

通常称 $\tilde{\boldsymbol{x}}(t)$ 为 $\boldsymbol{x}(t)$ 的重构状态或状态估计值，而这个用以实现系统状态重构的系统为状态观测器。

那么，如何来构造状态观测器呢？由于已知系统的模型(6.1.1)，故可以根据该模型构造一个完全相同的模型

$$\dot{\tilde{\boldsymbol{x}}}(t)=\boldsymbol{A}\tilde{\boldsymbol{x}}(t)+\boldsymbol{B}\boldsymbol{u}(t) \tag{6.1.2}$$

由于这个系统是人为构造的，故其状态 $\tilde{\boldsymbol{x}}$ 是可以直接测量到的。下面来分析 $\tilde{\boldsymbol{x}}$ 是否可以作为系统状态 $\boldsymbol{x}$ 的估计值，为此，分析误差 $\boldsymbol{e}=\boldsymbol{x}-\tilde{\boldsymbol{x}}$ 的动态行为。由方程(6.1.1)和(6.1.2)可知，误差 $\boldsymbol{e}$ 满足 $\dot{\boldsymbol{e}}=\boldsymbol{A}\boldsymbol{e}$，其解为

$$\boldsymbol{e}(t)=\mathrm{e}^{\boldsymbol{A}t}\boldsymbol{e}(0)$$

若系统的初始状态 $\boldsymbol{x}(0)$ 是已知的，则可选取 $\tilde{\boldsymbol{x}}(0)=\boldsymbol{x}(0)$，从而 $\boldsymbol{e}(0)=0$。由上式可得 $\boldsymbol{e}(t)=\boldsymbol{0}$，即对所有的时间 t，有 $\tilde{\boldsymbol{x}}(t)=\boldsymbol{x}(t)$，从而实现系统状态的重构，人为构造的系统(6.1.2)就是一个状态观测器。

以上这种状态估计的处理方法没有用到任何反馈的机制，故称为是状态估计的开环处理方法，其结构如图 6.1.1 所示。

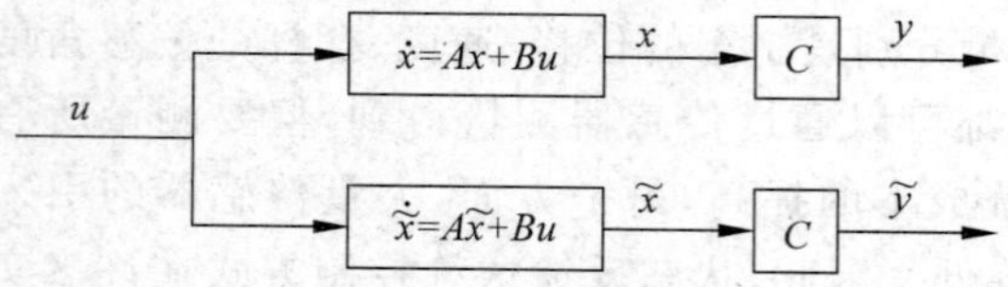

图 6.1.1　状态估计的开环处理方法

但在实际工程中，这种开环状态估计器是不能付诸使用的，因为它存在以下问题：

(1) 由于系统的状态不能直接测量得到，故其初始状态 $\boldsymbol{x}(0)$ 也就往往是未知的，从而难于确定模型(6.1.2)的初始状态，以使得误差的初始值 $\boldsymbol{e}(0)=\boldsymbol{0}$，进而也就不能保证 $\boldsymbol{e}(t)=\boldsymbol{0}$。另一方面，即使系统的状态可以直接测量得到，也往往会存在测量误差、测量成本等问题。在存在测量误差的情况下，若开环系统是不稳定的，则只要 $\boldsymbol{e}(0)$ 不等于零，则随着时间的推移，误差 $\boldsymbol{e}(t)=\mathrm{e}^{\boldsymbol{A}t}\boldsymbol{e}(0)$ 中的一些分量会越来越大。因此，$\tilde{\boldsymbol{x}}(t)$ 就不会趋向于系统真实状态 $\boldsymbol{x}(t)$，从而不能实现状态的重构。

(2) 在实际问题中，模型(6.1.1)仅仅是被控对象的一个近似描述。同时，在系统运行过程中，被控对象中诸如摩擦系数、环境温度等一些物理参数也往往存在变化。因此，模型(6.1.1)并不能精确地反映系统的变化行为。由此可知，即使在系统初始状态可以测量得到的情况下，基于系统的不精确模型(6.1.1)构建的状态估计模型(6.1.2)所得到的状态估计值 $\tilde{\boldsymbol{x}}(t)$ 和实际系统的真实状态也会存在误差。

那么，如何才能根据系统模型来得到实际系统状态尽可能精确的估计值呢？尤其在

系统状态不能直接测量的情况下，这一问题就更具实际意义。

既然在状态估计的开环处理方法中可能会由于初始状态的未知或模型的不精确等因素，使得状态的估计量$\tilde{\boldsymbol{x}}$和实际状态 $\boldsymbol{x}$ 之间存在误差 $\boldsymbol{e}=\boldsymbol{x}-\tilde{\boldsymbol{x}}$，则可考虑应用反馈校正的思想，用这一误差来校正估计模型，以使得误差不断减小，直至消失。然而，由于系统状态 $\boldsymbol{x}$ 本身不能直接测量得到，从而也就无法得到状态的估计值$\tilde{\boldsymbol{x}}$和真实状态 $\boldsymbol{x}$ 之间的误差信号 $\boldsymbol{e}=\boldsymbol{x}-\tilde{\boldsymbol{x}}$。如果系统是能观的，则系统的状态信息可以在系统的输出中得到反映。因此，若状态误差 $\boldsymbol{e}$ 不为零，则输出误差 $\boldsymbol{y}-\tilde{\boldsymbol{y}}=\boldsymbol{y}-\boldsymbol{C}\tilde{\boldsymbol{x}}$也不可能恒等于零。故代之以状态误差，可以用输出误差 $\boldsymbol{y}-\tilde{\boldsymbol{y}}$来校正状态的估计模型(6.1.2)。另一方面，为了在校正估计模型过程中反映这一误差各分量的不同作用，可以对误差做适当加权。

由于在这一过程中应用了反馈校正思想，故这种方法称为状态估计的闭环处理方法。由此导出的状态估计模型的结构如图 6.1.2 所示。

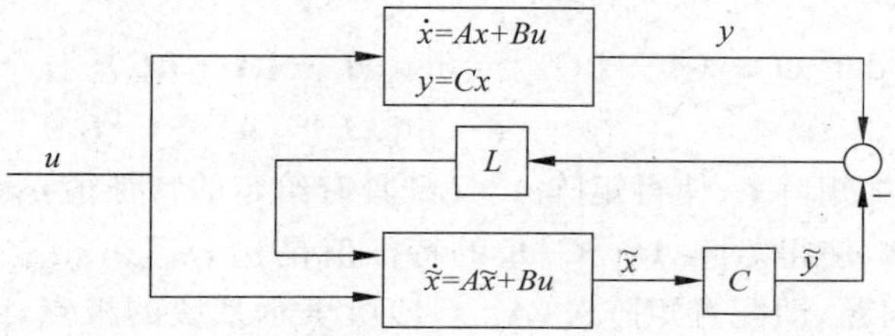

图 6.1.2 状态估计的闭环处理方法

图 6.1.2 中矩阵 $\boldsymbol{L}$ 是误差信号的加权矩阵。引进了反馈校正后，状态估计模型(6.1.2)变为

$$\begin{aligned}\dot{\tilde{\boldsymbol{x}}} &= \boldsymbol{A}\tilde{\boldsymbol{x}}+\boldsymbol{B}\boldsymbol{u}+\boldsymbol{L}(\boldsymbol{y}-\boldsymbol{C}\tilde{\boldsymbol{x}})\\ &=(\boldsymbol{A}-\boldsymbol{L}\boldsymbol{C})\tilde{\boldsymbol{x}}+\boldsymbol{B}\boldsymbol{u}+\boldsymbol{L}\boldsymbol{y}\end{aligned}\tag{6.1.3}$$

其中，$\tilde{\boldsymbol{x}}$是观测器的 n 维状态，$\boldsymbol{L}$ 是一个 $n\times p$ 维的待定矩阵。

为了考虑状态估计模型是否能实现系统状态的重构，以及其状态$\tilde{\boldsymbol{x}}$对系统实际状态 $\boldsymbol{x}$ 的近似程度，还是先来考虑误差 $\boldsymbol{e}=\boldsymbol{x}-\tilde{\boldsymbol{x}}$的动态变化情况。利用式(6.1.1)和式(6.1.3)，可得

$$\begin{aligned}\dot{\boldsymbol{e}} &= \dot{\boldsymbol{x}}-\dot{\tilde{\boldsymbol{x}}}\\ &=\boldsymbol{A}\boldsymbol{x}+\boldsymbol{B}\boldsymbol{u}-(\boldsymbol{A}-\boldsymbol{L}\boldsymbol{C})\tilde{\boldsymbol{x}}-\boldsymbol{B}\boldsymbol{u}-\boldsymbol{L}\boldsymbol{y}\\ &=\boldsymbol{A}\boldsymbol{x}-(\boldsymbol{A}-\boldsymbol{L}\boldsymbol{C})\tilde{\boldsymbol{x}}-\boldsymbol{L}\boldsymbol{C}\boldsymbol{x}\\ &=(\boldsymbol{A}-\boldsymbol{L}\boldsymbol{C})\boldsymbol{e}\end{aligned}\tag{6.1.4}$$

根据线性时不变系统的稳定性结论，若矩阵 $\boldsymbol{A}-\boldsymbol{L}\boldsymbol{C}$ 的所有特征值均在左半开复平面中，即矩阵 $\boldsymbol{A}-\boldsymbol{L}\boldsymbol{C}$ 的所有特征值都具有负实部，则误差动态系统(6.1.4)是渐近稳定的，从而对任意的初始误差 $\boldsymbol{e}(0)$，随着时间 $t\to\infty$，误差向量 $\boldsymbol{e}(t)$都将趋向于零。即无论系统的初始状态 $\boldsymbol{x}(0)$是什么，状态估计模型(6.1.3)的初始状态$\tilde{\boldsymbol{x}}(0)$可以任意选取，随着时间的推移，状态估计模型(6.1.3)的状态$\tilde{\boldsymbol{x}}$将趋于系统的实际状态，从而实现系统状态的重构。由此可见，只要通过适当选取矩阵 $\boldsymbol{L}$，使得矩阵 $\boldsymbol{A}-\boldsymbol{L}\boldsymbol{C}$ 的所有特征值都具有负实部，则状态估计模型(6.1.3)就是系统(6.1.1)的一个状态观测器。

具有结构(6.1.3)的状态观测器称为是龙伯格(Luenberger)观测器，$\boldsymbol{L}$ 称为观测器增

益矩阵，$\boldsymbol{A}-\boldsymbol{LC}$ 称为观测器状态矩阵，$\boldsymbol{A}-\boldsymbol{LC}$ 的特征值也称为是观测器的极点。该观测器模型充分利用了对象模型的信息(即利用了模型(6.1.1)的阶次和系数矩阵)，但对对象的初始状态信息没有任何要求。

观测器的极点对观测器的性能是至关重要的，这是因为：

(1) 要使得状态估计模型(6.3.1)能够成为系统(6.1.1)的观测器，必须保证观测器的极点具有负实部；

(2) 观测器的极点决定了$\tilde{x}$逼近 $\boldsymbol{x}$ 的速度。观测器极点的实部越小(在远离虚轴的左半平面)，则逼近速度越快，也即观测器的响应速度越快；

(3) 其极点还决定了观测器的抗干扰能力。响应速度越快，观测器的频带越宽，抗干扰的能力越差。

那么，如何通过选取矩阵 $\boldsymbol{L}$ 来使得观测器具有适当的极点呢？根据线性代数中矩阵特征值的性质，

$$\begin{aligned}\det[\lambda\boldsymbol{I}-(\boldsymbol{A}-\boldsymbol{LC})] &= \det[\lambda\boldsymbol{I}-(\boldsymbol{A}-\boldsymbol{LC})^{\mathrm{T}}] \\ &= \det[\lambda\boldsymbol{I}-(\boldsymbol{A}^{\mathrm{T}}-\boldsymbol{C}^{\mathrm{T}}\boldsymbol{L}^{\mathrm{T}})]\end{aligned}$$

因此，选取一个适当的矩阵 $\boldsymbol{L}$，使得矩阵 $\boldsymbol{A}-\boldsymbol{LC}$ 具有给定的特征值 $\mu_1,\mu_2,\cdots,\mu_n$ 相当于选取一个适当的矩阵 $\boldsymbol{K}$，使得矩阵 $\boldsymbol{A}^{\mathrm{T}}-\boldsymbol{C}^{\mathrm{T}}\boldsymbol{K}$ 的特征值是 $\mu_1,\mu_2,\cdots,\mu_n$。而后者正好是上一节讨论的极点配置问题，即配置矩阵对$(\boldsymbol{A}^{\mathrm{T}},\boldsymbol{C}^{\mathrm{T}})$所表示系统的极点。该极点配置问题有解的充分必要条件是$(\boldsymbol{A}^{\mathrm{T}},\boldsymbol{C}^{\mathrm{T}})$能控。根据对偶原理，$(\boldsymbol{A}^{\mathrm{T}},\boldsymbol{C}^{\mathrm{T}})$的能控性等价于$(\boldsymbol{C},\boldsymbol{A})$的能观性。故可得以下结论：

定理 6.1.1　对系统(6.1.1)和任意给定的一组极点 $\mu_1,\mu_2,\cdots,\mu_n$，存在一个矩阵 $\boldsymbol{L}$，使得观测器(6.1.3)具有极点 $\mu_1,\mu_2,\cdots,\mu_n$，当且仅当系统(6.1.1)是状态完全能观的。

以上定理给出了系统(6.1.1)具有任意给定极点的观测器存在条件。

在系统能观的条件下，对于给定的观测器极点，通过求解$(\boldsymbol{A}^{\mathrm{T}},\boldsymbol{C}^{\mathrm{T}})$的极点配置问题得到极点配置状态反馈增益矩阵 $\boldsymbol{K}$，则所求的观测器增益矩阵 $\boldsymbol{L}=\boldsymbol{K}^{\mathrm{T}}$。因此，一个状态观测器的设计问题可以转化为一个极点配置问题，进而应用极点配置方法来设计观测器的增益矩阵 $\boldsymbol{L}$。

回忆极点配置方法，可以得到观测器设计的 3 种方法：直接法、变换法和爱克曼公式法。

以下通过一个例子来说明这些方法。

例 6.1.1　考虑系统(6.1.1)，其中，

$$\boldsymbol{A}=\begin{bmatrix}0 & 1\\ -1 & 0\end{bmatrix},\quad \boldsymbol{B}=\begin{bmatrix}1\\ 0\end{bmatrix},\quad \boldsymbol{C}=\begin{bmatrix}1 & 0\end{bmatrix}$$

设计一个状态观测器，使得观测器的极点是 $\mu_1=-2$ 和 $\mu_2=-2$。

解　首先检验系统的能观性。由于

$$\Gamma_{\mathrm{o}}[\boldsymbol{A},\boldsymbol{C}]=\begin{bmatrix}\boldsymbol{C}\\ \boldsymbol{CA}\end{bmatrix}=\begin{bmatrix}1 & 0\\ 0 & 1\end{bmatrix}$$

显然，能观性矩阵是非奇异的，故系统是能观的。根据定理 6.1.1，存在一个矩阵 $\boldsymbol{L}$，使得模型(6.1.3)是所考虑系统的一个状态观测器，且具有极点 $\mu_1=-2$ 和 $\mu_2=-2$。

以下来确定一个矩阵

$$\boldsymbol{L}=\begin{bmatrix}l_1\\l_2\end{bmatrix}$$

使得矩阵 $\boldsymbol{A}-\boldsymbol{LC}$ 的特征值是 $\mu_1=-2$ 和 $\mu_2=-2$。

方法 1——直接法

将观测器增益矩阵 $\boldsymbol{L}$ 直接代入观测器状态矩阵，进而根据观测器极点的要求确定观测器增益矩阵 $\boldsymbol{L}$。由于

$$\begin{aligned}\det[\lambda\boldsymbol{I}-(\boldsymbol{A}-\boldsymbol{LC})]&=\det\left(\begin{bmatrix}\lambda&0\\0&\lambda\end{bmatrix}-\begin{bmatrix}0&1\\-1&0\end{bmatrix}+\begin{bmatrix}l_1\\l_2\end{bmatrix}\begin{bmatrix}1&0\end{bmatrix}\right)\\&=\det\left(\begin{bmatrix}\lambda+l_1&-1\\1+l_2&\lambda\end{bmatrix}\right)\\&=\lambda^2+l_1\lambda+1+l_2\end{aligned}$$

而期望的特征多项式为

$$(\lambda+2)(\lambda+2)=\lambda^2+4\lambda+4$$

比较两个多项式，可得

$$l_1=4,\quad l_2=3$$

故所要寻找的观测器增益矩阵为

$$\boldsymbol{L}=\begin{bmatrix}4\\3\end{bmatrix}$$

方法 2——变换法

将观测器增益矩阵的确定转化为对偶的极点配置状态反馈增益矩阵的确定问题，类似于 5.3.3 节中的符号，

$$\boldsymbol{L}=\boldsymbol{T}\begin{bmatrix}b_0-a_0\\b_1-a_1\\\vdots\\b_{n-1}-a_{n-1}\end{bmatrix}$$

其中

$$\begin{aligned}\boldsymbol{T}&=(\Gamma_c[\widetilde{\boldsymbol{A}},\widetilde{\boldsymbol{B}}](\Gamma_c[\boldsymbol{A}^{\mathrm{T}},\boldsymbol{C}^{\mathrm{T}}])^{-1})^{\mathrm{T}}\\&=(\Gamma_o[\boldsymbol{A},\boldsymbol{C}])^{-1}\Gamma_o[\hat{\boldsymbol{A}},\hat{\boldsymbol{C}}]\end{aligned}$$

$(\hat{\boldsymbol{C}},\hat{\boldsymbol{A}})$ 是 $(\boldsymbol{C},\boldsymbol{A})$ 的能观标准形，$(\widetilde{\boldsymbol{A}},\widetilde{\boldsymbol{B}})$ 是 $(\boldsymbol{A}^{\mathrm{T}},\boldsymbol{C}^{\mathrm{T}})$ 的能控标准形。在本例中，系统的特征多项式是 λ^2+1，故 $a_0=1,a_1=0$，而 $b_0=4,b_1=4$。因此

$$\boldsymbol{L}=\boldsymbol{T}\begin{bmatrix}b_0-a_0\\b_1-a_1\end{bmatrix}=\begin{bmatrix}1&0\\0&1\end{bmatrix}\begin{bmatrix}0&1\\1&0\end{bmatrix}\begin{bmatrix}4&-1\\4&-0\end{bmatrix}=\begin{bmatrix}4\\3\end{bmatrix}$$

方法 3——爱克曼公式法

根据对偶关系和式(5.3.17)，可得

$$\begin{aligned}\boldsymbol{L}&=(\begin{bmatrix}0&0&\cdots&0&1\end{bmatrix}\begin{bmatrix}\boldsymbol{C}^{\mathrm{T}}&\boldsymbol{A}^{\mathrm{T}}\boldsymbol{C}^{\mathrm{T}}&\cdots&(\boldsymbol{A}^{\mathrm{T}})^{n-1}\boldsymbol{C}^{\mathrm{T}}\end{bmatrix}^{-1}\phi(\boldsymbol{A}^{\mathrm{T}}))^{\mathrm{T}}\\&=\phi(\boldsymbol{A})(\Gamma_o[\boldsymbol{A},\boldsymbol{C}])^{-1}\begin{bmatrix}0\\0\\\vdots\\1\end{bmatrix}\end{aligned}$$

其中的 $\phi(\lambda)$ 是期望的观测器特征多项式。在本例中，

$$\begin{aligned} \boldsymbol{L} &= \phi(\boldsymbol{A})(\Gamma_o[\boldsymbol{A},\boldsymbol{C}])^{-1}\begin{bmatrix}0\\1\end{bmatrix} \\ &= (\boldsymbol{A}^2+4\boldsymbol{A}+4\boldsymbol{I})\begin{bmatrix}1 & 0\\0 & 1\end{bmatrix}^{-1}\begin{bmatrix}0\\1\end{bmatrix}=\begin{bmatrix}4\\3\end{bmatrix} \end{aligned}$$

以上 3 种方法得到的观测器增益矩阵是相同的。利用所得到的观测器增益矩阵可得相应的状态观测器为

$$\begin{aligned} \dot{\tilde{\boldsymbol{x}}} &= (\boldsymbol{A}-\boldsymbol{L}\boldsymbol{C})\tilde{\boldsymbol{x}}+\boldsymbol{B}u+\boldsymbol{L}y \\ &= \left(\begin{bmatrix}0 & 1\\-1 & 0\end{bmatrix}-\begin{bmatrix}4\\3\end{bmatrix}\begin{bmatrix}1 & 0\end{bmatrix}\right)\tilde{\boldsymbol{x}}+\begin{bmatrix}1\\0\end{bmatrix}u+\begin{bmatrix}4\\3\end{bmatrix}y \\ &= \begin{bmatrix}-4 & 1\\-4 & 0\end{bmatrix}\tilde{\boldsymbol{x}}+\begin{bmatrix}1\\0\end{bmatrix}u+\begin{bmatrix}4\\3\end{bmatrix}y \end{aligned}$$

$\tilde{\boldsymbol{x}}$ 是观测器的状态。

与极点配置的情况类似，由于直接法需要手工计算，故不适合阶数 $n\geqslant 4$ 的系统。而变换法和爱克曼公式法便于计算机实现，适用范围更广。

由极点配置和观测器设计问题的对偶关系，也可以应用 MATLAB 中极点配置的函数来确定所需要的观测器增益矩阵。例如，对于单输入单输出系统，观测器的增益矩阵可以由函数

```
L = (acker(A',C',V))'
```

得到。其中的 V 是由期望的观测器极点所构成的向量。类似的，也可以用

```
L = (place(A',C',V))'
```

来确定一般系统的观测器矩阵，但这里要求 V 不包含相同的极点。

观测器的增益矩阵 $\boldsymbol{L}$ 只能保证误差系统是稳定的。如果原系统不稳定，那么由观测器得到的状态估计值 $\tilde{\boldsymbol{x}}$ 也会是无界的。

关于观测器极点的选取，应注意以下几点：

(1) 作为一般规则，观测器的极点应该比系统极点快 2～5 倍，从而使得状态估计误差的衰减比系统响应快 2～5 倍。

(2) 观测器的响应速度也并非是越快越好。这是因为观测器的响应速度越快，观测器增益矩阵 $\boldsymbol{L}$ 的参数就越大，这首先会受到元器件饱和特性限制；其次，在实际系统的测量输出 $\boldsymbol{y}$ 中通常存在干扰和测量噪声，若增益矩阵 $\boldsymbol{L}$ 的参数很大，则测量输出 $\boldsymbol{y}$ 中的干扰和噪声就会被大幅度放大。因此，当传感器噪声相当大时，可以把观测器极点选择得比系统极点慢 2 倍，以便使系统的带宽变得比较窄，并且对噪声进行平滑。

因此，在设计观测器时，尽管希望观测器估计的状态能尽可能快地逼近系统的实际状态，但这种逼近的速度并非是越快越好，需要兼顾状态估计误差的衰减速度和观测器的抗扰动能力。在实际设计过程中，最好是针对几组不同的观测器极点设计观测器，通过仿真评估系统的性能，从系统总体性能的角度来选择最好的观测器。

考虑例 3.2.3，通过分析系统的能观性知道系统是状态完全能观的，因此，可以通过

测量小车的位移来观测到(或估计出)小车的速度、摆杆偏离垂直位置的角度以及摆杆移动的角速度。那么究竟如何通过小车的位移信息来估计小车的速度、摆杆偏移角以及角速度呢？以下通过设计该系统的一个观测器来解决这一问题。

例 6.1.2　考虑例 3.1.2 讨论的倒立摆系统，系统的线性化模型(对应于 $\theta\approx 0$)为

$$\dot{\boldsymbol{x}} = \boldsymbol{A}\boldsymbol{x} + \boldsymbol{B}u = \begin{bmatrix} 0 & 1 & 0 & 0 \\ 0 & 0 & -1 & 0 \\ 0 & 0 & 0 & 1 \\ 0 & 0 & 11 & 0 \end{bmatrix}\boldsymbol{x} + \begin{bmatrix} 0 \\ 1 \\ 0 \\ -1 \end{bmatrix}u$$

$$y = \boldsymbol{C}\boldsymbol{x} = \begin{bmatrix} 1 & 0 & 0 & 0 \end{bmatrix}\boldsymbol{x}$$

其中，$\boldsymbol{x}=\begin{bmatrix} y & \dot{y} & \theta & \dot{\theta} \end{bmatrix}^{\mathrm{T}}$ 是系统的状态向量，θ 是摆杆的偏移角，y 是小车的位移，u 是作用在小车上的力。设计一个状态观测器，使得观测器极点是 $\mu_1=-2+\mathrm{j}2\sqrt{3}$，$\mu_2=-2-\mathrm{j}2\sqrt{3}$，$u_3=-10$，$u_4=-10$。

解　观测器模型为

$$\dot{\tilde{\boldsymbol{x}}} = (\boldsymbol{A}-\boldsymbol{L}\boldsymbol{C})\,\tilde{\boldsymbol{x}} + \boldsymbol{B}u + \boldsymbol{L}y$$

执行以下 m-文件：

```
A=[0 1 0 0; 0 0 -1 0; 0 0 0 1; 0 0 11 0];
C=[1 0 0 0];
V=[-2+j*2*sqrt(3) -2-j*2*sqrt(3) -10 -10]
L=(acker(A',C',V))'
```

得到观测器的增益矩阵为

```
L =

     24
    207
   -984
  -3877
```

相应的观测器为

$$\begin{aligned}\dot{\tilde{\boldsymbol{x}}} &= (\boldsymbol{A}-\boldsymbol{L}\boldsymbol{C})\,\tilde{\boldsymbol{x}} + \boldsymbol{B}u + \boldsymbol{L}y \\ &= \left(\begin{bmatrix} 0 & 1 & 0 & 0 \\ 0 & 0 & -1 & 0 \\ 0 & 0 & 0 & 1 \\ 0 & 0 & 11 & 0 \end{bmatrix} - \begin{bmatrix} 24 \\ 207 \\ -984 \\ -3877 \end{bmatrix}\begin{bmatrix} 1 & 0 & 0 & 0 \end{bmatrix}\right)\tilde{\boldsymbol{x}} + \begin{bmatrix} 0 \\ 1 \\ 0 \\ -1 \end{bmatrix}u + \begin{bmatrix} 24 \\ 207 \\ -984 \\ -3877 \end{bmatrix}y \\ &= \begin{bmatrix} -24 & 1 & 0 & 0 \\ -207 & 0 & -1 & 0 \\ 984 & 0 & 0 & 1 \\ 3877 & 0 & 11 & 0 \end{bmatrix}\tilde{\boldsymbol{x}} + \begin{bmatrix} 0 \\ 1 \\ 0 \\ -1 \end{bmatrix}u + \begin{bmatrix} 24 \\ 207 \\ -984 \\ -3877 \end{bmatrix}y\end{aligned}$$

状态估计的误差动态方程为

$$\dot{\boldsymbol{e}} = (\boldsymbol{A}-\boldsymbol{L}\boldsymbol{C})\boldsymbol{e}$$

$$= \begin{bmatrix} -24 & 1 & 0 & 0 \\ -207 & 0 & -1 & 0 \\ 984 & 0 & 0 & 1 \\ 3877 & 0 & 11 & 0 \end{bmatrix} \boldsymbol{e}$$

以下进一步通过仿真来检验观测器的效果。取初始误差向量为

$$\boldsymbol{e}(0) = [1 \quad 2 \quad 0.1 \quad -0.1]^{\mathrm{T}}$$

执行以下的 m-文件：

```
% 输入误差系统的状态空间模型
AA = [ - 24 1 0 0; - 207 0 - 1 0; 984 0 0 1; 3877 0 11 0];
BB = [0; 0; 0; 0];
C = [1 0 0 0]; D = 0;
e0 = [1; 2; 0.1; - 0.1];
% 误差系统的初始状态响应
t = 0: 0.01: 4;
sys = ss(AA,BB,C,D);
[y,t,e] = initial(sys,e0,t);
subplot(2,2,1),plot(t,e(: ,1))
grid
xlabel('time')
ylabel('e1')
subplot(2,2,2),plot(t,e(: ,2))
grid
xlabel('time')
ylabel('e2')
subplot(2,2,3),plot(t,e(: ,3))
grid
xlabel('time')
ylabel('e3')
subplot(2,2,4),plot(t,e(: ,4))
grid
xlabel('time')
ylabel('e4')
```

可得状态估计的误差曲线如图 6.1.3 所示。

由图 6.1.3 的仿真曲线可以看出，尽管系统的真实状态和观测器状态的初值有误差，但随着时间的推移，它们间的误差将衰减到零。在这个例子中，倒立摆系统是不稳定的，系统的状态将随时间推移而趋于无穷大。因此，观测器状态也将随时间推移而趋于无穷大。

在龙伯格观测器(6.1.3)中，可设计的参数只有一个观测器增益矩阵 $\boldsymbol{L}$，通过选取适当的增益矩阵 $\boldsymbol{L}$ 来配置观测器极点，从而使得观测器具有期望的性能。进一步，若考虑的系统模型比较复杂，如存在非线性、不确定参数等，为要估计系统的状态，并且使得估计过程满足更多的性能要求，则可以考虑更加一般的观测器模型

$$\dot{\tilde{\boldsymbol{x}}} = \boldsymbol{H}\tilde{\boldsymbol{x}} + \boldsymbol{L}\boldsymbol{u} + \boldsymbol{G}\boldsymbol{y}$$

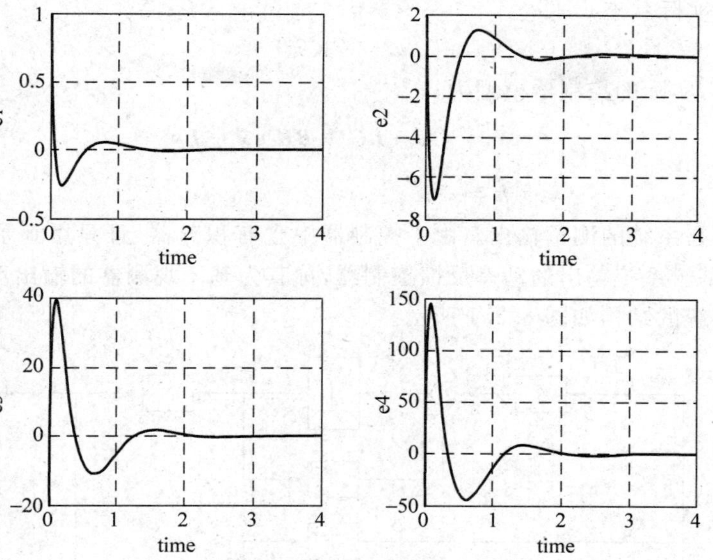

图 6.1.3 状态估计的误差曲线

其中，$\boldsymbol{H}$，$\boldsymbol{L}$ 和 $\boldsymbol{G}$ 是待定的适当维数常数矩阵。由于增加了可调参数，使得状态估计可望具有更多性能，但观测器设计过程也更为复杂了。龙伯格观测器尽管只有一个设计参数矩阵 $\boldsymbol{L}$，但其设计简单，而且其结构具有清晰的物理意义，然而这类观测器所能达到的性能可能有限。

6.2 基于观测器的控制器设计

状态观测器解决了系统状态的重构问题，从而当系统的状态不能直接测量得到时，可通过观测器获取状态 $\boldsymbol{x}$ 的估计值 $\tilde{\boldsymbol{x}}$。这种状态重构的思想是否可以解决状态反馈中因状态不能直接测量而导致控制器无法实现的困难呢？也就是说，在设计好的状态反馈控制器 $\boldsymbol{u}=-\boldsymbol{K}\boldsymbol{x}$ 中，用状态的估计值 $\tilde{\boldsymbol{x}}$ 来替代系统的实际状态 $\boldsymbol{x}$ 后所得到的闭环系统是否仍然具有原来期望的闭环系统性能呢？本节就来分析和回答这个问题。

考虑线性时不变系统

$$\begin{cases}\dot{\boldsymbol{x}}=\boldsymbol{A}\boldsymbol{x}+\boldsymbol{B}\boldsymbol{u}\\ \boldsymbol{y}=\boldsymbol{C}\boldsymbol{x}\end{cases} \tag{6.2.1}$$

其中，$\boldsymbol{x}$，$\boldsymbol{u}$ 和 $\boldsymbol{y}$ 分别是系统的 n 维状态向量、m 维控制输入和 p 维测量输出，$\boldsymbol{A}$，$\boldsymbol{B}$ 和 $\boldsymbol{C}$ 是已知的适当维数常数矩阵。假定系统是能控能观的。

由于系统是完全能控的，则总可以设计状态反馈控制器 $\boldsymbol{u}=-\boldsymbol{K}\boldsymbol{x}$，使得闭环系统具有任意预先给定的极点 $\lambda_1,\lambda_2,\cdots,\lambda_n$（其中若有复数的话，则以共轭对的形式出现）。进一步，若系统的状态不能直接测量得到，由于系统是能观的，故可以通过构造一个观测器

$$\dot{\tilde{\boldsymbol{x}}}=(\boldsymbol{A}-\boldsymbol{L}\boldsymbol{C})\tilde{\boldsymbol{x}}+\boldsymbol{B}\boldsymbol{u}+\boldsymbol{L}\boldsymbol{y}$$

来得到系统状态的估计值 $\tilde{\boldsymbol{x}}$，进而在状态反馈控制器 $\boldsymbol{u}=-\boldsymbol{K}\boldsymbol{x}$ 中，用这个状态的估计值 $\tilde{\boldsymbol{x}}$

来替代系统的实际状态 $\boldsymbol{x}$，即

$$\boldsymbol{u} = -\boldsymbol{K}\tilde{\boldsymbol{x}}$$

在这种情况下，实际的控制器模型为

$$\begin{cases}\dot{\tilde{\boldsymbol{x}}} = (\boldsymbol{A} - \boldsymbol{LC} - \boldsymbol{BK})\tilde{\boldsymbol{x}} + \boldsymbol{Ly} \\ \boldsymbol{u} = -\boldsymbol{K}\tilde{\boldsymbol{x}}\end{cases} \tag{6.2.2}$$

控制器的输入是系统的测量输出。由于控制器中含有积分器，且只用到了系统的输出信息，这是一个基于系统输出的动态反馈控制器，称其为基于观测器的输出反馈控制器。整个反馈控制系统的结构如图 6.2.1 所示。

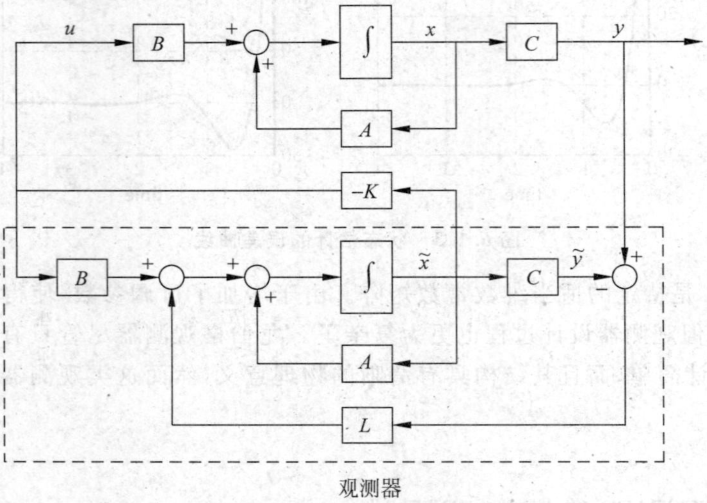

图 6.2.1　基于观测器的输出反馈控制系统

由于在反馈通道上增加了 n 个积分器，因此，闭环系统是 $2n$ 阶的。若选择积分器的输出 $[\boldsymbol{x}^{\mathrm{T}} \quad \tilde{\boldsymbol{x}}^{\mathrm{T}}]^{\mathrm{T}}$ 作为闭环系统的状态，则闭环系统的状态方程为

$$\dot{\boldsymbol{x}} = \boldsymbol{Ax} + \boldsymbol{Bu} = \boldsymbol{Ax} - \boldsymbol{BK}\tilde{\boldsymbol{x}}$$

$$\dot{\tilde{\boldsymbol{x}}} = (\boldsymbol{A} - \boldsymbol{LC} - \boldsymbol{BK})\tilde{\boldsymbol{x}} + \boldsymbol{LCx}$$

将它们写成矩阵向量的形式，可得

$$\begin{bmatrix}\dot{\boldsymbol{x}} \\ \dot{\tilde{\boldsymbol{x}}}\end{bmatrix} = \begin{bmatrix}\boldsymbol{A} & -\boldsymbol{BK} \\ \boldsymbol{LC} & \boldsymbol{A} - \boldsymbol{LC} - \boldsymbol{BK}\end{bmatrix}\begin{bmatrix}\boldsymbol{x} \\ \tilde{\boldsymbol{x}}\end{bmatrix} \tag{6.2.3}$$

将实际状态 $\boldsymbol{x}(t)$ 和状态估计值 $\tilde{\boldsymbol{x}}(t)$ 之差定义为误差 $\boldsymbol{e}(t)$，即

$$\boldsymbol{e}(t) = \boldsymbol{x}(t) - \tilde{\boldsymbol{x}}(t)$$

为了检验误差 $\boldsymbol{e}(t)$ 的动态行为，需要考虑误差的动态方程

$$\begin{aligned}\dot{\boldsymbol{e}}(t) &= \dot{\boldsymbol{x}}(t) - \dot{\tilde{\boldsymbol{x}}}(t) \\ &= \boldsymbol{Ax}(t) - \boldsymbol{BK}\tilde{\boldsymbol{x}}(t) - \boldsymbol{LCx}(t) - (\boldsymbol{A} - \boldsymbol{LC} - \boldsymbol{BK})\tilde{\boldsymbol{x}}(t) \\ &= (\boldsymbol{A} - \boldsymbol{LC})\boldsymbol{x}(t) - (\boldsymbol{A} - \boldsymbol{LC})\tilde{\boldsymbol{x}}(t) \\ &= (\boldsymbol{A} - \boldsymbol{LC})\boldsymbol{e}(t)\end{aligned}$$

若选择 $[\boldsymbol{x}^{\mathrm{T}} \quad \boldsymbol{e}^{\mathrm{T}}]^{\mathrm{T}}$ 为闭环系统的状态向量，则有

$$\begin{bmatrix}\dot{\boldsymbol{x}}\\ \dot{\boldsymbol{e}}\end{bmatrix}=\begin{bmatrix}\boldsymbol{A}-\boldsymbol{B}\boldsymbol{K} & \boldsymbol{B}\boldsymbol{K}\\ 0 & \boldsymbol{A}-\boldsymbol{L}\boldsymbol{C}\end{bmatrix}\begin{bmatrix}\boldsymbol{x}\\ \boldsymbol{e}\end{bmatrix} \tag{6.2.4}$$

事实上,该状态方程可由状态方程(6.2.3)经状态变换

$$\begin{bmatrix}\boldsymbol{x}\\ \boldsymbol{e}\end{bmatrix}=\begin{bmatrix}\boldsymbol{I} & 0\\ \boldsymbol{I} & -\boldsymbol{I}\end{bmatrix}\begin{bmatrix}\boldsymbol{x}\\ \tilde{\boldsymbol{x}}\end{bmatrix}$$

变换得到。因此,状态方程(6.2.3)和(6.2.4)是等价的。根据定理1.4.2,状态方程(6.2.3)和(6.2.4)具有相同的极点。由于状态方程(6.2.4)的状态矩阵

$$\begin{bmatrix}\boldsymbol{A}-\boldsymbol{B}\boldsymbol{K} & \boldsymbol{B}\boldsymbol{K}\\ \boldsymbol{0} & \boldsymbol{A}-\boldsymbol{L}\boldsymbol{C}\end{bmatrix}$$

是一个上三角矩阵(即对角线下方为零矩阵块),故闭环系统的特征多项式为

$$\det\left(\begin{bmatrix}\lambda\boldsymbol{I}-\boldsymbol{A}+\boldsymbol{B}\boldsymbol{K} & -\boldsymbol{B}\boldsymbol{K}\\ \boldsymbol{0} & \lambda\boldsymbol{I}-\boldsymbol{A}+\boldsymbol{L}\boldsymbol{C}\end{bmatrix}\right)=\det(\lambda\boldsymbol{I}-\boldsymbol{A}+\boldsymbol{B}\boldsymbol{K})\det(\lambda\boldsymbol{I}-\boldsymbol{A}+\boldsymbol{L}\boldsymbol{C})$$

这说明了闭环系统极点恰好由矩阵 $\boldsymbol{A}-\boldsymbol{B}\boldsymbol{K}$ 和 $\boldsymbol{A}-\boldsymbol{L}\boldsymbol{C}$ 的特征值组成。而矩阵 $\boldsymbol{A}-\boldsymbol{B}\boldsymbol{K}$ 的特征值正好是通过状态反馈要配置的闭环极点,矩阵 $\boldsymbol{A}-\boldsymbol{L}\boldsymbol{C}$ 的特征值则是观测器的极点。因此,基于观测器的输出反馈控制器所导出的闭环系统极点是由状态反馈极点配置单独设计所产生的极点和观测器极点这两部分组成。

以上分析表明:若系统是能控、能观的,则可首先按状态反馈极点配置方法选择状态反馈增益矩阵 $\boldsymbol{K}$,得到状态反馈控制器。若系统的状态不能直接测量,则可进一步设计系统的状态观测器,根据观测器的动态要求选择观测器极点,进而设计观测器增益矩阵 $\boldsymbol{L}$。将得到的矩阵 $\boldsymbol{K}$ 和 $\boldsymbol{L}$ 代入式(6.2.2),得到所要求的基于观测器的输出反馈控制器。由此得到的闭环系统并不改变由原来极点配置状态反馈控制器配置的闭环极点,只是增加了观测器部分极点。

因此,基于观测器的输出反馈控制器设计可以分两步进行,即状态反馈部分和观测器部分,并且这两部分的设计彼此独立,互不影响,从而为系统设计提供了方便。通常称这个性质为系统设计的**分离性原理**。

以上讨论回答了本节开始时提出的问题,即在极点配置状态反馈控制器中,用状态的估计值代替系统的实际状态后得到的闭环系统仍然保持了原来由状态反馈极点配置方法配置的闭环极点,同时添加了观测器极点。

例 6.2.1　考虑例6.1.1中的系统

$$\dot{\boldsymbol{x}}=\boldsymbol{A}\boldsymbol{x}+\boldsymbol{B}u$$
$$y=\boldsymbol{C}\boldsymbol{x}$$

其中,

$$\boldsymbol{A}=\begin{bmatrix}0 & 1\\ -1 & 0\end{bmatrix},\quad \boldsymbol{B}=\begin{bmatrix}1\\ 0\end{bmatrix},\quad \boldsymbol{C}=\begin{bmatrix}1 & 0\end{bmatrix}$$

这是一个谐波振荡器,因为它在虚轴上有一对无阻尼的振荡极点($\lambda=\pm \mathrm{j}$)。若系统的状态不能直接测量,试设计稳定化的控制器。

解　由于系统的状态不能直接测量,考虑输出反馈 $u=-ky$,相应的闭环系统矩阵为

$$\begin{bmatrix}0 & 1\\ -1 & 0\end{bmatrix}-\begin{bmatrix}1\\ 0\end{bmatrix}k\begin{bmatrix}1 & 0\end{bmatrix}=\begin{bmatrix}0 & 1-k\\ -1 & 0\end{bmatrix}$$

其特征多项式是 λ^2+1-k。容易看到无论 k 取什么值，都不可能将两个闭环极点同时配置在左半开复平面中。因此，静态输出反馈控制律 $u=-ky$ 不能使得闭环系统渐近稳定。

经检验，系统是能控能观的，故可以应用状态反馈来任意配置闭环系统极点。进一步，由于状态不能直接测量，则可以通过设计一个观测器来对不能直接测量的状态进行重构或估计。

考虑状态反馈控制器

$$u=-\begin{bmatrix}k_1 & k_2\end{bmatrix}\boldsymbol{x}$$

相应的闭环矩阵为

$$\begin{bmatrix}0 & 1\\-1 & 0\end{bmatrix}-\begin{bmatrix}1\\0\end{bmatrix}\begin{bmatrix}k_1 & k_2\end{bmatrix}=\begin{bmatrix}-k_1 & 1-k_2\\-1 & 0\end{bmatrix}$$

其特征多项式是 $\lambda^2+k_1\lambda+1-k_2$，可以选取适当的 k_1 和 k_2，使得闭环系统是稳定的。特别是当 $\boldsymbol{K}=\begin{bmatrix}k_1 & k_2\end{bmatrix}=\begin{bmatrix}1 & -1\end{bmatrix}$，则闭环极点是 $-0.5\pm \mathrm{j}1.32$，因此闭环系统是渐近稳定的。

另一方面，若选取观测器极点是 $\mu_1=-2$ 和 $\mu_2=-2$，则由例 6.1.1 的结论，可得状态观测器增益矩阵是 $\boldsymbol{L}=\begin{bmatrix}4 & 3\end{bmatrix}^{\mathrm{T}}$，而状态观测器模型为

$$\dot{\tilde{\boldsymbol{x}}}=\begin{bmatrix}-4 & 1\\-4 & 0\end{bmatrix}\tilde{\boldsymbol{x}}+\begin{bmatrix}1\\0\end{bmatrix}u+\begin{bmatrix}4\\3\end{bmatrix}y \tag{6.2.5}$$

根据分离性原理，由以上分别设计得到的状态反馈控制器和观测器可以构建基于观测器的输出反馈控制器。在状态反馈控制器中，用状态的估计值来替代实际状态可得 $u=-\boldsymbol{K}\tilde{\boldsymbol{x}}$，代入式(6.2.5)，可得基于观测器的输出反馈控制器

$$\begin{cases}\dot{\tilde{\boldsymbol{x}}}=\begin{bmatrix}-5 & 2\\-4 & 0\end{bmatrix}\tilde{\boldsymbol{x}}+\begin{bmatrix}4\\3\end{bmatrix}y\\ u=-\begin{bmatrix}1 & -1\end{bmatrix}\tilde{\boldsymbol{x}}\end{cases} \tag{6.2.6}$$

闭环系统的动态特性由以下方程描述：

$$\begin{aligned}\begin{bmatrix}\dot{\boldsymbol{x}}\\ \dot{\boldsymbol{e}}\end{bmatrix}&=\begin{bmatrix}\boldsymbol{A}-\boldsymbol{BK} & \boldsymbol{BK}\\ \boldsymbol{0} & \boldsymbol{A}-\boldsymbol{LC}\end{bmatrix}\begin{bmatrix}\boldsymbol{x}\\ \boldsymbol{e}\end{bmatrix}\\ &=\begin{bmatrix}-1 & 2 & 1 & -1\\-1 & 0 & 0 & 0\\0 & 0 & -4 & 1\\0 & 0 & -4 & 0\end{bmatrix}\begin{bmatrix}\boldsymbol{x}\\ \boldsymbol{e}\end{bmatrix}\end{aligned} \tag{6.2.7}$$

其中的 $\boldsymbol{e}=\boldsymbol{x}-\tilde{\boldsymbol{x}}$ 为误差向量。

以下进一步检验闭环系统对初始条件的响应。假定对象和误差的初始条件分别为

$$\boldsymbol{x}(0)=\begin{bmatrix}1\\0\end{bmatrix},\quad \boldsymbol{e}(0)=\begin{bmatrix}0.5\\0\end{bmatrix}$$

(事实上，误差的初始条件可以是任意的)即系统(6.2.7)的初始条件为

$$\begin{bmatrix}\boldsymbol{x}(0)\\ \boldsymbol{e}(0)\end{bmatrix}=\begin{bmatrix}1\\0\\0.5\\0\end{bmatrix}$$

根据方程(6.2.7)来确定闭环系统对给定初始条件的响应。

执行以下的 m-文件：

```
AC = [-1 2 1 -1; -1 0 0 0; 0 0 -4 1; 0 0 -4 0];
sys = ss(AC,eye(4),eye(4),eye(4));
t = 0: 0.01: 8;
z = initial(sys,[1; 0; 0.5; 0],t);
x1 = [1 0 0 0] * z';
x2 = [0 1 0 0] * z';
e1 = [0 0 1 0] * z';
e2 = [0 0 0 1] * z';
subplot(2,2,1); plot(t,x1),grid
title('Response to Initial Condition')
ylabel('State Variable x1')

subplot(2,2,2); plot(t,x2),grid
title('Response to Initial Condition')
ylabel('State Variable x2')

subplot(2,2,3); plot(t,e1),grid
title('t (sec)')
ylabel('Error State Variable e1')

subplot(2,2,4); plot(t,e2),grid
title('t (sec)')
ylabel('Error State Variable e2')
```

得到图 6.2.2 所示的响应曲线。

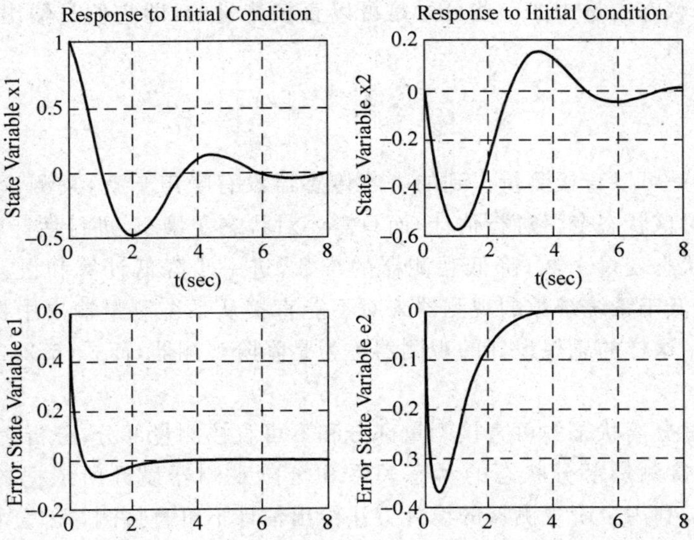

图 6.2.2　闭环系统的状态和状态估计误差对初始条件的响应曲线

尽管矩阵 $\boldsymbol{A}-\boldsymbol{BK}$ 和 $\boldsymbol{A}-\boldsymbol{LC}$ 的特征值总是可以配置在左半开复平面中，但基于观测器的输出反馈控制器系统矩阵 $\boldsymbol{A}-\boldsymbol{LC}-\boldsymbol{BK}$ 的特征值未必都在左半开复平面中，即动态反馈控制器本身未必是稳定的，这在实际中是不希望出现的，后面将结合例子再来讨论这一问题。

以上讨论了当系统状态不能直接测量得到时，如何只用系统的测量输出来设计具有期望动态和稳态性能的控制系统，采用的控制器结构是基于观测器的输出反馈控制器(6.2.2)，控制器中只有两个参数矩阵，即矩阵 $\boldsymbol{K}$ 和 $\boldsymbol{L}$ 需要由设计者来确定，它们可以通过极点配置状态反馈和观测器设计的方法独立确定。这样的控制器具有清晰的结构和物理意义。更一般的动态输出反馈控制器具有以下结构形式：

$$\begin{cases}\dot{\boldsymbol{x}}_c = \boldsymbol{A}_c\boldsymbol{x}_c + \boldsymbol{B}_c\boldsymbol{y}\\ \boldsymbol{u} = \boldsymbol{C}_c\boldsymbol{x}_c + \boldsymbol{D}_c\boldsymbol{y}\end{cases} \tag{6.2.8}$$

其中，$\boldsymbol{x}_c$ 是控制器的 n_c 维状态向量，$\boldsymbol{A}_c$，$\boldsymbol{B}_c$，$\boldsymbol{C}_c$ 和 $\boldsymbol{D}_c$ 是待定的控制器参数。容易看到控制器(6.2.8)中可设计的参数比(6.2.2)中的可选参数要多，因此，可望使得由控制器(6.2.8)导出的闭环系统能达到更多、更好的性能。但在设计上，控制器(6.2.8)要比控制器(6.2.2)复杂得多。特别是当 $n_c=0$ 时，控制器(6.2.8)就退化到 5.1 节中讨论的静态输出反馈控制律

$$\boldsymbol{u} = \boldsymbol{D}_c\boldsymbol{y}$$

6.3 降阶观测器设计

前面介绍了由观测器来估计系统的实际状态，它是对系统所有状态分量的估计或重构，即观测器的状态和系统状态具有相同维数，从而观测器和系统具有相同阶数。然而，在一些系统中，状态向量中的一些分量是可以直接测量的，即它们是输出量的一部分，例如，在例 6.1.1 中，

$$y = \boldsymbol{C}\boldsymbol{x} = [1 \quad 0]\begin{bmatrix}x_1\\x_2\end{bmatrix} = x_1$$

故状态变量 x_1 是可以直接测量得到的。若传感器没有噪声干扰，且测量是精确的，那么就没有必要再对该状态变量进行估计，而只需要对状态变量 x_2 进行估计就可以了。从而减少要估计的状态变量个数，降低观测器的维数，进一步降低计算和设计的复杂性。因此，这里可以用低于系统维数的观测器来对不能直接从系统测量输出中提取的状态分量进行估计。应用这样的思想设计的观测器称为是降阶观测器，而式(6.2.2)则称为是系统的全阶观测器。

这一节通过分离状态中可直接测量部分和不可直接测量部分，分析它们之间的关系，进而，将不可直接测量部分状态的动态关系和全阶观测器设计所依据的状态空间模型(6.2.1)相比对，利用全阶观测器的设计方法给出估计不可直接测量部分状态的降阶观测器设计方法。

为了简化讨论，以下仅考虑单输出系统，即假定 $p=1$。系统的状态空间模型为

$$\begin{cases}\dot{\boldsymbol{x}} = \boldsymbol{A}\boldsymbol{x} + \boldsymbol{B}\boldsymbol{u} \\ y = \boldsymbol{C}\boldsymbol{x}\end{cases} \tag{6.3.1}$$

其中,$\boldsymbol{x}$,$\boldsymbol{u}$ 和 y 分别是系统的 n 维状态向量、m 维控制输入和标量输出,$\boldsymbol{A}$,$\boldsymbol{B}$ 和 $\boldsymbol{C}$ 是已知的适当维数实常数矩阵。

假定矩阵 $\boldsymbol{C}$ 具有形式$[1 \quad \boldsymbol{0}]$(对一般结构的矩阵 $\boldsymbol{C}$,需要作适当的变换)。根据矩阵 $\boldsymbol{C}$ 的结构,将系统状态 $\boldsymbol{x}$ 分为两部分:

$$\boldsymbol{x} = \begin{bmatrix} x_a \\ \boldsymbol{x}_b \end{bmatrix}$$

其中的 x_a 是一个标量,由

$$y = \boldsymbol{C}\boldsymbol{x} = [1 \quad 0]\begin{bmatrix} x_a \\ \boldsymbol{x}_b \end{bmatrix} = x_a$$

可知:x_a 恰好是系统的输出,它能被直接测量得到。$\boldsymbol{x}_b$ 是 $n-1$ 维向量,是状态向量中不能直接测量的部分。将状态空间模型(6.3.1)中的矩阵 $\boldsymbol{A}$ 和 $\boldsymbol{B}$ 作相应的分块,则该状态空间模型可以写为

$$\begin{bmatrix} \dot{x}_a \\ \dot{\boldsymbol{x}}_b \end{bmatrix} = \begin{bmatrix} A_{aa} & \boldsymbol{A}_{ab} \\ \boldsymbol{A}_{ba} & \boldsymbol{A}_{bb} \end{bmatrix}\begin{bmatrix} x_a \\ \boldsymbol{x}_b \end{bmatrix} + \begin{bmatrix} \boldsymbol{B}_a \\ \boldsymbol{B}_b \end{bmatrix}\boldsymbol{u} \tag{6.3.2}$$

由此可得

$$\dot{x}_a = A_{aa}x_a + \boldsymbol{A}_{ab}\boldsymbol{x}_b + \boldsymbol{B}_a\boldsymbol{u}$$

将上式中能直接测量的信号和不能直接测量的信号分离,得到

$$\dot{x}_a - A_{aa}x_a - \boldsymbol{B}_a\boldsymbol{u} = \boldsymbol{A}_{ab}\boldsymbol{x}_b \tag{6.3.3}$$

上式左边表示可以直接测量得到的信号。因此,式(6.3.3)建立起了可直接测量的信号和状态中不可以直接测量部分之间的关系,这类似于状态空间模型(6.2.1)中的输出方程。

状态中不可直接测量部分的动态方程为

$$\begin{aligned}\dot{\boldsymbol{x}}_b &= \boldsymbol{A}_{ba}x_a + \boldsymbol{A}_{bb}\boldsymbol{x}_b + \boldsymbol{B}_b\boldsymbol{u} \\ &= \boldsymbol{A}_{bb}\boldsymbol{x}_b + (\boldsymbol{A}_{ba}x_a + \boldsymbol{B}_b\boldsymbol{u})\end{aligned} \tag{6.3.4}$$

其中的 $\boldsymbol{A}_{ba}x_a + \boldsymbol{B}_b\boldsymbol{u}$ 是可直接测量的信号。

以式(6.3.4)作为状态方程,式(6.3.3)作为输出方程,$\boldsymbol{x}_b$ 作为要估计的状态,类似于全阶观测器的设计方法可以得到估计状态 $\boldsymbol{x}_b$ 的观测器。以下首先建立以 $\boldsymbol{x}_b$ 为状态向量的状态空间模型

$$\dot{\boldsymbol{x}}_b = \boldsymbol{A}_{bb}\boldsymbol{x}_b + (\boldsymbol{A}_{ba}x_a + \boldsymbol{B}_b\boldsymbol{u})$$

$$\dot{x}_a - A_{aa}x_a - \boldsymbol{B}_a\boldsymbol{u} = \boldsymbol{A}_{ab}\boldsymbol{x}_b$$

进而,将其和全阶观测器设计时的标准模型(6.2.1)相比较,可得以下对应项之间的关系表,如表 6.3.1 所示。

表 6.3.1 状态空间模型的对应关系

全阶观测器	降阶观测器
$\tilde{\boldsymbol{x}}$	$\tilde{\boldsymbol{x}}_b$
$\boldsymbol{A}$	$\boldsymbol{A}_{bb}$
$\boldsymbol{B}\boldsymbol{u}$	$\boldsymbol{A}_{ba}x_a + \boldsymbol{B}_b\boldsymbol{u}$
y	$\dot{x}_a - A_{aa}x_a - \boldsymbol{B}_a\boldsymbol{u}$
$\boldsymbol{C}$	$\boldsymbol{A}_{ab}$
$\boldsymbol{L}$($n\times1$ 维矩阵)	$\boldsymbol{L}$($(n-1)\times1$ 维矩阵)

根据表 6.3.1 给出的对应关系及全阶观测器的模型

$$\dot{\tilde{\boldsymbol{x}}} = (\boldsymbol{A} - \boldsymbol{LC})\tilde{\boldsymbol{x}} + \boldsymbol{Bu} + \boldsymbol{L}y$$

可以得到估计不可直接测量状态 $\boldsymbol{x}_b$ 的观测器

$$\dot{\tilde{\boldsymbol{x}}}_b = (\boldsymbol{A}_{bb} - \boldsymbol{LA}_{ab})\tilde{\boldsymbol{x}}_b + \boldsymbol{A}_{ba}x_a + \boldsymbol{B}_b\boldsymbol{u} + \boldsymbol{L}(\dot{x}_a - A_{aa}x_a - \boldsymbol{B}_a\boldsymbol{u}) \tag{6.3.5}$$

方程(6.3.5)是否就是我们所要的降阶观测器呢？还不是！因为在方程(6.3.5)中，用到了 x_a 的微分。由于 x_a 就是测量输出信号，而测量信号往往含有噪声和误差，对这样的信号进行微分会放大噪声和误差，这在实际应用中是应该避免的。因此有必要消除式(6.3.5)中的 $\dot{x}_a$。

考虑到式(6.3.5)的左边也有一个信号的微分，故可设法将式(6.3.5)中的微分项放在一起。注意到 $x_a = y$，故可以将式(6.3.5)写为

$$\begin{aligned}\dot{\tilde{\boldsymbol{x}}}_b - \boldsymbol{L}\dot{y} &= (\boldsymbol{A}_{bb} - \boldsymbol{LA}_{ab})\tilde{\boldsymbol{x}}_b + (\boldsymbol{A}_{ba} - \boldsymbol{L}A_{aa})y + (\boldsymbol{B}_b - \boldsymbol{LB}_a)\boldsymbol{u} \\ &= (\boldsymbol{A}_{bb} - \boldsymbol{LA}_{ab})\tilde{\boldsymbol{x}}_b - (\boldsymbol{A}_{bb} - \boldsymbol{LA}_{ab})\boldsymbol{L}y + (\boldsymbol{A}_{bb} - \boldsymbol{LA}_{ab})\boldsymbol{L}y \\ &\quad + (\boldsymbol{A}_{ba} - \boldsymbol{L}A_{aa})y + (\boldsymbol{B}_b - \boldsymbol{LB}_a)\boldsymbol{u} \\ &= (\boldsymbol{A}_{bb} - \boldsymbol{LA}_{ab})(\tilde{\boldsymbol{x}}_b - \boldsymbol{L}y) + [(\boldsymbol{A}_{bb} - \boldsymbol{LA}_{ab})\boldsymbol{L} + \boldsymbol{A}_{ba} - \boldsymbol{L}A_{aa}]y + (\boldsymbol{B}_b - \boldsymbol{LB}_a)\boldsymbol{u}\end{aligned} \tag{6.3.6}$$

定义

$$\boldsymbol{x}_b - \boldsymbol{L}y = \boldsymbol{w}$$

$$\tilde{\boldsymbol{x}}_b - \boldsymbol{L}y = \tilde{\boldsymbol{w}}$$

$$\boldsymbol{A}_{bb} - \boldsymbol{LA}_{ab} = \hat{\boldsymbol{A}}$$

$$\hat{\boldsymbol{A}}\boldsymbol{L} + \boldsymbol{A}_{ba} - \boldsymbol{L}A_{aa} = \hat{\boldsymbol{B}}$$

$$\boldsymbol{B}_b - \boldsymbol{LB}_a = \hat{\boldsymbol{F}}$$

则式(6.3.6)可以写为

$$\dot{\tilde{\boldsymbol{w}}} = \hat{\boldsymbol{A}}\tilde{\boldsymbol{w}} + \hat{\boldsymbol{B}}y + \hat{\boldsymbol{F}}\boldsymbol{u} \tag{6.3.7}$$

式(6.3.7)就是要设计的降阶观测器，不可直接测量的状态分量 $\boldsymbol{x}_b$ 的估计量由下式给出：

$$\tilde{\boldsymbol{x}}_b = \tilde{\boldsymbol{w}} + \boldsymbol{L}y$$

由于

$$\tilde{\boldsymbol{x}} = \begin{bmatrix} x_a \\ \tilde{\boldsymbol{x}}_b \end{bmatrix} = \begin{bmatrix} y \\ \tilde{\boldsymbol{w}} + \boldsymbol{L}y \end{bmatrix} = \begin{bmatrix} 0 \\ \boldsymbol{I} \end{bmatrix}\tilde{\boldsymbol{w}} + \begin{bmatrix} 1 \\ \boldsymbol{L} \end{bmatrix}y$$

记

$$\hat{\boldsymbol{C}} = \begin{bmatrix} 0 \\ \boldsymbol{I} \end{bmatrix}, \quad \hat{\boldsymbol{D}} = \begin{bmatrix} 1 \\ \boldsymbol{L} \end{bmatrix}$$

则

$$\tilde{\boldsymbol{x}} = \hat{\boldsymbol{C}}\tilde{\boldsymbol{w}} + \hat{\boldsymbol{D}}y$$

上式用降阶观测器的状态 $\tilde{\boldsymbol{w}}$ 和测量值 y 给出了系统状态 $\boldsymbol{x}$ 的估计值 $\tilde{\boldsymbol{x}}$。

基于状态估计值的反馈控制器为

$$\boldsymbol{u} = -\boldsymbol{K}\tilde{\boldsymbol{x}}$$

$$= -[\boldsymbol{K}_{\mathrm{a}} \quad \boldsymbol{K}_{\mathrm{b}}]\left(\begin{bmatrix}0\\ \boldsymbol{I}\end{bmatrix}\tilde{\boldsymbol{w}} + \begin{bmatrix}1\\ \boldsymbol{L}\end{bmatrix}y\right)$$

$$= -[\boldsymbol{K}_{\mathrm{a}} \quad \boldsymbol{K}_{\mathrm{b}}]\begin{bmatrix}0\\ \boldsymbol{I}\end{bmatrix}\tilde{\boldsymbol{w}} - [\boldsymbol{K}_{\mathrm{a}} \quad \boldsymbol{K}_{\mathrm{b}}]\begin{bmatrix}1\\ \boldsymbol{L}\end{bmatrix}y$$

$$= -\boldsymbol{K}_{\mathrm{b}}\,\tilde{\boldsymbol{w}} - (\boldsymbol{K}_{\mathrm{a}} + \boldsymbol{K}_{\mathrm{b}}\boldsymbol{L})\,y$$

因此，基于降阶观测器的输出反馈控制器为

$$\begin{cases}\dot{\tilde{\boldsymbol{w}}} = (\hat{\boldsymbol{A}} - \hat{\boldsymbol{F}}\boldsymbol{K}_{\mathrm{b}})\,\tilde{\boldsymbol{w}} + [\hat{\boldsymbol{B}} - \hat{\boldsymbol{F}}(\boldsymbol{K}_{\mathrm{a}} + \boldsymbol{K}_{\mathrm{b}}\boldsymbol{L})]y \\ \boldsymbol{u} = -\boldsymbol{K}_{\mathrm{b}}\,\tilde{\boldsymbol{w}} - (\boldsymbol{K}_{\mathrm{a}} + \boldsymbol{K}_{\mathrm{b}}\boldsymbol{L})\,y\end{cases} \tag{6.3.8}$$

基于降阶观测器的输出反馈控制系统结构图如图 6.3.1 所示。

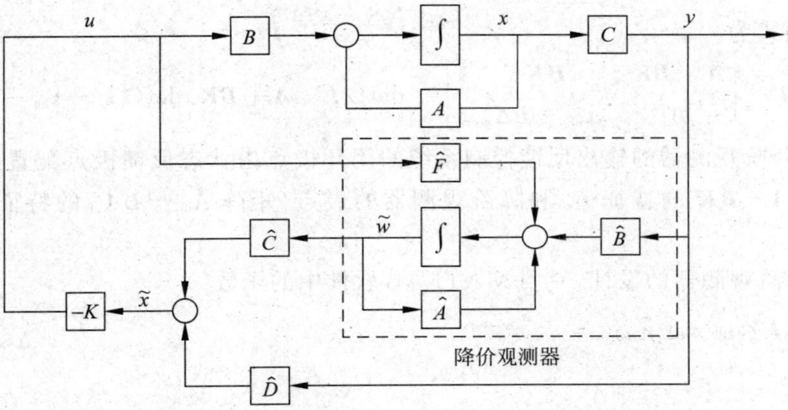

图 6.3.1　基于降阶观测器的反馈控制系统

利用式(6.3.3)，方程(6.3.5)可以写为

$$\dot{\tilde{\boldsymbol{x}}}_{\mathrm{b}} = (\boldsymbol{A}_{\mathrm{bb}} - \boldsymbol{L}\boldsymbol{A}_{\mathrm{ab}})\,\tilde{\boldsymbol{x}}_{\mathrm{b}} + \boldsymbol{A}_{\mathrm{ba}}x_{\mathrm{a}} + \boldsymbol{B}_{\mathrm{b}}\boldsymbol{u} + \boldsymbol{L}\boldsymbol{A}_{\mathrm{ab}}\boldsymbol{x}_{\mathrm{b}} \tag{6.3.9}$$

式(6.3.4)减去式(6.3.9)可得

$$\dot{\boldsymbol{x}}_{\mathrm{b}} - \dot{\tilde{\boldsymbol{x}}}_{\mathrm{b}} = (\boldsymbol{A}_{\mathrm{bb}} - \boldsymbol{L}\boldsymbol{A}_{\mathrm{ab}})(\boldsymbol{x}_{\mathrm{b}} - \tilde{\boldsymbol{x}}_{\mathrm{b}})$$

定义误差向量

$$\boldsymbol{e} = \boldsymbol{x}_{\mathrm{b}} - \tilde{\boldsymbol{x}}_{\mathrm{b}} = \boldsymbol{w} - \tilde{\boldsymbol{w}}$$

则

$$\dot{\boldsymbol{e}} = (\boldsymbol{A}_{\mathrm{bb}} - \boldsymbol{L}\boldsymbol{A}_{\mathrm{ab}})\boldsymbol{e} \tag{6.3.10}$$

因此，若$(\boldsymbol{A}_{\mathrm{ab}}, \boldsymbol{A}_{\mathrm{bb}})$完全能观，则一定可以通过选取一个适当的矩阵 $\boldsymbol{L}$，使得误差动态系统(6.3.10)具有任意给定的极点，这样的矩阵 $\boldsymbol{L}$ 可以应用全阶观测器的设计方法来设计。矩阵 $\boldsymbol{L}$ 也称为是系统的降阶观测器增益矩阵。

对于基于全阶状态观测器的反馈控制系统，从前面可知其闭环极点由状态反馈极点配置给出的闭环极点和观测器极点两部分组成，而且极点配置状态反馈控制器设计和全阶观测器设计可以分离进行。这一结论对于基于降阶观测器的输出反馈控制系统也是成立的。事实上，将控制器 $\boldsymbol{u} = -\boldsymbol{K}\tilde{\boldsymbol{x}}$ 代入系统状态空间模型，可得

$$\dot{\boldsymbol{x}} = \boldsymbol{A}\boldsymbol{x} - \boldsymbol{B}\boldsymbol{K}\,\tilde{\boldsymbol{x}} = \boldsymbol{A}\boldsymbol{x} - \boldsymbol{B}\boldsymbol{K}\begin{bmatrix}x_{\mathrm{a}}\\ \tilde{\boldsymbol{x}}_{\mathrm{b}}\end{bmatrix}$$

$$
\begin{aligned}
&= \boldsymbol{Ax} - \boldsymbol{BK}\begin{bmatrix} x_a \\ \boldsymbol{x}_b - \boldsymbol{e} \end{bmatrix} \\
&= \boldsymbol{Ax} - \boldsymbol{BK}\left(\boldsymbol{x} - \begin{bmatrix} 0 \\ \boldsymbol{e} \end{bmatrix}\right) \\
&= \boldsymbol{Ax} - \boldsymbol{BKx} + \boldsymbol{B}[\boldsymbol{K}_a \quad \boldsymbol{K}_b]\begin{bmatrix} 0 \\ \boldsymbol{e} \end{bmatrix} \\
&= (\boldsymbol{A} - \boldsymbol{BK})\boldsymbol{x} + \boldsymbol{BK}_b\boldsymbol{e}
\end{aligned}
$$

结合误差方程(6.3.10),可以得到闭环系统的状态方程

$$
\begin{bmatrix} \dot{\boldsymbol{x}} \\ \dot{\boldsymbol{e}} \end{bmatrix} = \begin{bmatrix} \boldsymbol{A} - \boldsymbol{BK} & \boldsymbol{BK}_b \\ \boldsymbol{0} & \boldsymbol{A}_{bb} - \boldsymbol{LA}_{ab} \end{bmatrix}\begin{bmatrix} \boldsymbol{x} \\ \boldsymbol{e} \end{bmatrix} \tag{6.3.11}
$$

其特征多项式为

$$
\det\left(\lambda \boldsymbol{I} - \begin{bmatrix} \boldsymbol{A} - \boldsymbol{BK} & \boldsymbol{BK}_b \\ \boldsymbol{0} & \boldsymbol{A}_{bb} - \boldsymbol{LA}_{ab} \end{bmatrix}\right) = \det(\lambda \boldsymbol{I} - \boldsymbol{A} + \boldsymbol{BK})\det(\lambda \boldsymbol{I} - \boldsymbol{A}_{bb} + \boldsymbol{LA}_{ab})
$$

因此,基于降阶观测器的输出反馈控制系统的闭环极点由状态反馈极点配置给出的闭环极点(矩阵 $\boldsymbol{A}-\boldsymbol{BK}$ 的特征值)和降阶观测器的极点(矩阵 $\boldsymbol{A}_{bb}-\boldsymbol{LA}_{ab}$ 的特征值)两部分组成。

对于降阶观测器的设计,使用 MATLAB 软件中的函数

```
L=(acker(Abb',Aab',V))'
```

或

```
L=(place(Abb',Aab',V))'
```

可以得到观测器的增益矩阵 $\boldsymbol{L}$。其中的 V 是由降阶观测器的期望极点所组成的向量。

例 6.3.1 考虑系统

$$
\begin{aligned}
\dot{\boldsymbol{x}} &= \boldsymbol{Ax} + \boldsymbol{B}u \\
y &= \boldsymbol{Cx}
\end{aligned}
$$

其中,

$$
\boldsymbol{A} = \begin{bmatrix} 0 & 1 & 0 \\ 0 & 0 & 1 \\ -6 & -11 & -6 \end{bmatrix}, \quad \boldsymbol{B} = \begin{bmatrix} 0 \\ 0 \\ 1 \end{bmatrix}, \quad \boldsymbol{C} = [1 \quad 0 \quad 0]
$$

设计一个具有极点 $\mu_1=-10$ 和 $\mu_2=-10$ 的降阶观测器。

解 由于状态中的第 1 个分量是可直接测量的,故只需估计状态中的第 2 和第 3 个分量,要设计的降阶观测器是 2 阶的。将矩阵 $\boldsymbol{A},\boldsymbol{B}$ 和状态向量 $\boldsymbol{x}$ 作如下分块:

$$
\boldsymbol{x} = \begin{bmatrix} x_a \\ \hdashline \boldsymbol{x}_b \end{bmatrix} = \begin{bmatrix} x_1 \\ \hdashline x_2 \\ x_3 \end{bmatrix}, \quad \boldsymbol{A} = \left[\begin{array}{c:cc} 0 & 1 & 0 \\ \hdashline 0 & 0 & 1 \\ -6 & -11 & -6 \end{array}\right], \quad \boldsymbol{B} = \begin{bmatrix} 0 \\ \hdashline 0 \\ 1 \end{bmatrix}
$$

因此,

$$
A_{aa} = 0, \quad \boldsymbol{A}_{ab} = [1 \quad 0], \quad \boldsymbol{A}_{ba} = \begin{bmatrix} 0 \\ -6 \end{bmatrix}
$$

$$\boldsymbol{A}_{bb}=\begin{bmatrix}0 & 1\\ -11 & -6\end{bmatrix},\quad B_a=0,\quad \boldsymbol{B}_b=\begin{bmatrix}0\\1\end{bmatrix}$$

执行以下的 m-文件：

```
% 输入系统的分块矩阵
Aaa = 0;
Abb = [0 1; -11 -6];
Aab = [1 0];
Aba = [0; -6];
Ba = 0;
Bb = [0; 1];
V = [-10 -10];
% 求降阶观测器的增益矩阵
L = (acker(Abb',Aab',V))'
% 确定降阶观测器的系数矩阵
Ahat = Abb - L * Aab
Bhat = Ahat * L + Aba - L * Aaa
Fhat = Bb - L * Ba
```

可得

```
L =

     14
     5


Ahat =

        -14        1
        -16       -6


Bhat =

        -191
        -260


Fhat =

        0
        1
```

因此降阶观测器的增益矩阵 $\boldsymbol{L}=[14 \quad 5]^{\mathrm{T}}$，具有期望极点的降阶观测器为

$$\dot{\tilde{\boldsymbol{w}}}=\begin{bmatrix}-14 & 1\\ -16 & -6\end{bmatrix}\tilde{\boldsymbol{w}}+\begin{bmatrix}-191\\ -260\end{bmatrix}y+\begin{bmatrix}0\\1\end{bmatrix}u$$

其中的$\tilde{w}$是降阶观测器的状态，系统状态中不可测量部分的估计值为

$$\begin{bmatrix}\tilde{x}_2\\ \tilde{x}_3\end{bmatrix}=\tilde{\boldsymbol{w}}+\begin{bmatrix}14\\5\end{bmatrix}y$$

值得注意的是，如果输出量在测量过程中存在不可忽略的噪声，则最好使用全阶观测器。因为观测器除了可以估计那些不可直接测量的状态变量外，也可对测量信号进行过滤。

例 6.3.2 考虑由图 6.3.2 表示的调节器系统(参考输入为零),其中,装置的传递函数为

$$G(s)=\frac{10(s+2)}{s(s+4)(s+6)}$$

由于对象有一个极点在原点,故它不是渐近稳定的。假定只有系统的输出 y 是可以直接测量的,设计一个控制器,使得闭环系统是渐近稳定的。

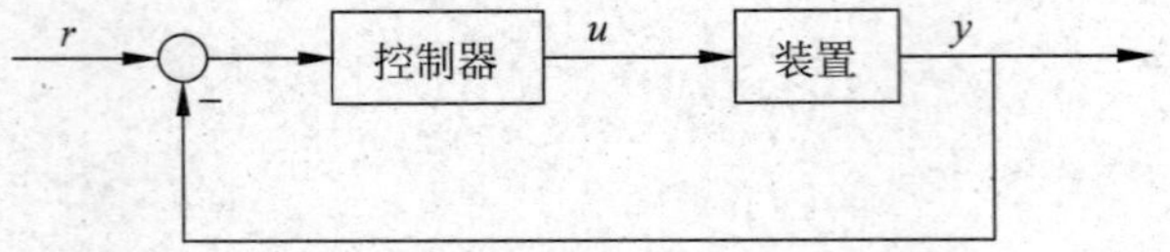

图 6.3.2 调节器系统

解 按以下步骤设计基于降阶观测器的输出反馈控制器。

(1) 导出系统的状态空间模型;

(2) 选择希望的闭环极点进行极点配置,同时选择希望的观测器极点;

(3) 确定状态反馈矩阵 $\boldsymbol{K}$ 和观测器增益矩阵 $\boldsymbol{L}$;

(4) 利用第(3)步得到的增益矩阵 $\boldsymbol{K}$ 和 $\boldsymbol{L}$,构造出基于观测器的输出反馈控制器。若控制器是稳定的,则检验闭环控制系统对初始条件的响应。若响应不满意,则调整闭环极点和观测器极点位置,直到获得满意的响应为止。

第 1 步:对于给定装置的传递函数,它的一个状态空间实现为

$$\dot{\boldsymbol{x}}=\begin{bmatrix}0 & 1 & 0\\ 0 & 0 & 1\\ 0 & -24 & -10\end{bmatrix}\boldsymbol{x}+\begin{bmatrix}0\\ 10\\ -80\end{bmatrix}u$$

$$y=\begin{bmatrix}1 & 0 & 0\end{bmatrix}\boldsymbol{x}$$

由于装置的传递函数没有零极点相消,故上述的状态空间模型是能控能观的。

第 2 步:由于只有系统的输出 y,也就是状态变量 x_1 是可直接测量的,那么可以通过设计一个基于降阶观测器的输出反馈控制器来使得闭环系统渐近稳定。为此,首先选择一组闭环极点

$$\lambda_1=-1+\mathrm{j}2,\quad \lambda_2=-1-\mathrm{j}2,\quad \lambda_3=-5$$

容易看到降阶观测器是 2 阶的,故有两个观测器极点。选择观测器极点

$$\mu_1=-10,\quad \mu_2=-10$$

第 3 步:借助 MATLAB 软件,通过编制一个 m-文件来计算状态反馈增益矩阵 $\boldsymbol{K}$ 和观测器增益矩阵 $\boldsymbol{L}$。以下 m-文件中的矩阵 J 和 V 分别表示期望的闭环极点和观测器极点。

```
% 计算状态反馈增益矩阵
A=[0 1 0; 0 0 1; 0 -24 -10];
B=[0; 10; -80];
C=[1 0 0];
```

```
J=[-1+j*2 -1-j*2 -5];
K=acker(A,B,J)
% 计算观测器增益矩阵
Aaa=0; Aab=[1 0]; Aba=[0; 0]; Abb=[0 1; -24 -10];
Ba=0; Bb=[10; -80];
V=[-10 -10];
L=(acker(Abb',Aab',V))'
```

执行以上 m-文件,可得

```
K=

    1.2500    1.2500    0.1938


L=

    10
   -24
```

第 4 步：确定基于观测器的控制器传递函数。式(6.3.8)给出了基于降阶观测器的输出反馈控制器

$$\dot{\tilde{\boldsymbol{w}}} = (\hat{\boldsymbol{A}} - \hat{\boldsymbol{F}}\boldsymbol{K}_{\mathrm{b}})\,\tilde{\boldsymbol{w}} + [\hat{\boldsymbol{B}} - \hat{\boldsymbol{F}}(\boldsymbol{K}_{\mathrm{a}} + \boldsymbol{K}_{\mathrm{b}}\boldsymbol{L})]y$$

$$\boldsymbol{u} = -\boldsymbol{K}_{\mathrm{b}}\,\tilde{\boldsymbol{w}} - (\boldsymbol{K}_{\mathrm{a}} + \boldsymbol{K}_{\mathrm{b}}\boldsymbol{L})y$$

据此可以求出其传递函数。执行以下的 m-文件：

```
A=[0 1 0; 0 0 1; 0 -24 -10];
B=[0; 10; -80];
Aaa=0; Aab=[1 0]; Aba=[0; 0]; Abb=[0 1; -24 -10];
Ba=0; Bb=[10; -80];
Ka=1.24; Kb=[1.25 0.1938];
L=[10; -24];
Ahat=Abb-L*Aab;
Bhat=Ahat*L+Aba-L*Aaa;
Fhat=Bb-L*Ba;
Atilde=Ahat-Fhat*Kb;
Btilde=Bhat-Fhat*(Ka+Kb*L);
Ctilde=-Kb;
Dtilde=-(Ka+Kb*L);
[num,den]=ss2tf(Atilde,Btilde,-Ctilde,-Dtilde)
```

可得

```
num=

    9.0888    73.2880    124.0000


den=

    1.0000    16.9960    -30.0400
```

因此,控制器的传递函数为

$$G_c(s)=\frac{9.0888s^2+73.288s+124}{s^2+16.996s-30.04}$$

根据 Routh 稳定性判据，控制器传递函数分母多项式的两个根并不都在左半开复平面中（二阶多项式的根在左半开复平面的充分必要条件是该多项式的系数均是正的），控制器是不稳定的。在实际应用中，不稳定的控制器往往是不可取的。因为，对不稳定的控制器，在控制器自身测试时会遇到困难。另外，若使用的控制器是不稳定的，则当系统增益变小时，闭环系统就会变得不稳定。因此，为了得到一个满意的控制系统，需要重新设计控制器，也就是需要修改闭环极点或观测器极点，或两者同时修改。

返回第 2 步：闭环极点不变，观测器极点改为

$$\mu_1=-4.5,\quad \mu_2=-4.5$$

即 $\boldsymbol{V}=[-4.5\quad -4.5]$。修改相应的 m-文件并执行之，得到观测器增益矩阵

$$\boldsymbol{L}=\begin{bmatrix}-1\\6.25\end{bmatrix}$$

进一步，可以得到控制器传递函数

$$G_c(s)=\frac{1.2012s^2+11.1237s+25.11}{s^2+5.996s+2.1295}$$

显然，这是一个稳定的控制器。

若闭环系统的初始条件为

$$\begin{bmatrix}\boldsymbol{x}(0)\\\boldsymbol{e}(0)\end{bmatrix}=\begin{bmatrix}1\\0\\0\\1\\0\end{bmatrix}$$

基于闭环系统模型(6.3.11)，编写并执行以下程序：

```
A=[0 1 0; 0 0 1; 0 -24 -10];
B=[0; 10; -80];
K=[1.25 1.25 0.1938];
Kb=[1.25 0.1938];
L=[-1; 6.25];
Aab=[1 0]; Abb=[0 1; -24 -10];
AA=[A-B*K B*Kb; zeros(2,3) Abb-L*Aab];
sys=ss(AA,eye(5),eye(5),eye(5));
t=0: 0.01: 8;
x=initial(sys,[1; 0; 0; 1; 0],t);
x1=[1 0 0 0 0]*x';
x2=[0 1 0 0 0]*x';
x3=[0 0 1 0 0]*x';
e1=[0 0 0 1 0]*x';
e2=[0 0 0 0 1]*x';
```

```
subplot(3,2,1); plot(t,x1); grid
ylabel('x1')
subplot(3,2,2); plot(t,x2); grid
ylabel('x2')
subplot(3,2,3); plot(t,x3); grid
ylabel('x3')
subplot(3,2,4); plot(t,e1); grid
xlabel('t (sec)'); ylabel('e1')
subplot(3,2,5); plot(t,e2); grid
xlabel('t (sec)'); ylabel('e2')
```

得到图 6.3.3 所示的闭环系统的响应曲线。

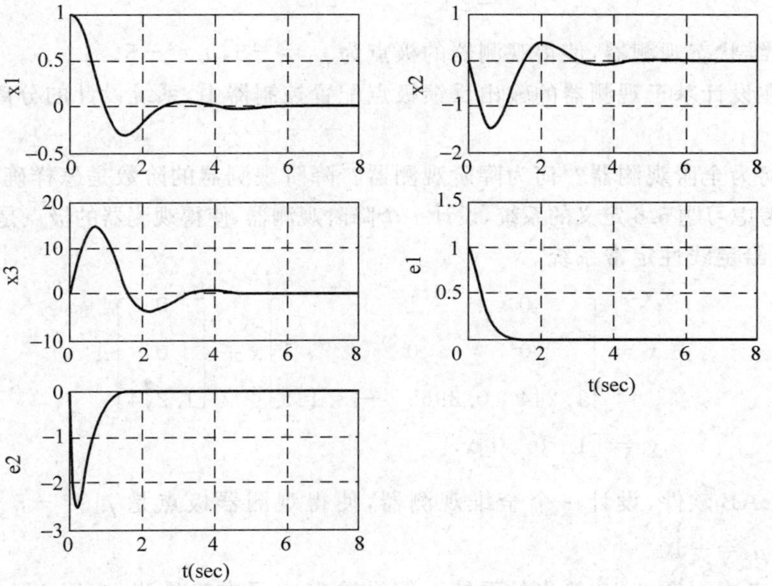

图 6.3.3　闭环系统的响应曲线

从以上例子看出，当把观测器极点配置在复平面的虚轴左方远离虚轴的位置时，尽管所导出的闭环系统是稳定的，但基于观测器的控制器可能是不稳定的。为了改变这种状况，可以将观测器极点向右方移动，直到相应的基于观测器的控制器稳定为止。另外，有时也需要移动期望的闭环极点位置。

习　题

6.1　分析开环状态估计方案的误差动态特性。(说明开环形式的观测器其误差的衰减是不变的，而闭环形式的观测器其误差的衰减是可以改变的)。

6.2　为什么要构建状态观测器？画出全维状态观测器的系统结构图。写出状态观测器的状态方程。

6.3　存在龙伯格状态观测器的条件是什么？龙伯格状态观测器中的增益矩阵 $\boldsymbol{L}$ 的行数和列数怎样确定？

6.4　在观测器设计中，如何选取观测器极点？

6.5　龙伯格状态观测器的增益矩阵 $\boldsymbol{L}$ 的计算方法有哪几种？

6.6　给定线性定常系统

$$\dot{\boldsymbol{x}} = \boldsymbol{A}\boldsymbol{x} + \boldsymbol{B}u$$
$$y = \boldsymbol{C}\boldsymbol{x}$$

式中，

$$\boldsymbol{A} = \begin{bmatrix} -1 & 1 \\ 1 & -2 \end{bmatrix}, \quad \boldsymbol{B} = \begin{bmatrix} 0 \\ 1 \end{bmatrix}, \quad \boldsymbol{C} = [1 \quad 0]$$

设计一个全维状态观测器，使得观测器的极点为 $\mu_1=-5, \mu_2=-5$。

6.7　在设计基于观测器的输出反馈极点配置控制器中，系统设计的分离性原理指的是什么？

6.8　何为全阶观测器？何为降阶观测器？降阶观测器的阶数是怎样确定的？

6.9　考虑习题 6.6 定义的系统，设计一个降阶观测器，使得观测器的极点是 $\mu=-5$。

6.10　给定线性定常系统

$$\dot{\boldsymbol{x}} = \begin{bmatrix} 0 & 1 & 0 \\ 0 & 0 & 1 \\ 1.244 & 0.3965 & -3.145 \end{bmatrix}\boldsymbol{x} + \begin{bmatrix} 0 \\ 0 \\ 1.244 \end{bmatrix}u$$
$$y = [1 \quad 0 \quad 0]\boldsymbol{x}$$

应用 MATLAB 软件，设计一个全维观测器，使得观测器极点是 $\mu_1=-5+\mathrm{j}5\sqrt{3}, \mu_2=-5-\mathrm{j}5\sqrt{3}, \mu_3=-10$。

6.11　考虑习题 6.10 给出的系统。假设输出 y 可准确量测，应用 MATLAB 软件，设计一个降阶观测器，使得其极点是 $\mu_1=-5+\mathrm{j}5\sqrt{3}, \mu_2=-5-\mathrm{j}5\sqrt{3}$。

6.12　对例 6.2.1，用一个具有观测器极点 $\mu=-2$ 的降阶观测器替代其中的全阶观测器，设计一个基于降阶观测器的输出反馈控制器，并检验其效果。

6.13　利用分离原理设计的基于观测器的输出反馈控制器本身是否一定是稳定的？一个不稳定的控制器有何不利影响？如何改进？

6.14　考虑题图 6.1 所示的调节器系统，针对被控对象设计基于全阶观测器和降阶观测器的输出反馈控制器。设极点配置部分希望的闭环极点是 $\lambda_{1,2}=-2\pm\mathrm{j}2\sqrt{3}$，希望的观测器极点为

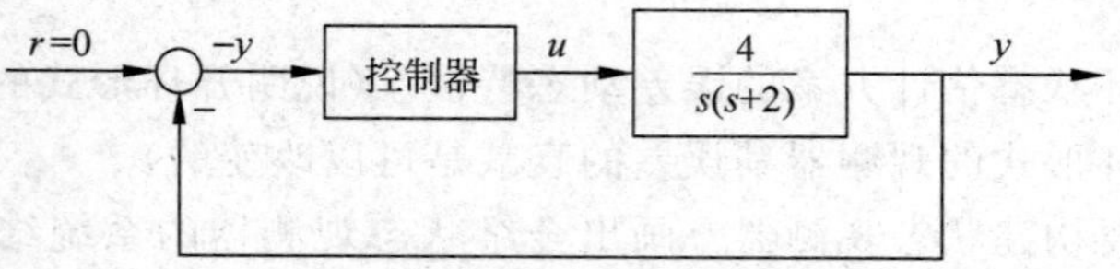

题图 6.1　习题 6.14 的调节器系统

(a) 对于全阶观测器，$\mu_1=-8$ 和 $\mu_2=-8$；

(b) 对于降价观测器，$\mu=-8$。

比较系统对下列指定初始条件的响应：

(a) 对于全阶观测器：

$$x_1(0)=1,\quad x_2(0)=0,\quad e_1(0)=1,\quad e_2(0)=0$$

(b) 对于降阶观测器：

$$x_1(0)=1,\quad x_2(0)=0,\quad e_1(0)=1$$

进一步比较两个系统的带宽。

第7章

线性二次型最优控制

前面几章讨论了线性系统的性能分析和稳定化控制器设计问题。然而稳定性仅仅是系统的一个指标，对一个控制系统，仅仅稳定是不够的，还需要考虑系统的诸如调节时间、超调、振荡等动态性能及控制器所消耗的能量等因素。第5章通过将闭环系统的极点配置在预先给定的位置来保证系统具有期望的稳定性和动态性能，然而并没有考虑控制器的能量。第4章用李雅普诺夫稳定性理论解决参数优化问题时，通过选取一个适当的参数，不仅可以保证系统是稳定的，而且还可以使得一个二次型性能指标最小化，从而使得系统的过渡过程具有较好的性能，然而，这种方法并没有明确地推广到控制器设计。

在实际控制系统设计中，为了达到同一个控制目的，往往有多种控制方案，如多输入系统的极点配置状态反馈控制器是不惟一的，而在这些能达到同样设计目的的控制方案中，具有较小控制能量的控制方案更具实际意义。这种控制能量最小化的要求可以用一个适当的二次型性能指标的最小化来反映。因此，系统性能和控制能量的要求常常可以用以下的二次型性能指标来描述：

$$J=\int_0^{\infty}[\boldsymbol{x}^{\mathrm{T}}\boldsymbol{Q}\boldsymbol{x}+\boldsymbol{u}^{\mathrm{T}}\boldsymbol{R}\boldsymbol{u}]\mathrm{d}t$$

其中的矩阵 $\boldsymbol{Q}$ 和 $\boldsymbol{R}$ 是加权矩阵，反映了设计者对状态 $\boldsymbol{x}$ 和控制 $\boldsymbol{u}$ 中各分量重要性的关注程度。

对一个由线性时不变状态空间模型描述的系统和一个给定的二次型性能指标，设计一个控制器，使得闭环系统渐近稳定，且使得二次型性能指标 J 最小化的问题称为是线性二次型最优控制问题。本章将介绍这一问题的求解方法。

7.1 二次型最优控制

考虑控制系统的状态空间模型

$$\begin{cases}\dot{\boldsymbol{x}} = \boldsymbol{A}\boldsymbol{x} + \boldsymbol{B}\boldsymbol{u} \\ \boldsymbol{y} = \boldsymbol{C}\boldsymbol{x}\end{cases} \tag{7.1.1}$$

其中，$\boldsymbol{x}$ 是 n 维状态向量，$\boldsymbol{u}$ 是 m 维控制向量，$\boldsymbol{y}$ 是 r 维的输出向量，$\boldsymbol{A}$、$\boldsymbol{B}$ 和 $\boldsymbol{C}$ 分别是 $n\times n$、$n\times m$ 和 $r\times n$ 维的已知常数矩阵，系统的初始状态是 $\boldsymbol{x}(0)=\boldsymbol{x}_0$。

系统的性能指标为

$$J = \int_0^{\infty} [\boldsymbol{x}^{\mathrm{T}}\boldsymbol{Q}\boldsymbol{x} + \boldsymbol{u}^{\mathrm{T}}\boldsymbol{R}\boldsymbol{u}]\mathrm{d}t \tag{7.1.2}$$

其中，$\boldsymbol{Q}$ 为对称正定(或半正定)矩阵，$\boldsymbol{R}$ 为对称正定矩阵。性能指标右边的第一项表示为对状态 $\boldsymbol{x}$ 的要求，类似于 4.4.2 节中的讨论，这一项越小，则状态 $\boldsymbol{x}$ 衰减到零的速度越快，振荡越小，因此控制性能就越好。第二项是对控制能量的限制。要求状态 $\boldsymbol{x}$ 衰减的速度越快，控制能量的消耗就越大，这是一对矛盾。现在将状态 $\boldsymbol{x}$ 的控制要求和能量的限制放在一起进行优化，就是寻找一种折中。具体要侧重某一方面可以通过适当选取加权矩阵 $\boldsymbol{Q}$ 和 $\boldsymbol{R}$ 来实现。如要强调状态的要求，就可增大加权矩阵 $\boldsymbol{Q}$，若希望控制能量不要太大，则可增大加权矩阵 $\boldsymbol{R}$ 中的各个元。若矩阵 $\boldsymbol{Q}$ 中的一些元素等于零，则说明对状态 $\boldsymbol{x}$ 中的某些分量没有要求，这也表明了加权矩阵 $\boldsymbol{Q}$ 为什么可以是半正定的原因。另一方面，任意控制分量所消耗的能量都应有一定限制，同时在计算最优控制器时要用到加权矩阵 $\boldsymbol{R}$ 的逆矩阵，故加权矩阵 $\boldsymbol{R}$ 要求是正定的。在一个实际问题中，要确定一个适当的性能指标 J，即确定其中的加权矩阵 $\boldsymbol{Q}$ 和 $\boldsymbol{R}$ 是不容易的，往往需要多次反复试验。

这里关心的问题是：对给定的系统(7.1.1)和性能指标(7.1.2)，设计一个控制器 $\boldsymbol{u}$，使得给定的性能指标 J 最小化，具有这样性质的控制器 $\boldsymbol{u}$ 称为是二次型最优控制问题的最优控制器。

若系统的状态是可以直接测量的，且考虑的控制器是状态反馈控制器，则可以证明，使得性能指标(7.1.2)最小化的最优控制器具有以下的线性状态反馈形式：

$$\boldsymbol{u} = -\boldsymbol{K}\boldsymbol{x} \tag{7.1.3}$$

式中的 $\boldsymbol{K}$ 是 $m\times n$ 维状态反馈增益矩阵。本章将基于李雅普诺夫稳定性理论给出最优状态反馈控制器的设计方法。

将控制器(7.1.3)代入系统方程(7.1.1)，可得

$$\dot{\boldsymbol{x}} = (\boldsymbol{A} - \boldsymbol{B}\boldsymbol{K})\boldsymbol{x} \tag{7.1.4}$$

若系统是渐近稳定的，即矩阵 $\boldsymbol{A}-\boldsymbol{B}\boldsymbol{K}$ 的所有特征值均具有负实部，则根据线性时不变系统的李雅普诺夫稳定性定理，闭环系统(7.1.4)一定存在一个二次型李雅普诺夫函数 $V(x)=\boldsymbol{x}^{\mathrm{T}}\boldsymbol{P}\boldsymbol{x}$，其中的 $\boldsymbol{P}$ 是一个对称正定矩阵。

利用系统的稳定性，可得

$$\begin{aligned}
J &= \int_0^{\infty} (\boldsymbol{x}^{\mathrm{T}}\boldsymbol{Q}\boldsymbol{x} + \boldsymbol{u}^{\mathrm{T}}\boldsymbol{R}\boldsymbol{u})\mathrm{d}t \\
&= \int_0^{\infty} \left[\boldsymbol{x}^{\mathrm{T}}\boldsymbol{Q}\boldsymbol{x} + \boldsymbol{u}^{\mathrm{T}}\boldsymbol{R}\boldsymbol{u} + \frac{\mathrm{d}}{\mathrm{d}t}V(\boldsymbol{x})\right]\mathrm{d}t - \int_0^{\infty} \frac{\mathrm{d}}{\mathrm{d}t}V(\boldsymbol{x})\mathrm{d}t \\
&= \int_0^{\infty} \{\boldsymbol{x}^{\mathrm{T}}\boldsymbol{Q}\boldsymbol{x} + \boldsymbol{u}^{\mathrm{T}}\boldsymbol{R}\boldsymbol{u} + \boldsymbol{x}^{\mathrm{T}}[\boldsymbol{P}(\boldsymbol{A}-\boldsymbol{B}\boldsymbol{K}) + (\boldsymbol{A}-\boldsymbol{B}\boldsymbol{K})^{\mathrm{T}}\boldsymbol{P}]\boldsymbol{x}\}\mathrm{d}t - V[\boldsymbol{x}(t)]\Big|_{t=0}^{t=\infty} \\
&= \int_0^{\infty} \boldsymbol{x}^{\mathrm{T}}[\boldsymbol{Q} + \boldsymbol{K}^{\mathrm{T}}\boldsymbol{R}\boldsymbol{K} + \boldsymbol{P}\boldsymbol{A} + \boldsymbol{A}^{\mathrm{T}}\boldsymbol{P} - \boldsymbol{P}\boldsymbol{B}\boldsymbol{K} - \boldsymbol{K}^{\mathrm{T}}\boldsymbol{B}^{\mathrm{T}}\boldsymbol{P}]\boldsymbol{x}\,\mathrm{d}t + \boldsymbol{x}_0^{\mathrm{T}}\boldsymbol{P}\boldsymbol{x}_0
\end{aligned}$$

以上通过分别加上和减去一项 $\int_0^\infty \frac{\mathrm{d}}{\mathrm{d}t}V(\boldsymbol{x})\mathrm{d}t$，并沿闭环系统的轨迹求 $V(\boldsymbol{x})$ 关于时间的导数，其目的是通过引进更多的包含反馈增益矩阵 $\boldsymbol{K}$ 的项，采用配平方的方法来确定使得性能指标 J 最小化的反馈增益矩阵 $\boldsymbol{K}$，根据

$$\begin{aligned}\boldsymbol{K}^{\mathrm{T}}\boldsymbol{RK}-\boldsymbol{PBK}-\boldsymbol{K}^{\mathrm{T}}\boldsymbol{B}^{\mathrm{T}}\boldsymbol{P}&=\boldsymbol{K}^{\mathrm{T}}\boldsymbol{RK}-\boldsymbol{PBK}-\boldsymbol{K}^{\mathrm{T}}\boldsymbol{B}^{\mathrm{T}}\boldsymbol{P}+\boldsymbol{PBR}^{-1}\boldsymbol{B}^{\mathrm{T}}\boldsymbol{P}-\boldsymbol{PBR}^{-1}\boldsymbol{B}^{\mathrm{T}}\boldsymbol{P}\\&=(\boldsymbol{K}-\boldsymbol{R}^{-1}\boldsymbol{B}^{\mathrm{T}}\boldsymbol{P})^{\mathrm{T}}\boldsymbol{R}(\boldsymbol{K}-\boldsymbol{R}^{-1}\boldsymbol{B}^{\mathrm{T}}\boldsymbol{P})-\boldsymbol{PBR}^{-1}\boldsymbol{B}^{\mathrm{T}}\boldsymbol{P}\end{aligned}$$

可得

$$\begin{aligned}J=&\int_0^\infty \boldsymbol{x}^{\mathrm{T}}[\boldsymbol{PA}+\boldsymbol{A}^{\mathrm{T}}\boldsymbol{P}-\boldsymbol{PBR}^{-1}\boldsymbol{B}^{\mathrm{T}}\boldsymbol{P}+\boldsymbol{Q}]\boldsymbol{x}\mathrm{d}t\\&+\boldsymbol{x}_0^{\mathrm{T}}\boldsymbol{Px}_0+\int_0^\infty \boldsymbol{x}^{\mathrm{T}}(\boldsymbol{K}-\boldsymbol{R}^{-1}\boldsymbol{B}^{\mathrm{T}}\boldsymbol{P})^{\mathrm{T}}\boldsymbol{R}(\boldsymbol{K}-\boldsymbol{R}^{-1}\boldsymbol{B}^{\mathrm{T}}\boldsymbol{P})\boldsymbol{x}\mathrm{d}t\end{aligned}$$

求解最优控制问题就是要选取一个适当的增益矩阵 $\boldsymbol{K}$，使得性能指标 J 最小化。由于上式中只有第 3 项依赖于矩阵 $\boldsymbol{K}$，而且还是非负的。只有当该项等于零时，J 才能最小，而这一项等于零当且仅当 $\boldsymbol{K}=\boldsymbol{R}^{-1}\boldsymbol{B}^{\mathrm{T}}\boldsymbol{P}$。因此，使得性能指标 J 最小化的反馈增益矩阵 $\boldsymbol{K}=\boldsymbol{R}^{-1}\boldsymbol{B}^{\mathrm{T}}\boldsymbol{P}$，性能指标的最小值为

$$J=\int_0^\infty \boldsymbol{x}^{\mathrm{T}}[\boldsymbol{PA}+\boldsymbol{A}^{\mathrm{T}}\boldsymbol{P}-\boldsymbol{PBR}^{-1}\boldsymbol{B}^{\mathrm{T}}\boldsymbol{P}+\boldsymbol{Q}]\boldsymbol{x}\mathrm{d}t+\boldsymbol{x}_0^{\mathrm{T}}\boldsymbol{Px}_0$$

显然，增益矩阵 $\boldsymbol{K}$ 和性能指标 J 依赖于待定的对称正定矩阵 $\boldsymbol{P}$。特别是当可以找到一个对称正定矩阵 $\boldsymbol{P}$，使得

$$\boldsymbol{PA}+\boldsymbol{A}^{\mathrm{T}}\boldsymbol{P}-\boldsymbol{PBR}^{-1}\boldsymbol{B}^{\mathrm{T}}\boldsymbol{P}+\boldsymbol{Q}=\boldsymbol{0} \tag{7.1.5}$$

则

$$J=\boldsymbol{x}_0^{\mathrm{T}}\boldsymbol{Px}_0$$

方程(7.1.5)就是在第 5 章中遇到过的黎卡提矩阵方程。

总结以上分析，得到关于求解线性二次型最优控制问题的以下结论：

定理 7.1.1 设$(\boldsymbol{A},\boldsymbol{B})$能控，则线性二次型最优控制问题(7.1.1)～(7.1.2)可解，最优状态反馈控制器为

$$\boldsymbol{u}=-\boldsymbol{Kx}=-\boldsymbol{R}^{-1}\boldsymbol{B}^{\mathrm{T}}\boldsymbol{Px} \tag{7.1.6}$$

性能指标(7.1.2)的最小值是 $J^*=\boldsymbol{x}_0^{\mathrm{T}}\boldsymbol{Px}_0$。其中的 $\boldsymbol{P}$ 是黎卡提矩阵方程(7.1.5)的一个对称正定解。

定理 7.1.1 是最优控制理论中的一条基本结论，它包含以下意义：

(1) 只要$(\boldsymbol{A},\boldsymbol{B})$能控，则黎卡提矩阵方程(7.1.5)总存在对称正定解矩阵 $\boldsymbol{P}$，进而可以用这个解矩阵来构造最优控制器(7.1.6)和性能指标的最小值 $J^*=\boldsymbol{x}_0^{\mathrm{T}}\boldsymbol{Px}_0$。

(2) 前面的分析是在假定闭环系统(7.1.4)是稳定的前提下进行的，那么最后确定的最优控制器(7.1.6)是否真的能保证所导出的闭环系统渐近稳定呢？事实上，具有控制器(7.1.6)的闭环系统为

$$\dot{\boldsymbol{x}}=(\boldsymbol{A}-\boldsymbol{BR}^{-1}\boldsymbol{B}^{\mathrm{T}}\boldsymbol{P})\boldsymbol{x} \tag{7.1.7}$$

由于矩阵 $\boldsymbol{P}$ 是黎卡提矩阵方程(7.1.5)的对称正定解矩阵，故二次型函数 $V(\boldsymbol{x})=\boldsymbol{x}^{\mathrm{T}}\boldsymbol{Px}$ 是正定的。沿闭环系统(7.1.7)的任意轨迹，$V(\boldsymbol{x})$关于时间的导数为

$$\frac{\mathrm{d}V(\boldsymbol{x})}{\mathrm{d}t}=\boldsymbol{x}^{\mathrm{T}}\boldsymbol{P}\dot{\boldsymbol{x}}+\dot{\boldsymbol{x}}^{\mathrm{T}}\boldsymbol{Px}$$

$$\begin{aligned} &= \boldsymbol{x}^{\mathrm{T}}[\boldsymbol{P}(\boldsymbol{A}-\boldsymbol{B}\boldsymbol{R}^{-1}\boldsymbol{B}^{\mathrm{T}}\boldsymbol{P})+(\boldsymbol{A}-\boldsymbol{B}\boldsymbol{R}^{-1}\boldsymbol{B}^{\mathrm{T}}\boldsymbol{P})^{\mathrm{T}}\boldsymbol{P}]\boldsymbol{x} \\ &= \boldsymbol{x}^{\mathrm{T}}(\boldsymbol{P}\boldsymbol{A}+\boldsymbol{A}^{\mathrm{T}}\boldsymbol{P}-\boldsymbol{P}\boldsymbol{B}\boldsymbol{R}^{-1}\boldsymbol{B}^{\mathrm{T}}\boldsymbol{P}-\boldsymbol{P}\boldsymbol{B}\boldsymbol{R}^{-1}\boldsymbol{B}^{\mathrm{T}}\boldsymbol{P})\boldsymbol{x} \\ &= \boldsymbol{x}^{\mathrm{T}}(-\boldsymbol{Q}-\boldsymbol{P}\boldsymbol{B}\boldsymbol{R}^{-1}\boldsymbol{B}^{\mathrm{T}}\boldsymbol{P})\boldsymbol{x} \\ &< 0 \end{aligned}$$

在以上第 4 个等号的导出中利用了矩阵 $\boldsymbol{P}$ 是黎卡提矩阵方程(7.1.5)的解的事实。由李雅普诺夫稳定性理论可知，闭环系统(7.1.7)是渐近稳定的。因此，控制器(7.1.6)是系统(7.1.1)的一个稳定化状态反馈控制器。

由于最优状态反馈控制器一定是系统的一个稳定化控制器，故线性二次型最优控制问题提供了求解系统稳定化控制器的一种新方法。

例 7.1.1　考虑一阶系统

$$\dot{x} = x + u$$

对应的系统性能指标为

$$J = \int_0^{\infty} (x^2 + u^2)\mathrm{d}t$$

求系统的最优状态反馈控制器。

解　根据给定的系统和性能指标，可得状态空间模型(7.1.1)和性能指标(7.1.2)中的参数是 $A=B=1, R=Q=1$。因此，相应的黎卡提方程为

$$2P - P^2 + 1 = 0$$

其解为 $P=1\pm\sqrt{2}$。考虑到要求的解 P 是对称正定的，故取 $P=1+\sqrt{2}$。

系统的最优控制器为

$$u = -R^{-1}B^{\mathrm{T}}Px = -(1+\sqrt{2})x$$

相应的闭环系统为

$$\dot{x} = -\sqrt{2}x$$

显然，该闭环系统是渐近稳定的。

总结以上讨论，可得最优状态反馈控制器的设计步骤如下：

(1) 求解黎卡提矩阵方程(7.1.5)；

(2) 利用矩阵正定性要求，确定对称正定解矩阵 $\boldsymbol{P}$；

(3) 将矩阵 $\boldsymbol{P}$ 代入式(7.1.6)，得到最优控制器。

如果系统的二次型性能指标中出现的不是状态向量，而是输出向量，即

$$J = \int_0^{\infty} (\boldsymbol{y}^{\mathrm{T}}\boldsymbol{Q}\boldsymbol{y} + \boldsymbol{u}^{\mathrm{T}}\boldsymbol{R}\boldsymbol{u})\mathrm{d}t$$

则利用状态空间模型中的输出方程

$$\boldsymbol{y} = \boldsymbol{C}\boldsymbol{x}$$

可得

$$J = \int_0^{\infty} (\boldsymbol{x}^{\mathrm{T}}\boldsymbol{C}^{\mathrm{T}}\boldsymbol{Q}\boldsymbol{C}\boldsymbol{x} + \boldsymbol{u}^{\mathrm{T}}\boldsymbol{R}\boldsymbol{u})\mathrm{d}t \tag{7.1.8}$$

进而，利用定理 7.1.1 提供的方法设计最优状态反馈控制器。

例 7.1.2　对如图 7.1.1 所示的系统，试确定一个最优状态反馈控制器

$$u(t) = -\boldsymbol{K}\boldsymbol{x}(t)$$

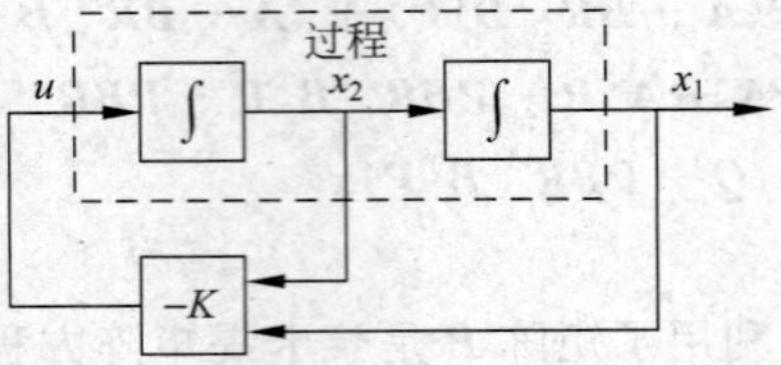

图 7.1.1　例 7.1.2 的控制系统结构

使得性能指标

$$J=\int_0^{\infty}(\boldsymbol{x}^{\mathrm{T}}\boldsymbol{Q}\boldsymbol{x}+u^2)\mathrm{d}t$$

最小化。其中，

$$\boldsymbol{Q}=\begin{bmatrix}1 & 0\\0 & \mu\end{bmatrix},\quad \mu\geqslant 0$$

解　由图 7.1.1 可得被控对象的状态方程

$$\dot{\boldsymbol{x}}=\boldsymbol{A}\boldsymbol{x}+\boldsymbol{B}u$$

其中，

$$\boldsymbol{A}=\begin{bmatrix}0 & 1\\0 & 0\end{bmatrix},\quad \boldsymbol{B}=\begin{bmatrix}0\\1\end{bmatrix}$$

写出黎卡提矩阵方程(7.1.5)，可得

$$\begin{bmatrix}p_{11} & p_{12}\\p_{12} & p_{22}\end{bmatrix}\begin{bmatrix}0 & 1\\0 & 0\end{bmatrix}+\begin{bmatrix}0 & 0\\1 & 0\end{bmatrix}\begin{bmatrix}p_{11} & p_{12}\\p_{12} & p_{22}\end{bmatrix}$$

$$-\begin{bmatrix}p_{11} & p_{12}\\p_{12} & p_{22}\end{bmatrix}\begin{bmatrix}0\\1\end{bmatrix}[1]\begin{bmatrix}0 & 1\end{bmatrix}\begin{bmatrix}p_{11} & p_{12}\\p_{12} & p_{22}\end{bmatrix}+\begin{bmatrix}1 & 0\\0 & \mu\end{bmatrix}=\begin{bmatrix}0 & 0\\0 & 0\end{bmatrix}$$

利用矩阵运算，从以上方程可得

$$\begin{bmatrix}0 & p_{11}\\0 & p_{12}\end{bmatrix}+\begin{bmatrix}0 & 0\\p_{11} & p_{12}\end{bmatrix}-\begin{bmatrix}p_{12}^2 & p_{12}p_{22}\\p_{12}p_{22} & p_{22}^2\end{bmatrix}+\begin{bmatrix}1 & 0\\0 & \mu\end{bmatrix}=\begin{bmatrix}0 & 0\\0 & 0\end{bmatrix}$$

由矩阵的相等性可得下面 3 个代数方程：

$$1-p_{12}^2=0$$

$$p_{11}-p_{12}p_{22}=0$$

$$\mu+2p_{12}-p_{22}^2=0$$

将这 3 个方程联立，解出 p_{11}、p_{12}、p_{22}，结合矩阵 $\boldsymbol{P}$ 的正定性要求，可得

$$\boldsymbol{P}=\begin{bmatrix}p_{11} & p_{12}\\p_{12} & p_{22}\end{bmatrix}=\begin{bmatrix}\sqrt{\mu+2} & 1\\1 & \sqrt{\mu+2}\end{bmatrix}$$

根据关系式(7.1.6)，最优反馈增益矩阵 $\boldsymbol{K}$ 为

$$\begin{aligned}\boldsymbol{K}&=R^{-1}\boldsymbol{B}^{\mathrm{T}}\boldsymbol{P}\\&=[1]\begin{bmatrix}0 & 1\end{bmatrix}\begin{bmatrix}p_{11} & p_{12}\\p_{12} & p_{22}\end{bmatrix}\\&=\begin{bmatrix}p_{12} & p_{22}\end{bmatrix}\\&=\begin{bmatrix}1 & \sqrt{\mu+2}\end{bmatrix}\end{aligned}$$

因此，最优状态反馈控制器

$$u = -\boldsymbol{K}\boldsymbol{x} = -x_1 - \sqrt{\mu+2}\,x_2 \tag{7.1.9}$$

相应的最优闭环系统为

$$\dot{\boldsymbol{x}} = \begin{bmatrix} 0 & 1 \\ -1 & -\sqrt{\mu+2} \end{bmatrix}\boldsymbol{x}$$

容易看出该系统是渐近稳定的。

7.2 应用 MATLAB 求解二次型最优控制问题

对给定的系统

$$\dot{\boldsymbol{x}} = \boldsymbol{A}\boldsymbol{x} + \boldsymbol{B}\boldsymbol{u}$$

和性能指标

$$J = \int_0^{\infty} (\boldsymbol{x}^{\mathrm{T}}\boldsymbol{Q}\boldsymbol{x} + \boldsymbol{u}^{\mathrm{T}}\boldsymbol{R}\boldsymbol{u})\,\mathrm{d}t$$

MATLAB 中的函数

```
[K,P,E] = lqr(A,B,Q,R)
```

给出了相应线性二次型最优控制问题的解。函数输出变量中的 K 是最优反馈增益矩阵，P 是黎卡提矩阵方程(7.1.5)的对称正定解矩阵，E 是最优闭环系统的极点。

系统的最优反馈控制器为

$$\boldsymbol{u} = -\boldsymbol{K}\boldsymbol{x}$$

对于某些系统，无论选择什么样的 $\boldsymbol{K}$，都不能使 $\boldsymbol{A}-\boldsymbol{B}\boldsymbol{K}$ 为稳定矩阵。在此情况下，对应的黎卡提矩阵方程就不存在对称正定解矩阵。

例 7.2.1 对由以下状态空间模型描述的系统：

$$\dot{\boldsymbol{x}} = \begin{bmatrix} -1 & 1 \\ 0 & 2 \end{bmatrix}\boldsymbol{x} + \begin{bmatrix} 1 \\ 0 \end{bmatrix}\boldsymbol{u}$$

证明无论选择什么样的矩阵 $\boldsymbol{K}$，该系统都不可能通过状态反馈控制

$$\boldsymbol{u} = -\boldsymbol{K}\boldsymbol{x}$$

来镇定。

证明 记

$$\boldsymbol{K} = [k_1 \quad k_2]$$

则

$$\boldsymbol{A} - \boldsymbol{B}\boldsymbol{K} = \begin{bmatrix} -1 & 1 \\ 0 & 2 \end{bmatrix} - \begin{bmatrix} 1 \\ 0 \end{bmatrix}[k_1 \quad k_2]$$

$$= \begin{bmatrix} -1-k_1 & 1-k_2 \\ 0 & 2 \end{bmatrix}$$

其特征多项式为

$$\det(\lambda \boldsymbol{I} - \boldsymbol{A} + \boldsymbol{BK}) = \det\left(\begin{bmatrix} \lambda+1+k_1 & -1+k_2 \\ 0 & \lambda-2 \end{bmatrix}\right)$$

$$= (\lambda+1+k_1)(\lambda-2)$$

闭环极点为

$$\lambda_1 = -1-k_1, \quad \lambda_2 = 2$$

极点 $\lambda=2$ 在右半复平面中,且不受反馈增益矩阵 $\boldsymbol{K}$ 的影响,因此,无论反馈增益矩阵 $\boldsymbol{K}$ 取什么值,都不能移动开环极点 $\lambda=2$,从而也就不能使得闭环系统渐近稳定,故二次型最优控制方法也不能用于该系统稳定化控制器的设计。事实上,可以验证,所考虑的系统是不能控的,不满足定理 7.1.1 的条件。

对例 7.2.1,若取二次型性能指标中的 $\boldsymbol{Q}$ 和 R 为

$$\boldsymbol{Q} = \begin{bmatrix} 1 & 0 \\ 0 & 1 \end{bmatrix}, \quad R = [1]$$

执行如下的求解二次型最优控制问题的 m-文件：

```
A = [ - 1,1; 0,2];
B = [1; 0];
Q = [1,0; 0,1];
R = [1];
K = lqr(A,B,Q,R)
```

可得

```
??? Error using ==> lqr
(A,B) is unstabilizable
```

这个结果也说明了并不是任意系统的二次型最优控制问题都有解的。定理 7.1.1 表明,若系统是能控的,则线性二次型最优控制问题一定有解。事实上,系统二次型最优控制问题有解的条件可以降低为系统是能镇定的,即存在稳定化的状态反馈控制器。

例 7.2.2 考虑由以下状态空间模型描述的系统：

$$\dot{\boldsymbol{x}} = \boldsymbol{Ax} + \boldsymbol{B}u$$

其中,

$$\boldsymbol{A} = \begin{bmatrix} 0 & 1 & 0 \\ 0 & 0 & 1 \\ -35 & -27 & -9 \end{bmatrix}, \quad \boldsymbol{B} = \begin{bmatrix} 0 \\ 0 \\ 1 \end{bmatrix}$$

系统的性能指标 J 定义为

$$J = \int_0^\infty (\boldsymbol{x}^{\mathrm{T}}\boldsymbol{Q}\boldsymbol{x} + u^{\mathrm{T}}Ru)\mathrm{d}t$$

其中,

$$Q=\begin{bmatrix}1&0&0\\0&1&0\\0&0&1\end{bmatrix},\quad R=[1]$$

设计最优状态反馈控制器，并检验最优闭环系统对初始状态 $\boldsymbol{x}(0)=[1\quad 0\quad 0]^{\mathrm{T}}$ 的响应。

解　通过执行以下的 m-文件：

```
A=[0 1 0; 0 0 1; -35 -27 -9];
B=[0; 0; 1];
Q=[1 0 0; 0 1 0; 0 0 1];
R=[1];
[K,P,E]=lqr(A,B,Q,R)
```

可得

```
K =
    0.0143    0.1107    0.0676

P =
    4.2625    2.4957    0.0143
    2.4957    2.8150    0.1107
    0.0143    0.1107    0.0676

E =
   -5.0958
   -1.9859 + 1.7110i
   -1.9859 - 1.7110i
```

因此，系统的最优状态反馈控制器为

$$\boldsymbol{u}=-[0.0143\quad 0.1107\quad 0.0676]\boldsymbol{x}$$

为了得到最优闭环系统对初始状态 $\boldsymbol{x}(0)=[1\quad 0\quad 0]^{\mathrm{T}}$ 的响应，执行以下的 m-文件：

```
A=[0 1 0; 0 0 1; -35 -27 -9];
B=[0; 0; 1];
K=[0.0143 0.1107 0.0676];
sys=ss(A-B*K,eye(3),eye(3),eye(3));
t=0: 0.01: 8;
x=initial(sys,[1; 0; 0],t);
x1=[1 0 0]*x';
x2=[0 1 0]*x';
x3=[0 0 1]*x';

subplot(2,2,1); plot(t,x1); grid
xlabel('t (sec)'); ylabel('x1')

subplot(2,2,2); plot(t,x2); grid
xlabel('t (sec)'); ylabel('x2')
```

```
subplot(2,2,3); plot(t,x3); grid
xlabel('t (sec)'); ylabel('x3')
```

得到图 7.2.1 所示的响应曲线。

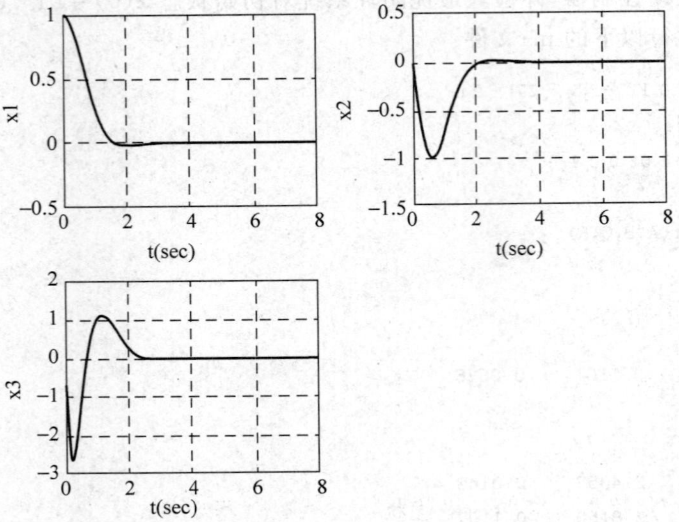

图 7.2.1　系统对初始条件的响应曲线

例 7.2.3　考虑由以下状态空间模型描述的系统：

$$\dot{\boldsymbol{x}} = \boldsymbol{A}\boldsymbol{x} + \boldsymbol{B}u$$
$$y = \boldsymbol{C}\boldsymbol{x} + \boldsymbol{D}u$$

其中，

$$\boldsymbol{A} = \begin{bmatrix} 0 & 1 & 0 \\ 0 & 0 & 1 \\ 0 & -2 & -3 \end{bmatrix}, \quad \boldsymbol{B} = \begin{bmatrix} 0 \\ 0 \\ 1 \end{bmatrix}, \quad \boldsymbol{C} = [1 \quad 0 \quad 0], \quad \boldsymbol{D} = [0]$$

系统的性能指标为

$$J = \int_0^\infty (\boldsymbol{x}^{\mathrm{T}}\boldsymbol{Q}\boldsymbol{x} + u^{\mathrm{T}}Ru)\mathrm{d}t$$

其中，

$$\boldsymbol{Q} = \begin{bmatrix} q_{11} & 0 & 0 \\ 0 & q_{22} & 0 \\ 0 & 0 & q_{33} \end{bmatrix}, \quad \boldsymbol{x} = \begin{bmatrix} x_1 \\ x_2 \\ x_3 \end{bmatrix} = \begin{bmatrix} y \\ \dot{y} \\ \ddot{y} \end{bmatrix}$$

为了获得快速响应，状态的加权系数 q_{11}, q_{22}, q_{33} 应远大于控制信号的加权系数 R，故选取

$$q_{11} = 100, \quad q_{22} = q_{33} = 1, \quad R = 0.01$$

假设控制信号 u 为

$$u = k_1(r - x_1) - (k_2x_2 + k_3x_3) = k_1r - (k_1x_1 + k_2x_2 + k_3x_3)$$

其中的 r 为参考输入。相应的控制系统结构图如图 7.2.2 所示。在参考输入为零的情况下求系统的最优状态反馈控制器，并进而检验最优闭环系统在单位阶跃下(即 r 是单位阶跃信号)的输出响应。

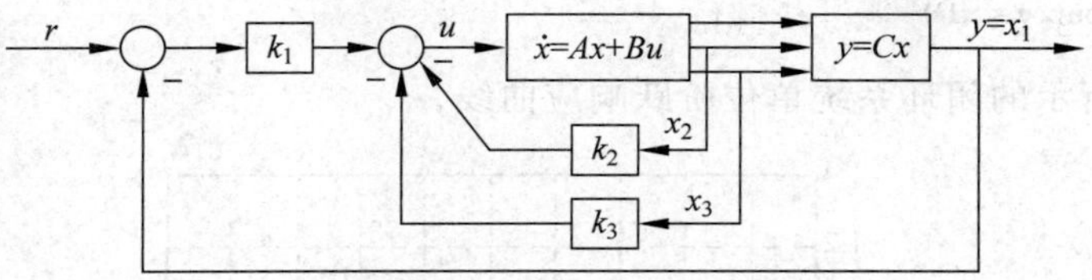

图 7.2.2　例 7.2.3 中的控制系统结构图

解　假设参考输入为零，即 $r=0$，通过执行以下的 m-文件：

```
A = [0 1 0; 0 0 1; 0 -2 -3];
B = [0; 0; 1];
Q = [100 0 0; 0 1 0; 0 0 1];
R = [0.01];
K = lqr(A,B,Q,R)
```

可得

```
K =
    100.0000      53.1200      11.6711
```

因此，系统二次型最优控制问题的最优状态反馈控制器为

$$u=-[100\quad 53.12\quad 11.6711]\boldsymbol{x}$$

根据以上的最优状态反馈控制器，最优闭环系统的状态方程为

$$\begin{aligned}\dot{\boldsymbol{x}} &= \boldsymbol{Ax}+\boldsymbol{B}u\\ &= \boldsymbol{Ax}+\boldsymbol{B}(-\boldsymbol{Kx}+k_1 r)\\ &= (\boldsymbol{A}-\boldsymbol{BK})\boldsymbol{x}+\boldsymbol{B}k_1 r\end{aligned}$$

输出方程为

$$y=\boldsymbol{Cx}=[1\quad 0\quad 0]\boldsymbol{x}$$

执行以下的 m-文件：

```
A = [0 1 0; 0 0 1; 0 -2 -3];
B = [0; 0; 1];
C = [1 0 0];
D = [0];
K = [100.0000 53.1200 11.6711];
k1 = K(1); k2 = K(2); k3 = K(3);
 % 闭环系统状态空间模型参数
AA = A - B * K;
BB = B * k1;
CC = C;
DD = D;
t = 0: 0.01: 5;
[y,x,t] = step(AA,BB,CC,DD,1,t);
plot(t,y)
grid
xlabel('t (sec)')
```

```
ylabel('Output y = x1')
```

得到图 7.2.3 所示的闭环系统单位阶跃响应曲线。

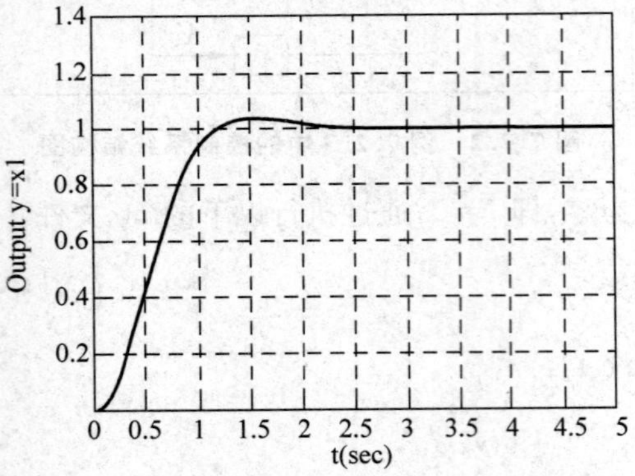

图 7.2.3　二次型最优控制系统的单位阶跃响应曲线

7.3　离散时间系统的线性二次型最优控制

考虑离散自治系统

$$\boldsymbol{x}(k+1)=\boldsymbol{A}\boldsymbol{x}(k) \tag{7.3.1}$$

其中，$\boldsymbol{x}(k)$是系统的 n 维状态向量，$\boldsymbol{A}$ 是 $n\times n$ 维的实矩阵。假定系统是渐近稳定的，即矩阵 $\boldsymbol{A}$ 的所有特征值均在单位圆内，系统的初始状态 $\boldsymbol{x}(0)$是已知的，且系统的性能指标为

$$J=\frac{1}{2}\sum_{k=0}^{\infty}\boldsymbol{x}^{\mathrm{T}}(k)\boldsymbol{Q}\boldsymbol{x}(k) \tag{7.3.2}$$

$\boldsymbol{Q}$ 是一个 $n\times n$ 维的已知对称正定加权矩阵。

首先考虑的问题是如何根据系统的状态方程(7.3.1)来确定系统性能指标(7.3.2)的值。

类似于连续系统参数优化问题的处理方法，根据李雅普诺夫稳定性理论，对给定的对称正定加权矩阵 $\boldsymbol{Q}$，由系统(7.3.1)的渐近稳定性，可得离散时间的李雅普诺夫方程

$$\boldsymbol{A}^{\mathrm{T}}\boldsymbol{P}\boldsymbol{A}-\boldsymbol{P}=-\boldsymbol{Q} \tag{7.3.3}$$

存在一个对称正定解矩阵 $\boldsymbol{P}$。因此，$V(\boldsymbol{x}(k))=\boldsymbol{x}^{\mathrm{T}}(k)\boldsymbol{P}\boldsymbol{x}(k)$是系统(7.3.1)的一个李雅普诺夫函数，它沿系统(7.3.1)的任意轨迹的差分

$$\begin{aligned}\Delta V(\boldsymbol{x}(k))&=V(\boldsymbol{x}(k+1))-V(\boldsymbol{x}(k))\\&=\boldsymbol{x}^{\mathrm{T}}(k+1)\boldsymbol{P}\boldsymbol{x}(k+1)-\boldsymbol{x}^{\mathrm{T}}(k)\boldsymbol{P}\boldsymbol{x}(k)\\&=[\boldsymbol{A}\boldsymbol{x}(k)]^{\mathrm{T}}\boldsymbol{P}[\boldsymbol{A}\boldsymbol{x}(k)]-\boldsymbol{x}^{\mathrm{T}}(k)\boldsymbol{P}\boldsymbol{x}(k)\\&=\boldsymbol{x}^{\mathrm{T}}(k)(\boldsymbol{A}^{\mathrm{T}}\boldsymbol{P}\boldsymbol{A}-\boldsymbol{P})\boldsymbol{x}(k)\end{aligned}$$

利用李雅普诺夫方程(7.3.3)，从上式可得

$$\boldsymbol{x}^{\mathrm{T}}(k)\boldsymbol{Q}\boldsymbol{x}(k)=V(\boldsymbol{x}(k))-V(\boldsymbol{x}(k+1))$$

在上式两边分别对 k 从 0 到∞求和，并利用系统的渐近稳定性，可得

$$J=\frac{1}{2}\sum_{k=0}^{\infty}\boldsymbol{x}^{\mathrm{T}}(k)\boldsymbol{Q}\boldsymbol{x}(k)=\frac{1}{2}\sum_{k=0}^{\infty}[\boldsymbol{x}^{\mathrm{T}}(k)\boldsymbol{P}\boldsymbol{x}(k)-\boldsymbol{x}^{\mathrm{T}}(k+1)\boldsymbol{P}\boldsymbol{x}(k+1)]$$
$$=\frac{1}{2}\boldsymbol{x}^{\mathrm{T}}(0)\boldsymbol{P}\boldsymbol{x}(0)$$

上式说明了可通过求解离散时间的李雅普诺夫方程(7.3.3)来计算系统性能指标(7.3.2)的值,这一方法避免了求无穷级数。

以上结果也可以用来解决离散时间系统的参数优化问题。以下用一个例子来说明这一点。

例 7.3.1 考虑系统

$$\boldsymbol{x}(k+1)=\begin{bmatrix}1 & 1\\ a & -1\end{bmatrix}\boldsymbol{x}(k),\quad \boldsymbol{x}(0)=\begin{bmatrix}1\\0\end{bmatrix}$$

其中,$-0.25\leqslant a<0$。试确定参数 a 的最优值,以使得性能指标

$$J=\frac{1}{2}\sum_{k=0}^{\infty}\boldsymbol{x}^{\mathrm{T}}(k)\boldsymbol{Q}\boldsymbol{x}(k)$$

最小化,其中的 $\boldsymbol{Q}=\boldsymbol{I}$。

解 系统的特征多项式是 $\lambda^2-(1+a)$,由此得到系统极点是 $\pm\sqrt{1+a}$。由于参数 a 满足 $-0.25\leqslant a<0$,故系统的两个极点都在以原点为中心的单位圆内,因此系统是渐近稳定的。根据前面的结论,可得系统的性能指标值为

$$J=\frac{1}{2}\boldsymbol{x}^{\mathrm{T}}(0)\boldsymbol{P}\boldsymbol{x}(0)$$

其中的 $\boldsymbol{P}$ 是对应离散时间李雅普诺夫方程(7.3.3)的对称正定解矩阵。具体写出这个离散时间李雅普诺夫方程,可得

$$\begin{bmatrix}1 & a\\ 1 & -1\end{bmatrix}\begin{bmatrix}p_{11} & p_{12}\\ p_{12} & p_{22}\end{bmatrix}\begin{bmatrix}1 & 1\\ a & -1\end{bmatrix}-\begin{bmatrix}p_{11} & p_{12}\\ p_{12} & p_{22}\end{bmatrix}=-\begin{bmatrix}1 & 0\\ 0 & 1\end{bmatrix}$$

展开该矩阵方程,可得

$$\begin{aligned}&2ap_{12}+a^2p_{22}=-1\\ &p_{11}+(a-2)p_{12}-ap_{22}=0\\ &p_{11}-2p_{12}=-1\end{aligned}$$

求解该线性方程组,可得

$$\boldsymbol{P}=\begin{bmatrix}-\dfrac{1+0.5a^2}{a(1+0.5a)} & \dfrac{0.5(a-1)}{a(1+0.5a)}\\ \dfrac{0.5(a-1)}{a(1+0.5a)} & -\dfrac{1.5}{a(1+0.5a)}\end{bmatrix}$$

对 $-0.25\leqslant a<0$ 范围内的参数值,矩阵 $\boldsymbol{P}$ 是正定的。因此,系统的性能指标值

$$J=\frac{1}{2}\boldsymbol{x}^{\mathrm{T}}(0)\boldsymbol{P}\boldsymbol{x}(0)=\frac{1}{2}[1\quad 0]\begin{bmatrix}p_{11} & p_{12}\\ p_{12} & p_{22}\end{bmatrix}\begin{bmatrix}1\\0\end{bmatrix}=\frac{1}{2}p_{11}$$
$$=-\frac{1+0.5a^2}{2a(1+0.5a)}$$

应用函数极值的求取方法,可得 J 在 $a=-0.25$ 时达到最小值,且最小值

$$J_{\min}=2.3571$$

以下考虑离散系统的线性二次型最优控制问题。对给定的线性离散系统

$$\boldsymbol{x}(k+1)=\boldsymbol{A}\boldsymbol{x}(k)+\boldsymbol{B}\boldsymbol{u}(k) \tag{7.3.4}$$

和一个二次型性能指标

$$J=\frac{1}{2}\sum_{k=0}^{\infty}\left[\boldsymbol{x}^{\mathrm{T}}(k)\boldsymbol{Q}\boldsymbol{x}(k)+\boldsymbol{u}^{\mathrm{T}}(k)\boldsymbol{R}\boldsymbol{u}(k)\right] \tag{7.3.5}$$

其中的 $\boldsymbol{Q}$ 和 $\boldsymbol{R}$ 是给定的对称正定加权矩阵。希望设计一个线性状态反馈控制器

$$\boldsymbol{u}(k)=-\boldsymbol{K}\boldsymbol{x}(k) \tag{7.3.6}$$

使得二次型性能指标(7.3.5)最小化。这样一个控制器设计问题称为是离散时间系统的线性二次型最优控制问题。

类似于连续系统线性二次型最优控制问题的处理方法，可以得到离散系统线性二次型最优控制问题的解，这就是以下的定理：

定理 7.3.1 如果系统(7.3.4)是能控的，则线性二次型最优控制问题有解，且最优控制器为

$$\boldsymbol{u}(k)=-(\boldsymbol{R}+\boldsymbol{B}^{\mathrm{T}}\boldsymbol{P}\boldsymbol{B})^{-1}\boldsymbol{B}^{\mathrm{T}}\boldsymbol{P}\boldsymbol{A}\boldsymbol{x}(k) \tag{7.3.7}$$

其中的矩阵 $\boldsymbol{P}$ 是矩阵方程

$$\boldsymbol{P}=\boldsymbol{Q}+\boldsymbol{A}^{\mathrm{T}}\boldsymbol{P}\boldsymbol{A}-\boldsymbol{A}^{\mathrm{T}}\boldsymbol{P}\boldsymbol{B}(\boldsymbol{R}+\boldsymbol{B}^{\mathrm{T}}\boldsymbol{P}\boldsymbol{B})^{-1}\boldsymbol{B}^{\mathrm{T}}\boldsymbol{P}\boldsymbol{A} \tag{7.3.8}$$

的对称正定解矩阵。

方程式(7.3.8)称为是离散时间黎卡提矩阵方程。

例 7.3.2 考虑由以下状态空间模型描述的离散系统

$$x(k+1)=x(k)+u(k)$$

其中的 x 和 u 分别是一维的状态变量和控制输入，系统的性能指标为

$$J=\frac{1}{2}\sum_{k=0}^{\infty}\left[x^2(k)+u^2(k)\right]$$

求最优状态反馈控制器。

解 容易看到所考虑的系统是能控的。相应的离散时间黎卡提方程(7.3.8)为

$$p=1+p-p(1+p)^{-1}p$$

该方程的正定解 $p=\frac{1}{2}(1+\sqrt{5})$。由方程(7.3.7)，可得最优状态反馈控制器

$$\begin{aligned}u(k)&=-\left[1+\frac{1}{2}(1+\sqrt{5})\right]^{-1}\cdot\frac{1}{2}(1+\sqrt{5})x(k)\\&=-0.618x(k)\end{aligned}$$

相应的最优闭环系统为

$$x(k+1)=0.382x(k)$$

显然，该系统是渐近稳定的。闭环系统的最小性能指标值是 $J_{\min}=0.309x_0^2$，其中的 x_0 是 $k=0$ 处的初始状态。

MATLAB 软件给出了函数 dare 来求解离散时间的黎卡提矩阵方程(7.3.7)，函数 dlqr 则给出了离散系统线性二次型最优控制问题的解。

例 7.3.3 考虑例 3.1.2 中的倒立摆系统，系统的线性化状态空间模型(对应于 $\theta\approx0$)为

$$\dot{\boldsymbol{x}} = \boldsymbol{Ax} + \boldsymbol{Bu} = \begin{bmatrix} 0 & 1 & 0 & 0 \\ 0 & 0 & -1 & 0 \\ 0 & 0 & 0 & 1 \\ 0 & 0 & 11 & 0 \end{bmatrix} \boldsymbol{x} + \begin{bmatrix} 0 \\ 1 \\ 0 \\ -1 \end{bmatrix} u$$

$$y = \boldsymbol{Cx} = [1 \quad 0 \quad 0 \quad 0]\boldsymbol{x}$$

其中,$\boldsymbol{x}=[y \quad \dot{y} \quad \theta \quad \dot{\theta}]^{\mathrm{T}}$ 是系统的状态向量,θ 是摆杆的偏移角,y 是小车的位移,u 是作用在小车上的力。采用计算机控制或数字控制方式设计控制系统,使得倒立摆保持在垂直位置,同时小车的位移跟踪一个给定的阶跃输入信号。

解 采用计算机控制或数字控制方式,选取采样周期 $T=0.1$s,通过执行以下 m-文件:

```
A=[0 1 0 0; 0 0 -1 0; 0 0 0 1; 0 0 11 0];
B=[0; 1; 0; -1];
[G,H]=c2d(A,B,0.1)
```

得到离散化状态方程的系数矩阵

```
G =

    1.0000    0.1000   -0.0050   -0.0002
         0    1.0000   -0.1018   -0.0050
         0         0    1.0555    0.1018
         0         0    1.1203    1.0555


H =

    0.0050
    0.1002
   -0.0050
   -0.1018
```

因此,倒立摆系统的离散化状态空间模型为

$$\boldsymbol{x}(k+1) = \boldsymbol{Gx}(k) + \boldsymbol{Hu}(k) = \begin{bmatrix} 1 & 0.1 & -0.0050 & -0.0002 \\ 0 & 1 & -0.1018 & -0.0050 \\ 0 & 0 & 1.0555 & 0.1018 \\ 0 & 0 & 1.1203 & 1.0555 \end{bmatrix} \boldsymbol{x}(k) + \begin{bmatrix} 0.0050 \\ 0.1002 \\ -0.0050 \\ -0.1018 \end{bmatrix} u(k)$$

$$y(k) = \boldsymbol{Cx}(k) + \boldsymbol{Du}(k) = [1 \quad 0 \quad 0 \quad 0]\boldsymbol{x}(k)$$

控制的目的除了保持摆杆处于垂直位置外,根据参考输入的要求,小车须移动并停在预先给定的位置上。为此,通过引进一个积分器来实现无静差的控制要求。控制系统的结构图如图 7.3.1 所示。

根据控制系统结构,可以得到系统的状态空间模型

$$\begin{aligned} \boldsymbol{x}(k+1) &= \boldsymbol{Gx}(k) + \boldsymbol{Hu}(k) \\ y(k) &= \boldsymbol{Cx}(k) \\ v(k) &= v(k-1) + r(k) - y(k) \\ u(k) &= -\boldsymbol{Kx}(k) + K_{\mathrm{I}} v(k) \end{aligned}$$

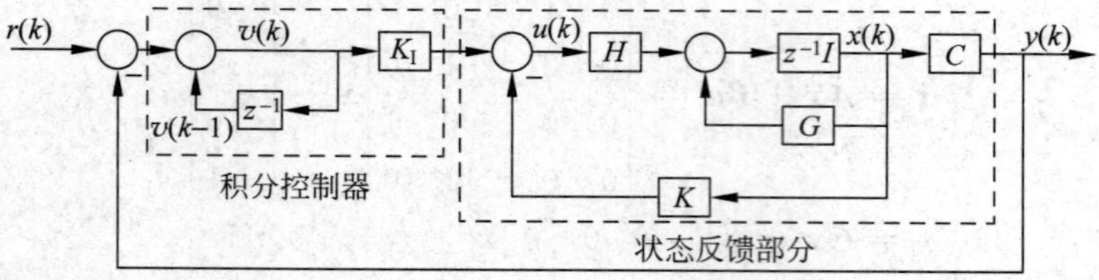

图 7.3.1　倒立摆控制系统结构图

其中的$\boldsymbol{K}=[k_1 \quad k_2 \quad k_3 \quad k_4]$。由于

$$\begin{aligned}v(k+1)&=v(k)+r(k+1)-y(k+1)\\&=v(k)+r(k+1)-\boldsymbol{C}[\boldsymbol{G}\boldsymbol{x}(k)+\boldsymbol{H}u(k)]\\&=-\boldsymbol{CG}\boldsymbol{x}(k)+v(k)-\boldsymbol{CH}u(k)+r(k+1)\end{aligned}$$

因此，

$$\begin{bmatrix}\boldsymbol{x}(k+1)\\v(k+1)\end{bmatrix}=\begin{bmatrix}\boldsymbol{G} & \boldsymbol{0}\\-\boldsymbol{CG} & 1\end{bmatrix}\begin{bmatrix}\boldsymbol{x}(k)\\v(k)\end{bmatrix}+\begin{bmatrix}\boldsymbol{H}\\-\boldsymbol{CH}\end{bmatrix}u(k)+\begin{bmatrix}\boldsymbol{0}\\1\end{bmatrix}r(k+1) \tag{7.3.9}$$

考虑参考输入 r 是一个阶跃信号，即

$$r(k)=r(k+1)=r$$

则当 $k\to\infty$时，有

$$\begin{bmatrix}\boldsymbol{x}(\infty)\\v(\infty)\end{bmatrix}=\begin{bmatrix}\boldsymbol{G} & \boldsymbol{0}\\-\boldsymbol{CG} & 1\end{bmatrix}\begin{bmatrix}\boldsymbol{x}(\infty)\\v(\infty)\end{bmatrix}+\begin{bmatrix}\boldsymbol{H}\\-\boldsymbol{CH}\end{bmatrix}u(\infty)+\begin{bmatrix}\boldsymbol{0}\\1\end{bmatrix}r(\infty)$$

定义

$$\boldsymbol{x}_e(k)=\boldsymbol{x}(k)-\boldsymbol{x}(\infty)$$

$$v_e(k)=v(k)-v(\infty)$$

则偏差方程为

$$\begin{bmatrix}\boldsymbol{x}_e(k+1)\\v_e(k+1)\end{bmatrix}=\begin{bmatrix}\boldsymbol{G} & \boldsymbol{0}\\-\boldsymbol{CG} & 1\end{bmatrix}\begin{bmatrix}\boldsymbol{x}_e(k)\\v_e(k)\end{bmatrix}+\begin{bmatrix}\boldsymbol{H}\\-\boldsymbol{CH}\end{bmatrix}u_e(k)$$

控制信号为

$$u_e(k)=-\boldsymbol{K}\boldsymbol{x}_e(k)+K_I v_e(k)=-[\boldsymbol{K} \quad -K_I]\begin{bmatrix}\boldsymbol{x}_e(k)\\v_e(k)\end{bmatrix}$$

定义

$$\hat{\boldsymbol{G}}=\begin{bmatrix}\boldsymbol{G} & \boldsymbol{0}\\-\boldsymbol{CG} & 1\end{bmatrix},\quad \hat{\boldsymbol{H}}=\begin{bmatrix}\boldsymbol{H}\\-\boldsymbol{CH}\end{bmatrix},\quad \hat{\boldsymbol{K}}=[\boldsymbol{K} \quad -K_I],\quad w(k)=u_e(k)$$

$$\boldsymbol{\zeta}(k)=\begin{bmatrix}\boldsymbol{x}_e(k)\\v_e(k)\end{bmatrix}=\begin{bmatrix}x_{1e}(k)\\x_{2e}(k)\\x_{3e}(k)\\x_{4e}(k)\\x_{5e}(k)\end{bmatrix}$$

其中的 $x_{5e}(k)=v_e(k)$。则

$$\boldsymbol{\zeta}(k+1)=\hat{\boldsymbol{G}}\boldsymbol{\zeta}(k)+\hat{\boldsymbol{H}}w(k)$$

$$w(k) = -\hat{\boldsymbol{K}}\boldsymbol{\zeta}(k) \tag{7.3.10}$$

因此,原来的控制问题转化为了以上系统的一个状态反馈稳定化控制器设计问题。为了进一步考虑系统的性能,采用线性二次型最优控制的方法来设计状态反馈稳定化控制器。由于被控对象是连续的,一个连续时间的二次型性能指标能更加直接地反映系统的性能要求。但连续时间二次型性能指标在离散化过程中会产生包含$\boldsymbol{\zeta}$和w的交叉项。为了简化设计过程,可以直接定义一个离散时间的二次型性能指标

$$J = \frac{1}{2}\sum_{k=0}^{\infty}[\boldsymbol{\zeta}^{\mathrm{T}}\boldsymbol{Q}\boldsymbol{\zeta} + w^{\mathrm{T}}Rw]$$

其中的$\boldsymbol{Q}$和R是适当的对称正定加权矩阵,可以根据系统的性能要求来选取。特别是在本例中,将强调小车位移和摆杆偏移角的过渡过程特性。为此,选取

$$\boldsymbol{Q} = \begin{bmatrix} 100 & 0 & 0 & 0 & 0 \\ 0 & 1 & 0 & 0 & 0 \\ 0 & 0 & 10 & 0 & 0 \\ 0 & 0 & 0 & 1 & 0 \\ 0 & 0 & 0 & 0 & 1 \end{bmatrix}, \quad R = [1]$$

执行以下的m-文件:

```
G=[1 0.1 -0.005 -0.0002
   0 1 -0.1018 -0.005
   0 0 1.0555 0.1018
   0 0 1.1203 1.0555];
H=[0.005; 0.1002; -0.005; -0.1018];
C=[1 0 0 0];
D=[0];
% 构造状态空间模型(7.3.10)中的系数矩阵
G1=[G zero(4,1); -C*G 1];
H1=[H; -C*H];
Q=[100 0 0 0 0
   0 1 0 0 0
   0 0 10 0 0
   0 0 0 1 0
   0 0 0 0 1];
R=[1];
[K,P,E]=dlqr(G1,H1,Q,R,[0; 0; 0; 0; 0])
```

得到最优状态反馈增益矩阵$\hat{\boldsymbol{K}}=[\boldsymbol{K}\quad -K_{\mathrm{I}}]$、离散时间黎卡提矩阵方程的对称正定解矩阵$\boldsymbol{P}$和最优闭环极点$\boldsymbol{E}$:

```
K =

    -11.5054    -9.8999   -61.2979   -19.1000     0.5485


P =

   1.0e+004 *
```

```
    0.2622    0.1393    0.5109    0.1615   -0.0160
    0.1393    0.0876    0.3341    0.1056   -0.0082
    0.5109    0.3341    1.3748    0.4323   -0.0296
    0.1615    0.1056    0.4323    0.1364   -0.0093
   -0.0160   -0.0082   -0.0296   -0.0093    0.0021

E =

   0.7850 + 0.1657i
   0.7850 - 0.1657i
   0.9050
   0.7133
   0.7239
```

因此,状态反馈最优控制器的增益参数为

$$\boldsymbol{K}=[-11.5054 \quad -9.8999 \quad -61.2979 \quad -19.1000],\quad K_I=-0.5484$$

由方程(7.3.9),可得闭环控制系统

$$\begin{bmatrix}\boldsymbol{x}(k+1)\\ v(k+1)\end{bmatrix}=\begin{bmatrix}\boldsymbol{G}-\boldsymbol{HK} & \boldsymbol{H}K_I\\ -\boldsymbol{CG}+\boldsymbol{CHK} & 1-\boldsymbol{CH}K_I\end{bmatrix}\begin{bmatrix}\boldsymbol{x}(k)\\ v(k)\end{bmatrix}+\begin{bmatrix}\boldsymbol{0}\\ 1\end{bmatrix}r$$

$$y(k)=[\boldsymbol{C} \quad 0]\begin{bmatrix}\boldsymbol{x}(k)\\ v(k)\end{bmatrix}+[0]r$$

针对单位阶跃参考输入 r,为了给出以上系统的输出和状态响应,首先定义

$$\boldsymbol{GG}=\begin{bmatrix}\boldsymbol{G}-\boldsymbol{HK} & \boldsymbol{H}K_I\\ -\boldsymbol{CG}+\boldsymbol{CHK} & 1-\boldsymbol{CH}K_I\end{bmatrix}$$

$$\boldsymbol{HH}=\begin{bmatrix}\boldsymbol{0}\\ 1\end{bmatrix}$$

$$\boldsymbol{CC}=[\boldsymbol{C} \quad 0]=[1 \quad 0 \quad 0 \quad 0 \quad 0]$$

$$\boldsymbol{DD}=[0]$$

然后通过

```
[num,den]=ss2tf(GG,HH,CC,DD)
```

得到传递函数 $Y(z)/R(z)$,进一步,由

```
y=fiter(num,den,r)
```

可得输出 y,其中的 $r=1$。类似可以得到其他状态信号。执行以下的 m-文件:

```
G=[1 0.1 -0.005 -0.0002
   0 1 -0.1018 -0.005
   0 0 1.0555 0.1018
   0 0 1.1203 1.0555];
H=[0.005; 0.1002; -0.005; -0.1018];
C=[1 0 0 0];
K=[-11.5054 -9.8999 -61.2979 -19.1000];
KI=-0.5485;
```

```
GG=[G-H*K H*KI; -C*G+C*H*K 1-C*H*KI];
HH=[0; 0; 0; 0; 1];
CC=[1 0 0 0 0];
DD=[0];
CC2=[0 1 0 0 0];
CC3=[0 0 1 0 0];
CC4=[0 0 0 1 0];
CC5=[0 0 0 0 1];
% 求小车位移的响应曲线
[num,den]=ss2tf(GG,HH,CC,DD);
r=ones(1,101);
k=0:100;
y=filter(num,den,r);
plot(k,y,'o',k,y,'-')
axis([0 100 -0.2 1.2]);
grid
xlabel('k')
ylabel('y(k)')
% 求小车速度的响应曲线
[num,den]=ss2tf(GG,HH,CC2,DD);
r=ones(1,101);
k=0:100;
x2=filter(num,den,r);
plot(k,x2,'o',k,x2,'-')
axis([0 100 -0.5 1]);
grid
xlabel('k')
ylabel('x2(k)')
% 求摆杆偏移角的响应曲线
[num,den]=ss2tf(GG,HH,CC3,DD);
r=ones(1,101);
k=0:100;
x3=filter(num,den,r);
plot(k,x3,'o',k,x3,'-')
axis([0 100 -0.1 0.2]);
grid
xlabel('k')
ylabel('x3(k)')
% 求摆杆偏移角速度的响应曲线
[num,den]=ss2tf(GG,HH,CC4,DD);
r=ones(1,101);
k=0:100;
x4=filter(num,den,r);
plot(k,x4,'o',k,x4,'-')
axis([0 100 -0.3 0.3]);
```

```
grid
xlabel('k')
ylabel('x4(k)')
% 求积分器输出的响应曲线
[num,den] = ss2tf(GG,HH,CC5,DD);
r = ones(1,101);
k = 0: 100;
x5 = filter(num,den,r);
plot(k,x5,'o',k,x5,'-')
axis([0 100 -5 30]);
grid
xlabel('k')
ylabel('x5(k)')
```

得到系统状态和积分器输出的响应曲线，图 7.3.2～图 7.3.6 依次为小车位移、小车速度、摆杆偏移角、摆杆偏移角速度的响应曲线和积分器输出曲线。

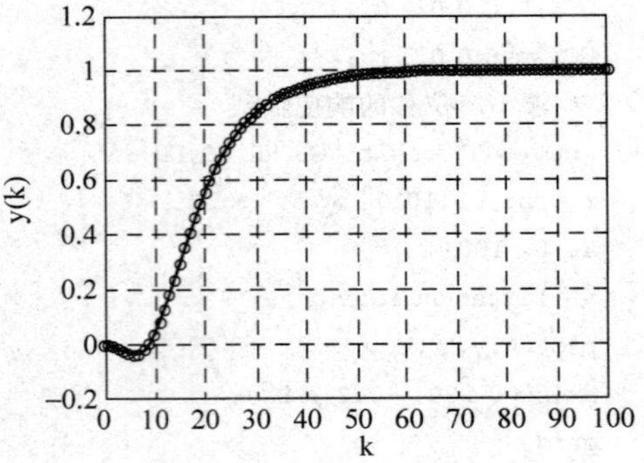

图 7.3.2　小车位移响应曲线

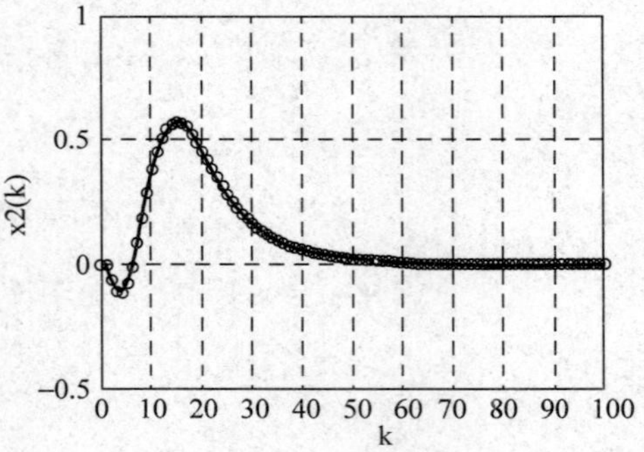

图 7.3.3　小车速度响应曲线

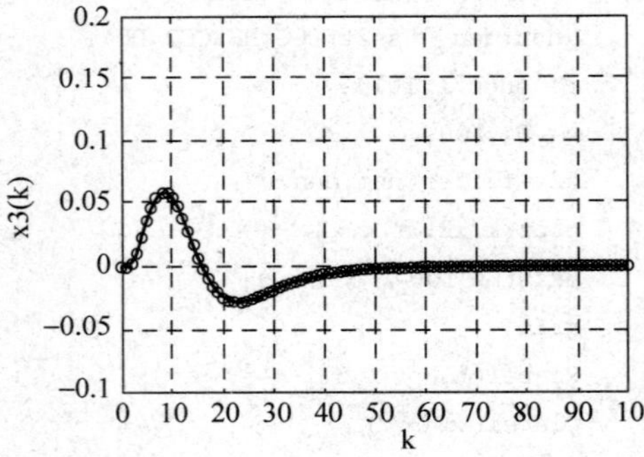

图 7.3.4　摆杆偏移角响应曲线

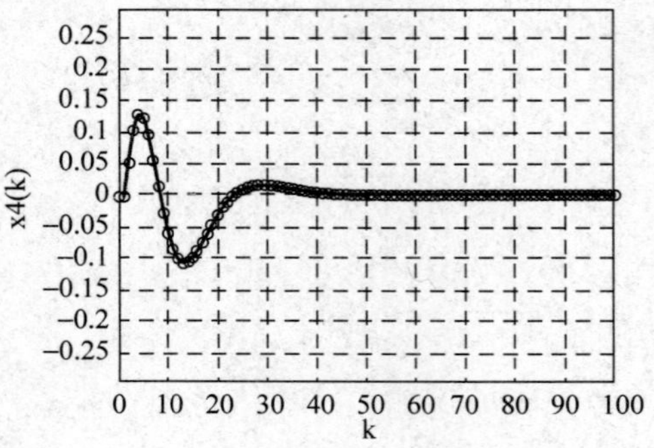

图 7.3.5　摆杆偏移角速度响应曲线

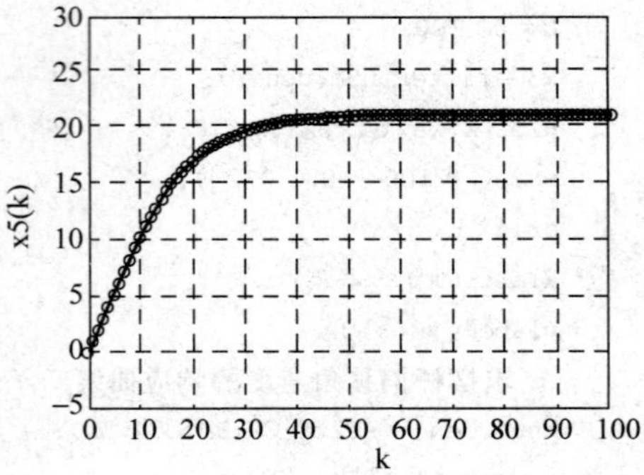

图 7.3.6　积分器输出曲线

从图 7.3.2 看出，开始时，小车是向相反方向运动的。由于系统的采样周期是 0.1s，从图中可以看出，系统的调节时间大约为 6s。

习　题

7.1　对由状态空间模型

$$\dot{\boldsymbol{x}} = \begin{bmatrix} 0 & 1 \\ 0 & -1 \end{bmatrix} \boldsymbol{x} + \begin{bmatrix} 0 \\ 1 \end{bmatrix} u$$

描述的线性系统和性能指标

$$J = \int_0^{\infty} (\boldsymbol{x}^{\mathrm{T}} \boldsymbol{x} + u^2) \mathrm{d}t$$

设计最优状态反馈控制器。

7.2　证明线性二次型最优控制器是一个稳定化控制器。

7.3　对一个线性时不变系统，给出设计稳定化状态反馈控制器的3种方法。

7.4　对系统

$$\dot{x}_1 = x_2$$

$$\dot{x}_2 = -x_1 + u$$

和性能指标

$$J = \int_0^{\infty} (x_1^2 + r u^2) \mathrm{d}t$$

求使得性能指标 J 最小化的最优状态反馈控制器。当 r 变化时，画出闭环极点的轨迹。

参 考 文 献

1 Katsuhiko Ogata 著. 卢伯英，于海勋等译. 现代控制工程(第四版). 北京：电子工业出版社，2003

2 王枞. 控制系统理论及应用. 北京：北京邮电大学出版社，2005

3 Katsuhiko Ogata. Discrete-Time Control Systems (2nd ed.). NJ：Prentice Hall，1995

4 Chen Chi-Tsong. Linear Systems Theory and Design (3rd ed.). New York：Oxford University Press，1999

5 张嗣瀛，高立群. 现代控制理论. 北京：清华大学出版社，2006

6 俞立. 鲁棒控制——线性矩阵不等式. 北京：清华大学出版社，2002

7 谢克明. 现代控制理论基础. 北京：北京工业大学出版社，2000

8 王划一，杨西侠，林家恒. 现代控制理论基础. 北京：国防工业出版社，2004